合成气甲烷化技术

李安学　李春启　梅长松　刘永健　等 编著

化学工业出版社

·北京·

《合成气甲烷化技术》全书共8章，首先介绍了合成气甲烷化技术背景、国内外研究开发和应用现状。其次，从合成气甲烷化反应热力学和动力学入手，详细论述了甲烷化催化剂催化性能、要素组成和反应机理，介绍了国内外开发的合成气甲烷化工艺技术流程，并进行了过程模拟，建立反应器数学模型并对相关模拟结果进行了分析。最后，对国内外合成气甲烷化新技术进行了展望。

本书实用性较强，可为煤制合成天然气生产技术人员和科研人员提供参考。

图书在版编目（CIP）数据

合成气甲烷化技术/李安学等编著. —北京：化学
工业出版社，2020.8
ISBN 978-7-122-36733-4

Ⅰ.①合… Ⅱ.①李… Ⅲ.①天然气-甲烷化法-生
产工艺 Ⅳ.①TE646②TQ113.26

中国版本图书馆 CIP 数据核字（2020）第 079548 号

责任编辑：胡晓丹 王 琰　　　　　　　文字编辑：丁海蓉
责任校对：宋 玮　　　　　　　　　　　装帧设计：韩 飞

出版发行：化学工业出版社（北京市东城区青年湖南街 13 号　邮政编码 100011）
印　　装：大厂聚鑫印刷有限责任公司
787mm×1092mm　1/16　印张 15½　字数 379 千字　　2021 年 2 月北京第 1 版第 1 次印刷

购书咨询：010-64518888　　　　　　　　售后服务：010-64518899
网　　址：http://www.cip.com.cn
凡购买本书，如有缺损质量问题，本社销售中心负责调换。

定　　价：88.00 元

前　言

现代煤化工是煤炭清洁高效利用的一种有效方式,已经被国家"十三五"规划列为重点发展的 100 项重大工程之一。煤制合成天然气作为现代煤化工的一个重要组成,近年来发展迅速。截至 2018 年 10 月,煤制合成天然气项目投产 4 个,实际投产产能 $51 \times 10^8 m^3/a$,国家发改委核准和给予启动前期工作的煤制合成天然气项目 12 个,产能 $802 \times 10^8 m^3/a$,规划建设煤制天然气项目 13 个,产能 $428 \times 10^8 m^3/a$。

煤制合成天然气工厂采用的煤炭气化、合成气变换及净化等工艺已在煤化工行业应用多年,积累了丰富的经验;而合成气甲烷化是煤制合成天然气工厂特有技术,相关经验不多,急需系统论述合成气甲烷化技术的专著,以满足需要。

2010 年开始,中国大唐集团公司牵头组织承担了国家高技术研究发展计划(简称 863 计划)重点项目"煤气化甲烷化关键技术开发与煤制天然气示范工程",并具体承担了课题三"合成气完全甲烷化成套工艺技术开发",同时自主立项开展了"合成气甲烷化催化剂开发"的研究。上述两个课题均已完成,其中甲烷化催化剂已成功应用于内蒙古大唐国际克什克腾煤制天然气公司引进的甲烷化装置上,效果良好,系国内首个实现工业应用的国产化合成气甲烷化催化剂。与之相关的"合成气完全甲烷化催化剂"、"合成气完全甲烷化成套工艺技术"以及"$400 \times 10^4 m^3/d$(标况下)合成天然气的合成气甲烷化装置技术工艺包"均通过了中国石油和化学工业联合会组织的专家评审。

基于上述情况,我们在完成 863 计划项目和催化剂开发工作基础上,参考有关煤制合成天然气的相关技术及最新成果,编写了这本《合成气甲烷化技术》,为生产技术人员和科研人员提供参考。

本书共 8 章,首先介绍了合成气甲烷化技术背景、国内外研究开发和应用现状。其次,从合成气甲烷化反应热力学和动力学入手,详细论述了甲烷化催化剂催化性能、要素组成和反应机理,介绍了国内外开发的合成气甲烷化工艺技术流程,并进行了过程模拟,建立反应器数学模型并对相关模拟结果进行了分析。最后,对国内外合成气甲烷化新技术进行了展望。

本书由中国大唐集团公司参与 863 计划项目和催化剂开发工作的相关人员按照各自负责的研究课题、专业特长和分工分别撰写。李安学、李春启负责总策划和协调,李安学、李春启、梅长松、刘永健负责组织与统稿。具体分工如下：第1章李安学、刘永健；第2章康善娇、刘鑫；第3章左玉帮、李安学；第4章周帅林、梅长松；第5章刘学武、余铭程；第6章、第7章左玉帮、梅长松；第8章李春启、段士慈。

本书在编写过程中，得到了大唐国际化工技术研究院有限公司领导、专家和技术人员的大力支持和帮助，在此深表感谢。

尽管我们尽了最大努力，但由于所涉及的专业多、可供参考的资料少，加上水平有限，书中涉及的内容和结论会有不尽完美之处，难免会存在疏漏和不足，恳请读者批评指正。

编著者
2020 年 3 月

目　录

第 1 章

绪　论

天然气作为一种清洁、便捷、安全的优质能源，在世界各地越来越多的领域得到广泛应用，有效地促进了社会进步和经济发展。随着国内城镇化进程的加快，人民生活水平的提高，以及环保意识的增强，我国天然气需求量大幅增长。在从国外进口天然气的同时，基于我国"富煤、少油、贫气"的资源特点及可持续发展的要求，高碳能源低碳化清洁利用已成为我国能源利用的发展趋势，使得以煤炭等为原料生产合成天然气成为一项重要的战略选择，形成了新的投资热潮，同时也迫切需要对甲烷化这一合成天然气的关键技术进行系统研究。

1.1　甲烷化与合成天然气

天然气（natural gas，NG），在广义角度上，是指自然界中天然存在的一切气体，包括大气圈、水圈、生物圈和岩石圈中各种自然过程形成的气体，是有机物经过长期复杂分解过程的结果。主要成分是甲烷（CH_4），无色、无味、无毒且无腐蚀性，也包括一定量的乙烷、丙烷和重质烃类，还有少量的氮气、氧气、二氧化碳和硫化物。从能量角度出发的狭义定义，是指天然蕴藏于地层中的烃类和非烃类气体的混合物，主要存在于油田气、气田气、煤层气、泥火山气和生物生成气中。天然气又可分为常规天然气（包括致密气）和非常规天然气（包括煤层气和页岩气）。人们通常所说的常规天然气也称矿产天然气，来自于油田、气田等。

合成天然气（synthetic natural gas，SNG）也称为替代天然气、代用天然气（substitute natural gas，SNG）或补充天然气（supplemental natural gas，SNG），是以合成气为原料，通过甲烷化反应，制取的以甲烷为主要成分，符合天然气热值等标准的气体。显然甲烷化是合成天然气的关键。

甲烷化（methanation）是指 CO 和 CO_2 在催化剂作用下加氢生成甲烷和水的反应。甲烷化工艺包括直接法和间接法。直接法甲烷化工艺是指将合成气的制备、变换和甲烷化反应同时进行。间接法甲烷化工艺是指固体原料气化制取合成气，合成气先经净化、变换提高氢碳比（H_2/CO）后，再进行甲烷化反应。

甲烷化过程主要发生的化学反应如下：

$$CO + 3H_2 \longrightarrow CH_4 + H_2O \tag{1-1}$$

$$CO_2 + 4H_2 \longrightarrow CH_4 + 2H_2O \tag{1-2}$$

$$2CO + 2H_2 \longrightarrow CH_4 + CO_2 \tag{1-3}$$

$$CO + H_2O \longrightarrow CO_2 + H_2 \tag{1-4}$$

$$C + 2H_2 \longrightarrow CH_4 \tag{1-5}$$

合成气（synthetic gas，SG），是指采用富碳的固体原料（煤、焦炭、油渣、生物质等）、液体原料（重油、石脑油）和气体原料（油田气）通过不完全氧化还原反应获得的以CO和H_2为主的混合气，经变换反应调整H_2和CO比例后，再通过净化脱除二氧化碳、硫化氢等精制工序，用于合成天然气、甲醇、氨、醇、醚、油、烯烃等产品的原料气。合成气通过气化过程来制备，气化反应主要是原料中的碳与气化剂中的氧、水蒸气、二氧化碳和氢的反应，也有碳与产物以及产物之间进行的化学反应。煤气化的总体反应如下：

煤+气化剂⟶主要产品（CO、H_2、CO_2、H_2O）+次要成分（H_2S、N_2、CH_4）+微量组分（NH_3、COS、HCN等）

主要的化学反应如下：

（1）部分氧化反应

$$C + \frac{1}{2}O_2 \Longleftrightarrow CO \tag{1-6}$$

（2）氧化反应

$$C + O_2 \Longleftrightarrow CO_2 \tag{1-7}$$

（3）CO_2还原反应

$$C + CO_2 \Longleftrightarrow 2CO \tag{1-8}$$

（4）水煤气反应

$$C + H_2O \Longleftrightarrow CO + H_2 \tag{1-9}$$

（5）加氢气化反应

$$C + 2H_2 \Longleftrightarrow CH_4 \tag{1-10}$$

（6）水汽变换反应

$$CO + H_2O \Longleftrightarrow H_2 + CO_2 \tag{1-11}$$

（7）非均相水煤气反应

$$C + 2H_2O \Longleftrightarrow 2H_2 + CO_2 \tag{1-12}$$

（8）甲烷化反应

$$CO + 3H_2 \Longleftrightarrow CH_4 + H_2O \tag{1-13}$$

（9）热裂解反应

$$C_mH_n \Longleftrightarrow \frac{n}{4}CH_4 + \frac{4m-n}{4}C \tag{1-14}$$

由于制取合成气原料的不同，合成天然气又可以分为煤制合成天然气、生物质制合成天然气（bio-based SNG）等。煤制合成天然气（coal to SNG），通常被简称为煤制天然气，或煤制气，是指以煤炭为原料，制取的以甲烷为主要成分、符合天然气热值等标准的气体。煤制合成天然气也可称为煤基合成天然气（煤基替代天然气、煤基代用天然气、煤基补充天然气，coal-based SNG），还包括以焦炉煤气、兰炭尾气等为原料制取的合成天然气。

1.2　天然气供需形势与合成天然气产业发展

1.2.1　国际天然气供需形势

由于天然气利用的清洁高效性、人类对环境保护的诉求，未来全球天然气需求量都将呈增长态势。目前，全球天然气供需总量基本持平，但天然气资源在全球的分布和供应极不平衡，导致全球天然气市场仍以区域内资源利用为主，跨区域资源利用为辅，各区域需求量增速不一。经济合作与发展组织（OECD）中的国家的天然气需求量增长速度相对缓慢，增量主要来自以中国、印度为代表的新兴经济体。亚太、中东地区是全球天然气消费量增长最快的地区，占世界天然气消费总量的比重逐渐增大，即全球天然气消费重心逐渐向东半球移动的趋势日渐明显。北美、欧洲等成熟市场的天然气需求量的增长虽然相对缓慢，但其占世界天然气消费总量的比重仍然最大。

能源的重要性早已为人类共识，人类也不断采取能源开发和储备、自身资源利用结构优化和升级替代等策略以寻求能源安全感。如 20 世纪 70～80 年代，限于当时认知背景，美国认为其本土油气储量少，建起了全球第一座商业化煤制天然气厂——大平原合成燃料厂（Great Plains Synfuels Plant，简称美国大平原厂）。近年来，大国博弈日趋白热化，一些油气资源国持续动荡，地缘政治格局危机频发，油气供应格局也相应发生了重大变化。可以预见，天然气资源阶段性和区域性的紧张供需形势不可避免，必然殃及资源输入国的经济发展和能源安全。因此，天然气输入国必须寻求多元化供应渠道和替代方案，如韩国作为世界上第二大液化天然气（LNG）进口国，浦项钢铁在光阳（Gwangyang）港建设以进口煤炭为原料的煤制天然气工厂，原计划 2015 年投产，但至今没有投产信息。

此外，对于富煤少气型资源国家，为优化能源利用结构，改善煤炭资源利用引发的大气污染等环境问题，一些国家也非常重视合成天然气的技术储备和推广进程。

1.2.2　国内天然气供需形势

尽管国内天然气产量不断增加，但对外依存度一直在加大，图 1-1 列出了中国天然气供需量及对外依存度情况。

由图 1-1 可看出，我国天然气对外依存度自 2013 年首次突破 30％，2014 年上升至 32.2％，并呈继续上升趋势，2017 年达到 37.8％。如此快速增长的对外依存度导致国家能源供应安全面临威胁。国内天然气进口主要通过两种渠道。一种是管道天然气，主要来源于 3 个方向：①土库曼斯坦、哈萨克斯坦等中亚方向；②缅甸方向；③俄罗斯东线，经过长达 20 多年马拉松式的谈判，2014 年 5 月 22 日俄罗斯总统普京访华期间中俄两国石油公司签订了天然气购销合同。截至 2016 年底，中国已建成油气管道总里程 20.57 万公里，其中天然气管道 7 万公里。中卫-贵阳联络线主体完工，西气东输一线、二线与中缅管道对接，实现了川渝天然气区域管网与全国管网相联以及中亚气、西气、川气和缅甸气的南北互通。另一种是液化天然气（LNG），主要来源于澳大利亚、印度尼西亚、马来西亚和卡塔尔等国家。截至 2018 年底，我国 LNG 接收港口已投产 19 座，总能力达 7245 万吨/年，分布于苏、粤、闽、沪、冀等地，2018 年进口 LNG 约 3813 万吨。由于国际地缘政治局势不稳，中东和北

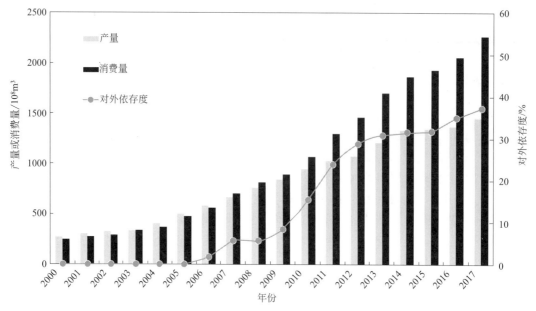

图 1-1 中国天然气供需量及对外依存度

非等地域骚乱和纷争持续，欧美对供应国的制裁均使得我国天然气进口市场增加一定不确定性。根据规划，中国四大油气进口战略通道建设将进一步加速，中哈原油管道二期、中亚天然气管道二期即将建设，中俄天然气管道正在规划中。国内油气主干管网将建设西气东输三线、四线，西气东输、陕京线以及川气东送等骨干天然气管道及联络线进一步建成和完善。2017 年 7 月 12 日，国家发改委、国家能源局发布《中长期油气管网规划》，到 2020 年，全国油气管网规模将达到 16.9 万公里，到 2025 年，全国油气管网规模将达到 24 万公里。

另外，以煤为主的传统能源利用模式暴露出日益加剧的生态环境问题（增加煤炭消费总量、分散用煤量）。自 2012 年以来，我国部分地区持续出现雾霾天气，使得我国政府加速了能源利用模式的改革。天然气燃烧产生的 CO_2 仅为煤的 40% 左右，产生的 SO_2 也很少，且无废渣、废水排放，具有安全、高效、清洁的优势。随着人们环保意识提高和政策导向，各地积极加快推进以天然气替代散煤燃烧计划。2014 年 7 月—2017 年 3 月，大唐高井热电厂、京能石景山热电厂、国华燃煤热电厂、华能北京热电厂四座燃煤电厂相继关停。2017 年底，北京工业企业基本实现无燃煤，基本淘汰远郊区平原地区 10 蒸吨［每小时蒸发的蒸汽质量（吨）］及以下和建成区 35 蒸吨及以下燃煤锅炉。"煤改气"工程无疑将进一步拉大国内天然气供需缺口，《关于保障天然气稳定供应长效机制的若干意见》要求到 2020 年满足"煤改气"工程的天然气需求为 $1120 \times 10^8 \, m^3/a$。

此外，经济发展和城镇化进程遭遇阶段性"气荒"。2014 年，全国城市燃气中天然气使用人口由上年的 2.1 亿人增长至 2.7 亿人，城镇气化率达到 37%，云、贵、桂等省结束了没有管道天然气供应的历史。2016 年国家发改委发布《天然气"十三五"规划》，提出至 2020 年常规天然气产量 2070 亿立方米，年均增速为 8.9%，消费量占一次能源消费的 8.3%～10%。国民经济的稳步发展和城镇化进程加速，必将扩大天然气供需缺口，造成阶段性"气荒"。

综上，我国常规天然气储量少，对外依存度高，供需矛盾突出，形势紧张。因此，科学发展合成天然气产业，对满足国家能源需求、优化能源利用结构、缓解环境污染和保障能源战略安全具有重大意义，是我国能源产业必由之路。

1.2.3 合成天然气发展概况

鉴于上述情况，我国从 21 世纪初开始探索煤制合成天然气产业，并取得重大进展。由于常规天然气供应有限、供需缺口拉大和降低环境污染等因素，作为常规天然气的有效补充，合成天然气对优化能源利用结构、缓解局部供需形势具有重要意义。其中，煤基合成气产业发展迅速，已有多个工厂建成、在建或拟建。

1.2.3.1 合成天然气技术发展概况

早在 150 多年前，英国成功将煤气用于路灯照明后，人类就在民用、工业、发电等领域大量使用煤气。在第一次世界大战前，当时的一些大中型城市都建立了气体输送管网设施。煤气的主要成分是 H_2、CO 和 CH_4，来源于煤炉、水煤气发生炉和冶金焦炉等。因煤炭和石脑油等原料价格上涨、煤气中 CO 易令人窒息死亡，特别是一些常规天然气矿藏的陆续发现，煤气逐渐被市场淘汰。虽然煤气已退出历史舞台，但气体燃料的便利性使得人类没有停下寻求清洁高效燃料的脚步。

1902 年，Sabatier 和 Senderens 发现利用 CO（含 CO_2）与 H_2 可以催化合成 CH_4，并揭示了甲烷化反应机理，该发现掀起了甲烷化技术研发与应用热潮。甲烷化催化剂和工艺很快在合成氨和制氢工业中得到广泛应用，以脱除合成气中少量 CO 和 CO_2，防止合成氨催化剂中毒。Fisher 和 Tropsch 受甲烷化技术启发，于 1926 年开发了对人类能源产业有重大意义的费托（F-T）合成技术（即煤间接液化制燃料油技术）。但以合成天然气为目标的甲烷化技术因反应热效应大、工艺复杂，直至 20 世纪 40 年代才得以起步发展。

20 世纪 70 年代初爆发了石油危机，美、德、英、日等国兴起了合成天然气技术研发和产业高潮，诞生了英国 ICI 石脑油制天然气、美国大平原煤制天然气等多个中试或示范项目，但仅有美国大平原煤制天然气项目成功建设并商业化运行。具有合成天然气产业领域里程碑意义的美国大平原厂于 1980 年开始建设，1984 年 7 月 28 日产出合格的天然气，并于同年达到设计能力。中国也于此期间开展过甲烷化生产城市燃气的研究，主要利用甲烷化技术使煤气中的 CO 部分转化为 CH_4，提高煤气热值，降低煤气 CO 含量，并进行了小规模应用。

在此期间，美国天然气协会（American Gas Association）还专门组织整理了 1960—1973 年以液体烃（原油）为原料制取 SNG 的技术文献，天然气技术研究所（Institute of Gas Technology）也曾专门组织过研讨会，并形成文集。

随着 20 世纪 80 年代中后期石油市场回暖，除日本外其他国家基本搁置了合成天然气技术的研发。各技术开发方均积极开展专利的国际布局，尤其是在煤炭资源较为丰富以及煤炭进口量较多的国家申请了天然气技术相关专利。在合成天然气技术集群中，国外 Lurgi 公司、Topsøe 公司和 Davy 公司均已实现工业化应用。

以实现煤制天然气关键技术国产化为目标的 863 计划重点项目"煤气化甲烷化关键技术开发与煤制天然气示范工程"已顺利结题，开发的甲烷化催化剂通过了工业侧线试验长周期验证和工业装置部分催化剂替代的验证，运行良好，达到商业催化剂水平。工业化规模的工艺包编制完成，在甲烷化催化剂、工艺、设备、控制等方面的专利群已经形成，完全可以打破国外专利商对甲烷化技术的垄断，预计"十三五"期间，甲烷化催化剂与工艺技术将会全部实现国产化。

由煤炭科学研究总院北京煤化工研究分院牵头，大唐国际化工技术研究院有限公司等5家单位参与起草的《煤制天然气单位产品能源消耗限额》国家标准（GB 30179—2013）于2013年12月31日发布，并于2014年12月1日实施。国家《煤制合成天然气》（GB/T 33445—2016）国家标准于2017年7月1日起实施。由中新能化科技有限公司承担的《煤制天然气取水定额标准》国家标准编制完成。

鉴于国内煤制天然气工厂建设可借鉴经验少的情况，大唐国际辽宁阜新煤制天然气有限公司组织开展了"面向城镇用户的现代煤制天然气工厂概念设计（研究）"，并已经通过中国石油和化学工业联合会组织的评审，认为"填补了煤制天然气工程研究空白"，部分研究成果已应用到大唐阜新等国内部分煤制天然气工厂设计中，以该研究报告为基础的专著《现代煤制天然气工厂概念设计研究》已于2015年由化学工业出版社出版。在总结部分煤制天然气工程建设与运行经验基础上，由大唐能源化工有限责任公司组织编著的《煤制合成天然气技术与应用》已于2017年10月由化学工业出版社出版。

在关键设备国产化方面，相关企业也做了大量工作并进行了有益探索，空分设备、气化设备、废热锅炉（简称废锅）和压缩机等关键设备可全部实现国产化。针对煤制天然气项目剩余物质量大，国内开展了剩余物质的管理和处理技术及资源化利用的研究，如粗酚精制技术、煤焦油加氢技术均取得了进步，为提高煤制天然气项目效益奠定基础。立足于解决碎煤加压气化废水处理难题的863计划重点项目"碎煤加压气化废水处理与回用技术"顺利结题，开发的"新型活性焦吸附＋生化处理技术"在大唐克什克腾煤制天然气示范项目中获得了应用。为了降低煤制天然气项目 CO_2 排放量，提高项目整体能效，大唐国际辽宁阜新煤制天然气有限公司与中国石油大学（北京）合作开展了煤制天然气工厂节能减排研究，部分研究成果已应用在了阜新煤制天然气项目上。

目前，煤基合成天然气技术在基础研究、工程研究、工程设计及建设运营等方面积累了一定的实践经验，部分项目已实现商业化运行。

生物质气化合成（Bio-SNG）是一个相对较新的技术，目前仅有奥地利、荷兰等国家进行了实验室与中试规模装置的验证，商业化规模装置正在建设中，丹麦、智利、加拿大、美国、德国等国也对本国发展 Bio-SNG 技术的可行性进行了分析。欧盟计划到 2030 年在天然气管网中使用10%，即550亿立方米由生物质制备的天然气，该技术对生物质原料适用范围较大。

生物质气化合成 Bio-SNG 作为一种新技术首先得到欧洲国家的关注，双床流化床被认为更适于制备 Bio-SNG。目前双流化床气化反应器主要有3种，即 SilvaGas 气化器、FICFB 气化器和 MILENA 气化器，其中仅有 FICFB 气化技术和 MILENA 技术面向制备 Bio-SNG，考虑了合成气的甲烷化过程。

同煤炭相比，生物质热值低，含有一些易造成催化剂中毒的化学组分（如有机硫），气化过程中有焦油析出，合成气含有一定比例的乙烯，这也会影响催化剂性能和寿命。鉴于此，采用煤-生物质共气化方案（coal - biomass co - gasification process）较为可行。伍德公司（Uhde）曾利用其 Prenflo 气流床气化炉开展了煤-生物质共气化制备天然气的研究。

1.2.3.2　煤基合成天然气产业发展概况

20 世纪 70 年代初，美、德、英、日等国兴起了合成天然气技术研发和产业高潮，诞生了英国 ICI 石脑油制天然气、美国大平原煤制天然气等多个中试或示范项目，但仅有美国大平原煤制天然气项目成功建设并商业化运行。

2000 年后，合成天然气产业进展迅猛。自 2009 年起，获中国政府首批核准的 4 个煤制天然气示范项目陆续开工，合计产能 $151 \times 10^8 \, m^3/a$（标况，下同）。2013 年 12 月 18 日，大唐克什克腾煤制天然气工程一系列装置投运成功；2013 年 12 月 30 日，新疆庆华煤制天然气一期工程已投入生产运营。韩国也基本建成规模为 50 万吨（$7 \times 10^8 \, m^3/a$）管道级质量的煤制天然气项目，原计划于 2015 年投产，截至 2019 年没有公开投产消息（表 1-1）。

表 1-1　国外已建成或在建的煤制天然气项目

项目名称	规模	投资方（持有方）	备注
美国大平原合成燃料厂	$354 \times 10^4 \, m^3/d$	北新电力（Basin Electric Power）	投产
韩国浦项光阳(Gwangyang)煤制天然气项目	$7 \times 10^8 \, m^3/a$	韩国浦项集团（POSCO Group）	在建

截至 2017 年底，国家发改委核准的煤制天然气项目共 7 个，总产能达到 $251 \times 10^8 \, m^3/a$，其中投产项目 4 个，合计产能 $51.05 \times 10^8 \, m^3/a$，如表 1-2 所列。

表 1-2　国内已核准的煤制天然气项目

项目名称	核准规模	核准时间	备注
内蒙古大唐国际克什克腾煤制天然气项目	$40 \times 10^8 \, m^3/a$	2009 年 8 月	2013 年 12 月 18 日一系列 $13.3 \times 10^8 \, m^3/a$ 投产
内蒙古汇能煤制天然气项目	$16 \times 10^8 \, m^3/a$	2009 年 12 月	2014 年 11 月 17 日一系列 $4 \times 10^8 \, m^3/a$ 投产
辽宁大唐国际阜新煤制天然气项目	$40 \times 10^8 \, m^3/a$	2010 年 3 月	一系列 $13.3 \times 10^8 \, m^3/a$ 将于 2019 年投产
新疆庆华煤制天然气项目	$55 \times 10^8 \, m^3/a$	2010 年 8 月	2013 年 12 月 28 日一系列 $13.75 \times 10^8 \, m^3/a$ 投产
苏新能源煤制天然气示范项目	$40 \times 10^8 \, m^3/a$	2016 年 10 月	未开工建设
伊犁新天煤制天然气示范项目	$20 \times 10^8 \, m^3/a$	2017 年 5 月	2017 年 3 月 29 日 $20 \times 10^8 \, m^3/a$ 投产
内蒙古北控煤制天然气示范项目	$40 \times 10^8 \, m^3/a$	2017 年 5 月	未开工建设

根据《煤炭深加工产业示范"十三五"规划》，预计到 2020 年，煤制天然气产能为 $170 \times 10^8 \, m^3/a$。

近年来，国家对焦化企业设立了越来越严格的环保标准，在焦化行业的准入标准中明确规定焦炉煤气利用率要大于 98%，使得焦化企业不得不为焦炉煤气找寻更好的去处。另外，焦化市场行情持续低迷，行业产能严重过剩，企业经济效益下滑，而天然气使用量稳步增长，市场前景广阔，于是一些企业就瞄准了市场潜力巨大的液化天然气，将焦炉煤气制液化天然气作为摆脱企业困境的一个抓手。于是，焦炉煤气制天然气成为焦化行业中投资的一项热门技术。

据不完全统计，自 2012 年底首个焦炉煤气制天然气项目投产以来，截至 2014 年末，内蒙古、山西、陕西、河北、山东等地有超 10 家企业陆续建成、投产了焦炉煤气制天然气项目。目前在建和拟建项目的企业还有约 20 家。一时间焦炉煤气制天然气项目变得"炙手可热"（表 1-3）。

表 1-3　国内部分焦炉气制 LNG 投产项目表

省份/自治区	项目名称	设计产能/$(10^4 m^3/a)$	投产时间	运行情况
云南	云南麒麟气体焦炉煤气制 LNG 项目	8	2012 年 12 月	$8×10^4 m^3/a$(自用为主)
云南	华鑫能源焦炉煤气制 LNG 项目	20	2013 年 3 月	停工
内蒙古	内蒙古恒坤化工有限公司 LNG 项目	40	2013 年 1 月	停工
山东	中海油山东新能源	40	2013 年 4 月	停工
河南	河南京宝新奥焦炉煤气制 LNG 项目	30	2013 年 5 月	$27×10^4 m^3/a$
陕西	龙门煤化工焦炉煤气制 LNG 项目	100	2013 年 11 月	$50×10^4 m^3/a$
内蒙古	乌海华油天然气焦炉煤气制 LNG 项目	100	2014 年 1 月	停工
河南	鹤壁宝发焦炉气制 LNG 项目	4	2014 年 7 月	$4×10^4 m^3/a$(自用)
内蒙古	建元焦化焦炉气制 LNG 项目	20	2014 年 7 月	停工
河北	唐钢气体焦炉气制 LNG 项目	4	2014 年 8 月	$4×10^4 m^3/a$

1.2.3.3　生物质基合成天然气产业发展概况

相比于煤基合成天然气，生物质基合成天然气商业化进程较为缓慢，但相关的基础研究和工艺优化则取得长足进展，欧洲几家研究机构处于科技前沿水平。

荷兰能源研究中心（The Energy Research Center of the Netherlands，ECN）于 2004 年开发了生物质制合成天然气实验室规模装置，包括双流化床气化装置（MILENA），处理量为 5kg/h，操作温度为 750～900℃，气化和甲烷化工段均为常压操作。该装置采用循环流化床气化炉，生物质在气化炉提升管段与水蒸气发生气化反应，生成的焦炭返回气化炉底部的燃烧器与空气进行燃烧供热。在该装置基础上，ECN 优化了生物质合成天然气工艺，包括间接气化炉、焦油脱除系统、合成气净化及变换装置以及甲烷化反应器。甲烷化完成后，生成的天然气进一步脱除 CO_2、H_2O，以达到产品气规格。该工艺整体净热效率达 70%（LHV）、约 64%（HHV）。生物质中的碳组分有 40% 转化为 SNG，40% 作为 CO_2 被捕获，剩余 20% 以烟道气形式排放。目前，ERC 正联合相关公司共同开发大规模示范装置。

瑞士保罗·谢尔研究所（PSI）从 20 世纪 90 年代起，持续实施了生物质气化和甲烷化相关的理论与试验研究。在奥地利 Güssing 地区建立快速内循环流化床（FICFB）气化工艺和 Comflux$^®$ 流化床甲烷化工艺装置并开展试验，2007 年开始建造一个集气化、合成气洗涤、甲烷化、产品气净化的 1MW 的木材制合成天然气 PDU 装置，并于 2009 年 6 月产出高质量的 SNG（100m^3/h）。与此同时，PSI 在 2009 年开发出 "SunCHem" 微藻水热催化气化制 SNG 工艺。

瑞典哥德堡生物质气化工程（GoBiGas）是迄今第一个生物质制天然气商业化项目，该项目通过林木的热气化制备合成天然气。在 2009 年，完成基础设计，采用 PSI 甲烷化工艺和 FICFB 气化装置，分两期建设，2012 年完成一期 20MW 的 SNG 规模装置，2016 年完成二期 80MW 的 SNG 规模装置。

此外，代表性的生物质制天然气技术还包括德国太阳能与氢研究所（ZSW）吸收增强气化/重整（AER）工艺、奥地利太阳能燃料技术公司工艺等。

1.2.3.4　合成天然气产业代表性工程

（1）美国大平原合成燃料厂

1973 年，全球石油危机爆发，虽持续时间不足一年，但石油输出国组织（简称欧佩克）

国家成功将西方市场的石油价格增加了 4 倍。针对这场危机，尼克松政府成立能源部，并重新审视对进口石油的较高依赖度对美国能源安全的威胁。在这一背景下，并在美国政府和相关企业的强力推动和资助下，美国天然气公司（American Natural Resource，ANR）的子公司密歇根威斯康星管道公司（Michigan Wisconsin Pipeline Co.）与北美煤炭公司合约，筹建大平原煤制气工厂。美国政府高度重视这个项目，后任的卡特总统和里根总统都给予有力的贷款支持。

北达科他州褐煤资源丰富，储量占美国褐煤储量的 2/3。大平原厂位于北达科他州俾斯麦市比尤拉镇（Beulah）附近，紧邻美国北新电力合作集团（Basin Electric Power Cooperative）拟同期而建的羚羊谷发电厂（装机容量 2×44 万千瓦），距离北美煤炭公司下属的自由煤矿公司的露天褐煤矿区仅 2～3km。业主在规划阶段就考虑到煤-电-化的协同与集成并最终协定：自由煤矿将块状褐煤供往大平原厂作为 Sasol-Lurgi 气化炉原料，粉煤供给羚羊谷发电厂作为燃料，电厂向大平原厂提供电力，大平原厂为电厂提供调峰发电所需的天然气，并将气化产生的灰渣和灰水返回自由煤矿进行回填和矿区喷水使用。另外，两厂共用供水工程、铁路专运线、进出厂区公路、灰渣填埋、雨水处理等系统，并共用部分技术人员，这种煤-电-化的高度集成构成了大平原厂的一大先天优势。

大平原厂于 1974 年在南非 Sasol 完成了北达科他州褐煤的工业化试烧，得到了关键结论和设计数据。原计划建设日产 $2.5×10^8 ft^3$（$7.08×10^6 m^3/d$）煤制天然气，但因各种因素影响，后期由于资金紧张等原因，决定分两期建设，第一期建设合成天然气 $1.25×10^8 ft^3$（$3.54×10^6 m^3/d$）大平原厂包括 14 台 Lurgi Mark IV 固定床气化炉，以及变换（1/3 总气量）、低温甲醇洗与空分等装置，日处理褐煤（粒度 0.6～10cm）18000t。一期工程于 1980 年开始建设，1984 年 7 月 28 日生产出合格天然气，并于当年达到设计能力。

为了提高项目经济效益、开发新产品和适应环保的要求，大平原厂先后增加了粗酚精制、从空分装置分离惰性气体氪和氙、锅炉烟气氨法脱硫、锅炉烟气静电除尘和 CO_2 压缩输送、焦油（中油）精馏等装置，并去掉一些不稳定的单元，1996 年又建成了日产 1000t 合成氨装置。自 1999 年起，大平原厂气体浓缩段 CO_2 被卖给泛加拿大（PanCanadian）石油公司为其 Weyburn 油田提高原油采收率（EOR）。大平原厂至今已稳定运行 30 多年，2013 年获得美国化学理事会（ACC）颁发的废物最少化、循环再利用奖。2014 年 7 月，大平原厂开工建设日产 1100t 大颗粒尿素装置。

目前美国大平原厂由美国北新电力合作集团（Basin Electric Power Cooperative）持有。

（2）内蒙古大唐国际克什克腾煤制天然气示范项目

内蒙古大唐国际克什克腾煤制天然气项目于 2009 年 8 月 20 日经国家发改委核准，2009 年 8 月 30 日正式开工建设，是我国首个获准、首个建设的煤制天然气示范工程。项目设计总产能 $40×10^8 m^3/a$ 煤制天然气，分 3 个系列连续滚动建设，每个系列均为 $13.3×10^8 m^3/a$ 煤制天然气，又分 A、B 两个单元，每个单元有 8 台 4.0MPa 气化炉。项目以内蒙古自治区劣质褐煤为原料，采用杭氧大型空分装置和赛鼎公司碎煤加压气化、耐硫耐油变换、低温甲醇洗净化以及丙烯压缩制冷、克劳斯-氨法硫回收等国内成熟技术，以及英国戴维公司甲烷化技术、加拿大普帕克天然气干燥技术等。

2013 年 12 月 18 日，项目一系列装置 A、B 两个单元投运成功，合成 SNG 产品正式并入管网，向中石油北京段天然气管线输送清洁的 SNG 产品。期间，因受气化炉夹套腐蚀影响，于 2014 年 1 月 20 日停车检修，至 4 月 2 日恢复开车，目前已基本实现达设计产能。

（3）新疆庆华煤制天然气项目

新疆庆华煤制天然气项目由新疆庆华能源集团有限公司出资建设，是国家发改委正式核准的首批煤制天然气项目之一，位于新疆伊宁市伊东工业园，设计总产量 $55 \times 10^8 \mathrm{m}^3/\mathrm{a}$。

项目采用了较先进的碎煤加压气化配套低温甲醇洗净化技术，甲烷化工艺选用丹麦托普索技术。2013 年 7 月底，项目一期 $13.75 \times 10^8 \mathrm{m}^3/\mathrm{a}$ 煤制天然气工程及其配套设施建设完成，实际完成投资 110 亿元。2013 年 8 月 20 日，项目首次产出煤制天然气，由中石油天然气检测中心采样化验，天然气产品满足指标要求，具备管道输送条件。2013 年 12 月 30 日，项目在霍尔果斯首站并入西气东输二线管网将煤制天然气输向东南沿海，进入商业化运行阶段。

（4）内蒙古汇能煤制天然气项目

内蒙古汇能煤化工有限公司煤制天然气及其液化项目以煤为原料生产合成天然气及液化天然气，位于内蒙古自治区鄂尔多斯市伊金霍洛旗圣圆煤化工基地，是国家发改委正式核准的首批煤制天然气项目之一。项目分两期建设，2014 年 10 月 17 日，该项目一期工程一次投料成功，打通全部流程并产出合格产品，$4 \times 10^8 \mathrm{m}^3$ 天然气全部液化出售。二期工程于 2018 年 5 月开工建设，预计 2021 年投产。

（5）新疆伊犁新天煤制天然气项目

新疆伊犁新天煤制天然气项目位于新疆伊宁市西北约 18km 处，由浙江省能源集团和山东能源新汶矿业集团共同投资。该项目利用当地煤炭资源，A、B 两系列生产线，生产 $20 \times 10^8 \mathrm{m}^3/\mathrm{a}$ 合成天然气及副产品。主工艺装置采用 22 台碎煤加压气化设备，采用部分耐硫变换、林德低温甲醇洗和戴维甲烷化等技术，合成天然气从伊宁首站并入中石油西气东输二线。

（6）韩国浦项煤制天然气项目

韩国是世界上第二大液化天然气（LNG）进口国。韩国浦项集团煤制合成天然气项目位于韩国光阳地区（Gwangyang），是韩国的第一套 SNG 装置，也是世界上第一套依靠进口煤炭，在沿海港口建设的煤制天然气项目，毗邻光阳钢厂，生产得到的 SNG 将替代进口 LNG。

项目规模为 50 万吨（$7 \times 10^8 \mathrm{m}^3/\mathrm{a}$）管道级质量的合成天然气，预计每天消耗 5500 吨次烟煤和石油焦混合制气，其中石油焦质量分数高达 20%。气化工艺选用 CB&I 公司的 E-Gas 煤气化技术（之前隶属于康菲公司），林德（Linder Group）和托普索（Haldor Topsoe）分别提供合成气处理设备和 TREMP™ 甲烷化技术。

2014 年 4 月 2 日，浦项绿色气体科技（POSCO Green Gas Tech）公司成立，作为韩国浦项集团的煤制天然气专业子公司，负责从煤炭采购到 SNG 生产和销售的全线业务。项目原计划于 2015 年正式投产，但因各种原因推迟。该项目作为韩国第一个煤炭转化清洁燃料项目，是浦项集团多元化业务的有益探索，可以弥补韩国本土天然气供应的不足，增强浦项集团整体竞争力。

1.3 合成天然气技术路线

合成天然气是一个原料丰富、工艺复杂的系统性工程，本节从工艺路线、原料路线和反应器类型三个角度进行归类，阐述合成天然气的技术路线，也是甲烷化实现的方式。

1.3.1　按工艺路线分类

合成天然气技术主要有三种方法，即蒸汽氧气气化法、加氢气化法和催化蒸汽气化法。按照化学反应步骤的不同，合成天然气技术可分为直接合成天然气技术和间接合成天然气技术。直接合成天然气技术也被称为"一步法"合成天然气技术，如加氢气化法和催化蒸汽气化法。间接合成天然气技术也被称为"两步法"合成天然气技术，如蒸汽氧气气化法，第一步指煤气化过程，第二步指煤气化产物——合成气（经变换和净化调整氢碳比后的净煤气）甲烷化的过程。直接合成天然气技术的优势在于不需要空分单元，能耗更少，气化和甲烷化在低温条件下进行，具有较高的热效率，主要问题是残渣中催化剂的分离和催化剂活性的降低，尚处于研发阶段；间接合成天然气技术工艺较为成熟，已实现工业化应用，但热效率较低。迄今，在役或在建的煤制天然气工厂均采用间接合成天然气技术。

（1）直接合成天然气技术

直接合成天然气技术主要指加氢气化制天然气技术和催化气化制天然气技术，原料多以煤炭为主。加氢气化制天然气技术利用煤的快速初始加氢活性，以氢气或富氢气作为气化剂。在使用氢气或富氢气作为气化剂的基础上，催化气化制天然气技术是利用钾盐（如 K_2CO_3）对煤气化反应的强烈正催化作用开发而来的。加氢气化工艺主要包括 Hygas、HKV、MRS、APS 等，催化气化工艺包括 Exxon 的催化气化技术和美国巨点能源公司（Great Point Energy）的 Bluegas^{TM} 技术等。

以 Bluegas^{TM} 技术为例：将煤粉碎到一定粒度，与催化剂充分混合后进入流化床反应器，在催化剂的作用下与气化剂水蒸气等发生反应，生成 CH_4、CO、H_2、CO_2、H_2S 等。通过旋风分离器除去固体颗粒，经过净化单元脱除硫化合物，经过气体分离将甲烷分离，得到产品气 SNG。国内新奥集团也进行了大量的研究，并获得了国家科技部等单位和部分企业的支持，建成了 1t/d 的 PDU 装置并成功运行，为实现直接煤制天然气技术的工业化奠定了坚强基础。

由于催化气化能效比较高、成本优势比较大，随着研究的不断深入，预计在不久的将来会取得一定的突破。

（2）间接合成天然气技术

以煤基原料为例，间接合成天然气过程是通过煤气化将煤转化为合成气（主要含 CO 和 H_2）或含一定量低碳烃的粗合成气，粗合成气经水蒸气变换调整氢碳比（要求摩尔比 n_{H_2}：$n_C \approx 3：1$）、净化（脱硫、脱碳）后进行甲烷化反应，得到甲烷含量大于 94% 的 SNG。

1.3.2　按原料路线分类

合成天然气的原料来源包括煤炭、石油焦、石脑油、生物质和固体废弃物等。煤炭是合成天然气的主要原料来源，生物质原料也日益成为研究重点，本节重点介绍煤和生物质制备合成天然气工艺。

（1）煤制天然气

煤炭资源在全球范围内储量丰富且分布较为均衡，是合成天然气的主要原料。煤炭以块状、粉末状等形式用于加氢气化和催化气化直接合成天然气，但主要以间接法合成天然气，包括煤气化后形成的粗合成气制天然气、焦炉气制天然气和干馏/热解气制天然气，如图1-2所示。

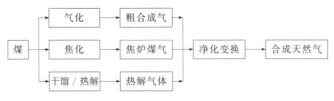

图 1-2　煤基合成天然气工艺流程图

煤气化经合成气制天然气技术是现代煤制天然气技术的主流技术，将在第 2 章予以重点阐述。

焦炉气制天然气是以煤焦化副产气体为原料，经净化、升温、脱硫后进入甲烷化反应器，产品气经处理后得到合格的天然气。上海华西化工科技有限公司开发了焦炉煤气等温甲烷化技术，并成功应用于曲靖市麒麟气体能源有限公司焦炉气制 LNG 项目。

干馏/热解气制天然气是以煤干馏/热解析出的气体为原料，经变换、净化通过甲烷化反应器合成天然气。Research Triangle Institute（RTI）开发了煤干馏气制合成气与电力系统。原料煤被送入热解炉产生半焦和干馏混合气，半焦用于发电，干馏气则送入流化床甲烷化反应器转化为富甲烷气，相关试验数据暂未披露。皮博迪能源（Peabody Energy）等机构也开展了类似研究。

（2）生物质制天然气

生物质（如秸秆、木材、微藻、污泥、粪便等）相对于煤炭而言是可再生资源。生物质合成天然气（Bio-SNG）技术是指以生物质为原料，经气化、甲烷化等工序合成天然气的技术（图1-3）。生物质与煤炭在气化、焦油脱除等环节略有差别，但两者合成天然气的工艺总体相似。该技术尤其适用于煤炭和天然气匮乏区域，且比煤制天然气具有一大优点，即生物质是一种"碳中和"燃料，利用其制备 SNG 可以减少 CO_2 等温室气体（greenhouse gas）排放，甚至通过 CO_2 捕获和封存技术可使碳平衡达到负值。生物质气化优选流化床气化工艺（CFB），因其在生物质进料尺寸、密度、水分、析焦等方面具有更大的适应性。

图 1-3　生物质气化合成 Bio-SNG 技术工艺流程图

目前，一些利用木材、微藻、污泥等合成 SNG 的项目正在建设中，如荷兰能源研究中心（ECN）800kW（热功率）中试厂、瑞士保罗·谢尔研究所（PSI）1MW 的 SNG 半商业化工厂、瑞典哥德堡生物质气化工程（GoBiGas）合成天然气商业化项目等。

1.3.3　按反应器类型分类

按甲烷化反应器类型，合成天然气技术可分为固定床技术、流化床技术和浆态床技术等。

（1）固定床合成天然气技术

固定床技术是合成天然气的主导技术，代表性的工艺有 Lurgi、TREMP^{TM}、Conoco/BGC、HICOM、Linde、RMP 和 ICI/Koppers 等。

德国 Lurgi 公司于 20 世纪 60～70 年代开发出含有两个绝热固定床反应器和段间循环的甲烷化工艺，与 Sasol 公司在南非萨索尔堡（Sasolburg）合作建造了第一套中试装置，同时与 EL Paso 天然气公司在奥地利施韦夏特（Schwechat）建设了第一套中试装置。第一套装置利用 Sasol 商业化费托合成装置的侧线合成气进行甲烷化反应，第二套装置的气化原料为石脑油。中试试验耗时 1 年半，采用两种甲烷化催化剂，一种是含 20%（质量分数）Ni/Al$_2$O$_3$ 的商业催化剂，另一种是 BASF 公司专门开发的高 Ni 含量的甲烷化催化剂。基于第一套装置的试验成果，大平原厂于 1984 年在美国北达科他州建成达产。

20 世纪 70～80 年代，丹麦托普索公司（Haldor Topsøe）和两家德国公司开发了 TREMP^{TM} 甲烷化工艺和耐高温甲烷化催化剂（MCR-2X、MCR4），工艺特征之一是回用甲烷化反应热生产高压过热蒸汽。先后建立了 EVA I/ADAM I 和 EVA II/ADAM II 两套装置，累计运行上万小时。Haldor Topsøe 公司先后推出了首段循环五段甲烷化工艺和二段循环四段甲烷化工艺，前者已应用于新疆庆华煤制天然气项目，后者为内蒙古汇能煤制天然气项目和韩国浦项光阳煤制天然气项目所采用。

20 世纪 70～80 年代，美国康菲公司（Conoco）和英国煤气公司（BGC）开发了 CRG 技术（包括 CRG 催化剂和 HICOM 甲烷化工艺）。英国 Davy 公司在 20 世纪 90 年代获得了 CRG 技术对外许可的专有权，并在 HICOM 工艺的基础上开发了 Davy 甲烷化工艺，为大唐克什克腾、大唐阜新、伊犁新天煤制天然气项目所采用。此外，固定床合成天然气技术还包括德国林德公司（Linde）等温固定床工艺、美国拉尔夫·M. 帕森斯公司 RMP 工艺（无气体循环、无单独变换单元的高温甲烷化工艺）和英国帝国化学公司 ICI/Koppers 工艺。

（2）流化床合成天然气技术

与固定床反应器相比，流化床反应器的质量传递和热量传递具有较大优势，反应器内部几乎等温，易于控制，适合大规模强放热非均相催化反应过程，特别是流化床催化剂容易移除、添加和再循环，然而存在催化剂颗粒严重磨损和夹带的缺点。

美国矿业局（Bureau of Mines）于 1952 年开发了一种固定床甲烷化工艺和两种流化床甲烷化工艺。1963 年起，美国烟煤研究公司（Bituminous Coal Research Inc.）为了生产煤制天然气开展 Bi-Gas 项目也开发了一种流化床反应器。与上述两家流化床工艺相比，德国蒂森煤气公司和卡尔斯鲁厄大学开发的 Comflux 技术经过了中试和预商业化运行，技术成熟度较高。

Comflux 流化床甲烷化工艺在 1977 年到 1981 年完成小试，预商业化装置于 1981 年建成，反应器直径 1.0m，规模为 2000m^3/h 的 SNG，催化剂使用量为 1000～3000kg。在该装置上进行了调整合成气 H$_2$/CO 不同计量比的试验。但在 20 世纪 80 年代中期，因石油价格下跌被迫停止运行。该工艺的最大特点是气体变换反应和甲烷化反应在流化床反应器内同时进行。

中国市政工程华北设计院、中国科学院过程工程研究所、清华大学、华南理工大学、大唐化工院等单位也开展了流化床甲烷化技术的研究。

与传统固定床相比，流化床甲烷化反应器虽然具有反应效果好、操作简单且运行成本较低等优点，但也面临着一些问题，特别是工程化放大问题，如催化剂夹带和损耗严重、反应温度不易控制、装置操作压力低、反应器造价高等。随着研究工作的不断深入和半工业化试验装置的建设与运行，上述问题将得到有效解决。从长远看，流化床甲烷化技术具有较好的发展前景。

（3）浆态床合成天然气技术

美国的化学系统研究公司（Chem System Inc.）开发了液相浆态床甲烷化工艺。合成气随着循环的导热油一起进入催化液相甲烷化反应器，导热油可以及时带走反应热。反应后的产品气在液相分离器和产品气分离器中进行分离。工艺液体经过循环泵和过滤器去除催化剂微粒，然后回到催化液相甲烷化反应器中。该工艺中试装置反应器直径为 610mm，高为 4.5m，催化剂用量为 390～1000kg，原料气处理量为 425～1534m^3/h，H$_2$/CO 为 2.2～9.5。在该中试装置中进行了 300 多小时的试验，结果显示，CO 转化率较低，且催化剂损失大。

我国太原理工大学和赛鼎工程有限公司合作开发了浆态床甲烷化工艺。浆态床反应器中生成的混合气体夹带催化剂和液相组分通过气液分离器分离，气相产物通过冷凝、分离生产出合成天然气，液相产物与储罐里的新鲜催化剂混合加入浆态床甲烷化反应器中，对新鲜催化剂起到预热作用。此外，中国海洋石油总公司以及中国科学院山西煤炭化学研究所也在进行浆态床甲烷化技术的研究。

浆态床甲烷化工艺具有很好的传热性能，易实现低温操作，具有较高的选择性和较大的灵活性，但 CO 转化率较低，且催化剂损失大。若能有效提高 CO 转化率，且降低催化剂消耗，该技术具有较好的前景。

1.4　我国合成天然气产业展望

我国天然气供需形势紧张，对外依存度高，难以满足国民经济的快速发展，甚至威胁到国家能源战略安全，这决定了我国发展合成天然气的必要性和紧迫性。但我国煤炭资源储量丰富，合成天然气工艺各关键技术和装备基本成熟化、国产化，并在国内外均有商业化案例，借助我国较为完善的天然气管网等基础设施和国家相关产业政策扶持，发展合成天然气产业具有可行性。因此，我国合成天然气产业必将朝着大型规模化产业集群方向发展，在我国能源领域发挥积极作用。

1.4.1　国家高度重视

基于我国"富煤、贫油、少气"的资源特点，煤炭在我国能源结构中的主导地位在较长一段时间内难以改变。日趋增长的煤炭运输费用促使人们寻找煤炭利用和传输的新途径；日益严格的环保要求促使人们寻找煤炭利用中减少对环境的危害的新方式；持续增加的天然气需求促使人们寻找天然气供应新渠道。这些使得煤炭洁净转化为天然气成为一项重要的战略选择，成为我国优化能源结构和保障能源安全的重要手段，用煤制天然气来替代民用及其他分散用煤也是环境保护的需要。天然气在我国一次能源中的消费比重由 2010 年的 3.5% 上升至 2018 年的 8%，但仍明显低于世界 24%、亚洲 11% 的平均水平。全国大范围出现雾霾天气，促使以北京为首的多个省市加速"煤改气"进程。从资源、政策和经济性上讲，采用低阶煤生产天然气是低阶煤利用的一种有效方式。

在当前天然气供应紧张、能源利用结构迫切需要调整的背景下，国家一直高度重视煤制天然气产业的发展，在规划上设定了近期目标并不断细化，在实施上强调了示范先行和有序推进，在配套上推行了油气管网开放和市场化运作。煤制天然气产业涉及的因素比较多，国内煤制天然气示范项目还没有长期商业化运行经验，因此国家对于煤制天然气总体仍坚持"高度重视、示范先行、规范发展、有序推进"这一思路，限定环保、资源等前置条件，并强调升级示范和总量控制。

（1）在战略上，"立足国内，多元发展"一直是我国能源基本政策和战略方针之一

在战略上，"立足国内，多元发展"一直是我国能源基本政策和战略方针之一，煤制天然气被认为是实现这一战略的一个重要途径。国家基于"少油、贫气、煤炭资源相对丰富"的能源特点，将煤制天然气作为能源供应体系的重要组成部分，并在公开文件中不断体现。特别是在《中国的能源政策》和《能源发展战略行动计划（2014—2020 年）》中明确将"立足国内"列为我国现代能源发展四大战略之一，"坚持立足国内，将国内供应作为保障能源安全的主渠道，牢牢掌握能源安全主动权……，完善能源替代和储备应急体系，着力增强能源供应能力"。在"积极发展能源替代"方面，提出"稳妥实施煤制油、煤制气示范工程"，"稳妥推进煤制油、煤制气技术研发和产业化升级……，形成适度规模的煤基燃料替代能力"。

（2）在规划上，国家一直高度重视、目标明确，并不断细化

煤制天然气是煤炭高效清洁转化利用的一个重要方式，是增加国内天然气供应量的一项重要选择，是大气污染防治的一项重要工作，受到了国家的高度重视，从陆续出台的规划等文件中可以看到，国家对煤制天然气产业一直高度重视，并在发展目标、发展条件、具体措施等方面不断细化。《煤炭深加工产业示范"十三五"规划》明确煤制天然气功能定位是协同保障进口管道天然气的供应安全，解决富煤地区能源长距离外送问题，为大气污染防治重点区域工业、民用、分布式能源（冷热电三联供）、交通运输提供清洁燃气，替代散煤、劣质煤、石油焦等燃料，有效降低大气污染物排放，2020 年煤制天然气产能将达到 $170 \times 10^8 \mathrm{m}^3 / \mathrm{a}$。

（3）在实施上，国家一直坚持示范先行、严格准入、规范发展、有序推进

2009—2010 年，国家发改委先后核准了内蒙古大唐国际克什克腾煤制天然气项目、内蒙古汇能煤制天然气项目、辽宁大唐国际阜新煤制天然气项目、新疆庆华煤制天然气项目，将这四个项目作为示范工程推进煤制天然气产业化示范。国家能源局等相关部门一直跟踪这些项目的进展和运行情况，同时组织相关单位进行了多项专题研究和研讨。

伴随着国内煤化工产业出现投资过热、无序发展的迹象，特别是随着大唐克什克腾、新疆庆华、内蒙古汇能煤制天然气示范工程建设及试运行的逐步开展，煤制天然气产业发展中的煤源、水资源保证以及环保问题逐步暴露，由此导致一些环保组织和国内外研究机构对煤制天然气产业发展存在的问题高度关注。在此背景下，国家发改委对煤化工产业一直坚持示范先行、严格准入、规范发展、有序推进的产业政策，先后三次发文，规范煤制天然气等新型煤化工产业科学发展，对相关问题作了进一步强调和明确。

同时，为了规范煤制天然气产业的发展，国家相关部门组织了有关标准的制定。其中国家强制性标准《煤制天然气单位产品能源消耗限额》（GB 30179—2013）于 2014 年 4 月中旬正式颁布；《煤制合成天然气》（GB/T 33445—2016）国家标准于 2017 年 7 月 1 日起实施，该标准的实施对规范我国煤制天然气产业的质量管理，提升煤制天然气产业的工艺和装

置制造技术水平，保障煤制天然气行业的健康发展具有重要的推动作用。

尽管如此，从 2013 年 2 月开始，又有 8 个煤制天然气项目获得国家同意开展前期工作，这些项目的产能合计 $722 \times 10^8 \, \mathrm{m}^3/\mathrm{a}$，都有一些示范内容，但到目前为止，仅有 2 个煤制天然气项目得到国家发改委核准。

（4）在配套上，国家要求油气管网开放，鼓励多元投资；推行价格改革，实施市场运作，为煤制天然气等企业产品外送创造了条件

内蒙古大唐国际克什克腾煤制天然气项目、庆华煤制天然气项目建成之初受管线并网外送限制长时间无法投入运营，直至 2013 年，在有关部门协调下获准并入中石油管网，实现产品煤制天然气外送。

在目前油气行业纵向一体化的体制下，为解决非常规油气生产出来以后"无管网可输送"的问题，解决上、下游多元化市场主体的开放需求问题，进一步规范油气管网设施开放相关市场行为，形成全国统一布局的管网系统，保障油气安全稳定供应。在产业配套方面，近来国家产业政策强调要求油气管网开放，鼓励多元投资，推行价格改革，并实施市场运作。

1.4.2 市场前景广阔

从市场供需角度来看，我国煤制天然气合理规模到 2020 年约为 $300 \times 10^8 \, \mathrm{m}^3$，到 2030 年约为 $500 \times 10^8 \, \mathrm{m}^3$，峰值达到 $800 \times 10^8 \, \mathrm{m}^3$。

我国可供天然气资源包括国产常规天然气、非常规页岩气与煤层气、煤制天然气、国外进口管道气和 LNG。依据国家天然气、煤层气、页岩气发展"十二五"规划，并参考相关文献对资源勘探开发前景的分析，预测各类资源供应潜力大致如下。

① 国产常规天然气资源（包括致密气）主要来自四川盆地、鄂尔多斯盆地、塔里木盆地、南海海域等。其中，致密气资源品质低、投资大、成本高、开发效益差，属于典型的非常规天然气资源，也是技术基本成熟、短期内可以快速上产的最现实资源类型，但目前我国未将致密气列入非常规资源管理，缺少必要的扶持政策支持，发展积极性受到影响。2013 年常规气产量为 $1178 \times 10^8 \, \mathrm{m}^3$，同比增长 9.8%。国家天然气发展"十二五"规划提出：2015 年国内常规气的产量将达到 $1385 \times 10^8 \, \mathrm{m}^3$。根据目前勘探开发形势并参考相关文献，预计 2020 年国内常规天然气产量大致为 $1800 \times 10^8 \, \mathrm{m}^3$，2030 年可增加到 $2500 \times 10^8 \, \mathrm{m}^3$。

② 非常规天然气资源包括煤层气和页岩气，是未来我国天然气上产的重点领域。煤层气在国内已实现商业开采，2013 年地面抽采量约 $30 \times 10^8 \, \mathrm{m}^3$；页岩气尚处于摸索试采阶段，2013 年产量约为 $2 \times 10^8 \, \mathrm{m}^3$。《国家煤层气（煤矿瓦斯气）开发利用"十二五"规划》提出，2015 年煤层气地面开发产量达到 $160 \times 10^8 \, \mathrm{m}^3$；《页岩气发展规划（2011—2015 年）》提出，2015 年实现页岩气产量 $65 \times 10^8 \, \mathrm{m}^3$，2020 年力争达到 $600 \times 10^8 \sim 1000 \times 10^8 \, \mathrm{m}^3$。笔者按稳健开发的方式考虑，2015 年煤层气产量按 $60 \times 10^8 \, \mathrm{m}^3$、2020 年按 $120 \times 10^8 \, \mathrm{m}^3$ 考虑，2030 年将达到 $300 \times 10^8 \, \mathrm{m}^3$。页岩气方面尽管美国已实现"页岩气革命"，但我国刚启动先导试验项目，勘探开发经验非常有限，对可采储量认识不足，关键成套技术仍在探索完善之中，同时规模开发还面临水资源短缺和环境风险，实现规划目标面临非常大的挑战。稳妥考虑，页岩气产量 2015 年按 $60 \times 10^8 \, \mathrm{m}^3$、2020 年按 $300 \times 10^8 \, \mathrm{m}^3$ 考虑，2030 年将达到 $600 \times 10^8 \, \mathrm{m}^3$。

③ 煤制天然气目前已有 4 个项目获得国家发改委核准并投入建设生产，分别是庆华集

团在新疆伊宁的 $55 \times 10^8 m^3$ 项目、大唐国际在赤峰克什克腾旗的 $40 \times 10^8 m^3$ 项目、大唐国际在辽宁阜新的 $40 \times 10^8 m^3$ 项目，以及内蒙古汇能公司在鄂尔多斯的 $16 \times 10^8 m^3$ 项目，合计产能 $151 \times 10^8 m^3$。其中大唐国际克什克腾一期、新疆庆华一期各 $13.75 \times 10^8 m^3$ 于 2013 年 12 月正式投产供气。

④ 进口管道天然气主要有 3 个方向：a. 中亚方向，气源来自土库曼斯坦、哈萨克斯坦等中亚国家；b. 缅甸方向；c. 俄罗斯东线，经过长达 20 年马拉松式的前期研究和谈判，2014 年 5 月 22 日普京总统访华期间两国石油公司签订了购销合同，计划向中国供气。

⑤ 沿海 LNG 进口资源采购比较灵活，根据现有合同，2015 年进口资源量大致为 $400 \times 10^8 m^3$，2020 年预计将增至 $600 \times 10^8 m^3$，2030 年同样按 2020 年资源量考虑。

综合上述各类资源，并减去油气田生产自耗、管道耗气和储气库垫底气，常规气、煤层气、页岩气的商品率平均按 90% 计算，预计 2020 年商品气达到 $3500 \times 10^8 m^3$，2030 年有望达到 $4800 \times 10^8 m^3$。

1.4.3 环境保护需求

在天然气供应不足的情况下，用煤制天然气来代替民用及其他分散用煤是环保的需要。我国煤炭利用方式中，民用及其他分散用煤约占 10%，这些用户排放的二氧化硫和氮氧化物无法集中治理或治理难度很大。按照国家统计局公布的 2013 年我国煤炭消费总量 24.75 亿吨标准煤计算，则用于民用和其他分散用煤的量约为 2.475 亿吨标准煤。按标准煤中含硫量 2% 计算，则完全燃烧后每年产生 990 万吨二氧化硫，占到国家统计局公布的 2013 年 2044 万吨二氧化硫排放的 48.4%。按照 $1000 m^3$ 天然气消耗标准煤 2.3t 折算，2.475 亿吨标准煤可生产 1000 多亿立方米天然气，硫回收效率按照 99.8% 计算，每年将少排放二氧化硫 988 万吨。

如按照中国工程院《中国能源中长期（2030 年、2050 年）发展战略研究》课题组提出的我国煤炭工业可持续发展产能不超过 $38 \times 10^8 t$ 测算，若生产 $800 \times 10^8 m^3$ 煤制天然气，约消耗低品质煤炭 $4.8 \times 10^8 t$，占全国煤炭产量的 10%，可以说是控制在合理范围内。

生物质经过气化技术制备得到的天然气被称为生物质合成天然气（bio-synthetic natural gas，Bio-SNG），这一技术被认为是"第二代生物燃料"技术，Bio-SNG 被认为是一种绿色燃气，可以混入现有的天然气管网中运输使用，其应用前景十分可观，欧盟计划到 2030 年在天然气管网中使用 10%，即 $550 \times 10^8 m^3$ 由生物质制备的天然气。该技术对生物质原料适用范围较大。

我国也一直从多方面鼓励生物质（如秸秆）燃气项目，并取得积极进展。

1.5 本书的意义和主要内容

到目前为止，国内外在役、在建或拟建的商业化合成天然气工厂都是间接法。

间接法煤制合成天然气关键技术中空分、气化、变换、净化等技术以及焦炉气的净化等技术，都与合成氨、甲醇等行业所用技术基本相同，在国内外均有多年成功的设计和运行经验，而且有专著出版；尽管甲烷化在合成氨、甲醇等领域也在应用，但甲烷化在合成天然气行业的应用与其他行业相比有特殊性，到目前为止还没有见到公开出版的系统研究甲烷化的专著供人们使用，因此组织编著一本系统化研究甲烷化的专著，对于指导生产实际具有重要意义。

参编本书的研究团队立足于我国能源赋存和利用特征，针对国内日益紧张的天然气供需形势，梳理了合成天然气技术的发展概况、历程，阐述相关专业术语，提出技术路线并展望产业趋势，分章列述合成天然气相关基础理论、核心技术、工艺装备和模拟优化等成套技术体系。本书相关研究成果对我国科学发展合成天然气产业、优化能源结构、改善生态环境、保障能源供应安全具有重要参考意义。

全书共分为8章。

第1章绪论部分，主要介绍合成天然气技术的发展背景、历史及进展，解释了相关专业术语和工艺路线，进而提出本书研究路线，最后对行业发展面临的机遇和挑战进行展望。

原料气化产生合成气是制备合成天然气的"龙头"环节。因此，第2章重点阐述了合成气的制备和净化技术，包括原料来源、原料气化、合成气变换及净化、副产物回收利用等相关知识。

除气化技术外，甲烷化技术是合成天然气的最关键技术。第3～5章依次阐述甲烷化技术的反应热力学、催化剂、反应机理与动力学、工艺与装备等，是全书的核心部分。

第6、7章是利用科学计算方法和现代模拟软件，对甲烷化反应器和工艺流程进行模拟、优化，为实践提供有益参考。

第8章是基于目前甲烷化技术存在的不足，对国内外甲烷化新技术和科技制高点进行跟踪、展望和集成创新。

◆ 参考文献 ◆

[1] 贾承造，张永峰，赵霞. 中国天然气工业发展前景与挑战 [J]. 天然气工业，2014，34 (2)：1-11.

[2] 张抗. 中国天然气供需形势与展望 [J]. 天然气工业，2014，34 (1)：10-17.

[3] 2013年国内外油气行业发展报告课题组. 2013年国内外油气行业发展概述及2014年展望 [J]. 国际石油经济，2014 (Z1)：30-39，219.

[4] 钱兴坤，姜学峰. 2014年国内外油气行业发展概述及2015年展望 [J]. 国际石油经济，2015 (1)：35-43，110.

[5] 大唐国际化工技术研究院有限公司. 鲁奇炉煤制天然气废水处理技术——"活性焦吸附＋生化处理"气化废水处理工艺 [C]//2014中国煤化工环保与水处理论坛，北京，2014.

[6] 刘永健，何畅，冯霄，等. 煤制合成天然气装置能耗分析与节能途径探讨 [J]. 化工进展，2013，32 (1)：48-53，103.

[7] 刘永健，王志伟，何畅，等. 煤制天然气的能源网络分析图 [J]. 化工进展，2013，32 (9)：2106-2111.

[8] 李安学，李春启，左玉帮，等. 我国煤制天然气现状与前景分析 [J]. 煤炭加工与综合利用，2014 (10)：1-10，95.

[9] 李安学，等. 现代煤制天然气工厂概念设计研究 [M]. 北京：化学工业出版社，2015.

[10] KOPYSCINSKI J，SCHILDHAUER T J，BIOLLAZ S M A. Production of synthetic natural gas (SNG) from coal and dry biomass-a technology review from 1950 to 2009 [J]. Fuel，2010，89 (8)：1763-1783.

[11] CHANDEL M，WILLIAMS E. Synthetic natural gas (SNG)：technology，environmental implications，and economics [R]. Duke University，2009：1-20. https：//nicholasinstitute. duke. edu/sites/default/files/publications/natgas-paper. pdf

[12] 惠德健. 对美国大平原厂煤制天然气项目建设与运行情况的借鉴与思考 [J]. 中国石油和化工，2014 (10)：60-64.

[13] 忻仕河. 美国大平原气化工程 [J]. 煤质技术，2015 (2)：1-5，48.

[14] 杨启仁，陈丹江. 美国大平原煤制气：一个失败的案例 [J]. 中国石油和化工，2014 (9)：13-15.

[15] 张丽娟，柴绘宇，赵泽秀，等. 煤制天然气质量标准研讨 [J]. 煤炭加工与综合利用，2015 (4)：11-15，23，100.

［16］　韩国浦项煤制天然气项目的借鉴［EB/OL］. http：//www. coalchem. org. cn/news/html/800201/150078. html.

［17］　韩国浦项煤制天然气项目的启示［EB/OL］. http：//chinacoalchem. com/news. asp? id＝54371.

［18］　赵利军，蔺华林. 甲烷化历史与甲烷化机理研究［J］. 神华科技，2010（5）：80-84.

［19］　张运东，赵星. 国际煤制合成天然气技术的专利格局［J］. 环球石油石油科技论坛，2009，28（4）：59-62.

［20］　沙兴中，杨南星. 煤的气化与应用［M］. 上海：华东理工大学出版社，1995：306-317.

［21］　毕继诚. 催化气化（一步法）煤制天然气技术开发进展［C］//第四届煤制合成天然气技术经济研讨会，乌鲁木齐，2013.

［22］　纪志愿，余浩. 一段等温甲烷化技术在焦炉煤气制 LNG 工业化应用［C］//第三届煤制合成天然气技术经济研讨会，北京，2012.

［23］　SUDIRO M，BERTUCCO A. Synthetic Natural Gas（SNG）from Coal and Biomass：a Survey of Existing Process Technologies，Open Issues and Perspectives［M］// POTOCNIK P. Natural Gas. IntechOpen，2010.

［24］　温秋红，姜海凤. 煤制天然气成本与竞争力分析［J］. 煤炭经济研究，2014（4）：36-40.

［25］　侯建国，高振，王秀林，等. 中国煤制天然气产业的发展现状及建议［J］. 天然气化工，2015（3）：94-98.

［26］　任哲，韩露，黄立凤. 煤制天然气三废处理现状与发展方向［J］. 中国高新技术企业，2015（23）：100-101.

［27］　刘加庆，邹海旭. 从美国大平原发展分析国内煤制天然气项目前景［J］. 现代化工，2014（2）：14-16.

［28］　李军，李建，王良，等. 煤制天然气气化工艺及型煤气化经济性的研究［J］. 煤炭技术，2014（9）：270-272.

［29］　吴枫，张数义. 我国煤制天然气发展思路及问题分析［J］. 现代化工，2010，30（8）：1-3，5.

［30］　韩景宽，周淑慧，田瑛，等. 从市场供需看我国煤制天然气发展前景［J］. 天然气工业，2014（7）：115-122.

［31］　潘海宁，严荣松，赵自军. 煤制天然气进入城市燃气领域可行性研究［J］. 天然气化工（C1 化学与化工），2015（1）：65-70.

［32］　梁睿，童莉，刘志学，等. 煤制天然气与燃煤发电环保利弊分析及建议［J］. 环境影响评价，2014（6）：5-7.

［33］　童莉，周学双，段飞舟，等. 我国现代煤化工面临的环境问题及对策建议［J］. 环境保护，2014，42（7）：45-47.

［34］　李志坚. 发展煤化工是实现煤炭清洁高效利用的重要途径［J］. 化工管理，2013（12）：25-27.

［35］　我国天然气对外依存度升至 32.2%［N/OL］. 经济参考报，2015-01-19. http：//jjckb. xinhuanet. com/2015-01/19/content＿535030. htm.

第2章

合成气的制备和净化技术

2.1 合成气制造综述

2.1.1 合成气的来源

合成气是以氢气、一氧化碳为主要组分供化学合成用的一种原料气。由含碳矿物质如煤、石油、天然气以及焦炉煤气、炼厂气、污泥和生物质等转化而得。生物质和污泥在热解或者气化时也会产生大量的合成气。按合成气的不同来源、组成和用途，它们也可称为煤气、合成氨原料气、甲醇合成气等。合成气的原料范围极广，生产方法甚多，用途不一，可简列如下：

①以煤为原料，经煤气化制得合成气；

② 焦炉煤气转化制备合成气；

③ 黄磷尾气制备合成气；

④ 乙炔尾气制备合成气；

⑤ 钢铁厂废气等工业尾气制备合成气；

⑥ 生物质等制备合成气。

2.1.2 合成气的要求

合成气经变换、净化后得到合适比例的 H_2、CO 和 CO_2，再经甲烷化反应使其甲烷含量增加。因此，合成气甲烷化对合成气具有一定的要求，具体如下。

（1）原料气适配比

合成甲烷化反应为 H_2、CO 和 CO_2 在催化剂的作用下生产甲烷的过程，要求合成气中 H_2/CO 摩尔比为 3.0 左右。

上述各种原料气经预处理、净化等多种工序后进入甲烷合成器合成甲烷时，通过对其碳氢比进行调节达到最佳甲烷化反应区间。当 H_2/CO 满足一定比值时，甲烷化反应生产的天然气品质好，转化率高，产品的热值最高。

（2）硫含量

总硫含量降到 0.1×10^{-6} 以下才能够满足甲烷化的要求。如果粗煤气中硫化物较多，容易对后续的工艺管道和设备仪器等产生危害，且容易使甲烷化催化剂失活，因此需要进行脱硫工艺使粗煤气中的大部分硫化物脱除回收。

（3）CO_2 气体含量

甲烷化过程中，由于 CO 和 CO_2 在甲烷化工艺中都是反应物，只需要部分转化 CO，部分脱除 CO_2 即可，因此要求合成气中 CO_2 含量降到 1%（干基）以下。这是因为粗煤气中的 CO_2 属于酸性气体，会对管道和设备造成腐蚀，必须进行必要的脱除和回收。

（4）合成气中不参加反应的气体需要尽可能少

合成气中若含有不参加反应的 N_2、H_2 和 Ar 等，这些气体对催化剂虽然无毒害作用，但是若含量高会增加设备的投入和降低设备的效率。根据不同原料和工艺路线要求，原料气中惰性气体在 1%～5% 为可允许的最佳范围。

2.2　以煤为原料制备合成气

2.2.1　煤气化反应基本原理

煤气化过程是非常复杂的过程。它主要以煤或煤焦为原料，以氧气或空气、水蒸气或氢气等作为气化介质（或称气化剂），在高温的条件下通过化学反应将其中的可燃部分转化为气体燃料，气化过程中所得的可燃气体称为气化煤气，其有效成分包括 CO、H_2、CH_4 等。

发生于气化炉内的煤气化反应，涉及高温、高压、多相条件下物理和化学过程的相互作用，是一个非常复杂的过程。传统上，煤气化反应是指煤中的碳与气化剂中的氧气和水蒸气发生的反应，也包括碳与反应产物以及反应产物之间进行的反应，具体可以分为以下几种主要类型。

（1）碳-氧间的反应（也称为碳的氧化反应）

以空气或纯氧为气化剂时，碳的氧化反应有：

$$C + O_2 \longrightarrow CO_2 \qquad (2\text{-}1)$$
$$2C + O_2 \longrightarrow 2CO \qquad (2\text{-}2)$$
$$C + CO_2 \longrightarrow 2CO \qquad (2\text{-}3)$$

（2）碳与水蒸气的反应

在一定的温度下，气化剂中的 H_2O 和燃烧过程中生成的 H_2O 将与碳发生如下反应：

$$C + H_2O \longrightarrow CO + H_2 \qquad (2\text{-}4)$$
$$C + 2H_2O \longrightarrow CO_2 + 2H_2 \qquad (2\text{-}5)$$

这是制造水煤气的主要反应，也称为水蒸气的分解反应。其中反应生成的一氧化碳可进一步与水蒸气发生如下反应：

$$CO + H_2O \longrightarrow CO_2 + H_2 \qquad (2\text{-}6)$$

（3）甲烷的生成反应

煤气中的甲烷，一部分来自煤中挥发物的热分解，另一部分来自气化炉内的碳与煤气中的氢气反应以及气体产物之间反应，如下：

$$C + 2H_2 \longrightarrow CH_4 \qquad (2\text{-}7)$$

$$CO+3H_2 \longrightarrow CH_4+H_2O \qquad (2\text{-}8)$$

$$2CO+2H_2 \longrightarrow CH_4+CO_2 \qquad (2\text{-}9)$$

$$CO_2+4H_2 \longrightarrow CH_4+2H_2O \qquad (2\text{-}10)$$

（4）煤中其他元素与气化剂的反应

煤炭中含有少量的氮元素和硫元素，它们与气化剂以及反应中生成的气态反应产物之间也可能进行一系列的反应，由此产生了煤气中的含氮和含硫产物。这些产物有可能产生腐蚀和污染，在气体净化过程中必须予以除去。

2.2.1.1 煤制甲烷的工艺原理

以煤为原材料制备合成气并最终制备甲烷是最常见的合成气甲烷化技术。其工艺流程共包括煤气化、空分、部分变换、脱硫脱碳净化、甲烷化等，具体见图 2-1，各个单元的具体作用见表 2-1。

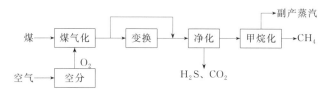

图 2-1   以煤为原料制备合成气并最终制备甲烷工艺流程示意图

原煤经过煤气化装置生产出来粗煤气，然后经过 CO 变换和酸性气体的脱除后，得到一定比例的净化气，经过调整进行甲烷化反应并最终经过压缩和干燥后得到符合相应标准的天然气。其主要工艺装置包括空分装置，煤气化装置，CO 变换、净化和甲烷化装置以及硫回收装置等。

从单个工艺单元来看，空分、变换、净化是在煤化工项目中均已得到广泛应用的成熟技术。因此在煤制天然气工艺中，主要需要选择的是煤气化及甲烷化技术。其中煤气化技术尤其是煤制天然气工艺中的关键技术。

表 2-1   煤制甲烷单元作用表

工艺单元	作用	工艺单元	作用
煤气化	制备合成气	净化	脱硫脱碳
空分	制备氧气	甲烷化	合成甲烷
部分变换	调整 H_2/CO		

煤经合成气制备甲烷的关键技术之一是煤气化技术。近年来，国内外的煤气化技术已经取得了明显的进展。其中，移动床、流化床以及气流床均为典型的煤气化技术，并均可作为煤经合成气制备甲烷的工艺技术。

2.2.1.2 煤气化反应的类型

21 世纪以来，由于石油价格的上涨和国内对石油制品的需求快速增长，煤化工逐渐被重视起来，尤其是中国对煤气化的需求与日俱增。国内外迅速出现一大批煤气化技术投入实际应用，主要包括固定床气化技术、流化床气化技术和气流床气化技术三大类。每种气化技术均有其自身的优缺点，对原料煤的品质均有一定的要求，其工艺的先进性、技术成熟程度也有差异，具体见表 2-2。

表 2-2　主要煤气化技术分类

床层		技术名称	原料方式	开发单位
固定床		间歇式气化炉(UGI)	干块煤	美国联合气体改进公司
		鲁奇气化炉(Lurgi)	干块煤	德国鲁奇公司
		液态熔渣气化炉(BGL)	干块煤	德国鲁奇公司
		连续富氧气化炉(TUGI)	干块煤	中国天辰公司
		大型碎煤加压熔渣气化(YM)	干块煤	云南煤化集团
流化床		温克勒(Winkler)	干煤粉	德国克虏伯伍德
		高温温克勒(HTW)	干煤粉	德国克虏伯伍德
		恩德炉	干煤粉	恩德煤气公司
		循环流化床(CFB)	干煤粉	德国鲁奇公司
		Hygas	油煤浆	美国煤气研究所
		U-gas 灰融聚	干煤粉	美国芝加哥煤气技术研究所
		KRW 灰融聚	干煤粉	美国西屋电气公司
		ICC 灰融聚流化床	干块煤	中科院山西煤化所
气流床	干法	壳牌水冷壁炉(SCGP)	干煤粉	荷兰 Shell 公司
		科柏斯-托切克(K-T)	干煤粉	德国科柏斯公司
		Prenflo	干煤粉	德国克虏伯伍德
		GSP	干煤粉	西门子
		科林粉煤气化(CCG)	干煤粉	德国科林工业集团
		日立气化炉(Eagle)	干煤粉	日本电力公司
		空气两段气化炉(CCP)	干煤粉	日本中央电力研究院与三菱重工
		航天炉(HT-L)	干煤粉	中国航天科技集团
		两段式气化炉(TPRI)	干煤粉	华能清能院西安热工研究院
		东方炉(SE)	干煤粉	中石化宁波工程公司
		五环炉	干煤粉	五环工程有限公司
	湿法	E-gas	水煤浆	Destec 公司
		多原料浆气化	水煤浆	西北化工研究院
		德士古(Texaco)	水煤浆	美国德士古公司(GE)
		多喷嘴对置式水煤浆气化(OMB)	水煤浆	华东理工大学
		非熔渣-熔渣分级气化	水煤浆	清华大学

从表 2-2 中可知，国内的煤气化技术迅猛发展，固定床气化、流化床气化以及气流床气化等都已经相对成熟，占据了国内大型煤气化技术的部分市场。除上述各项气化技术外，还有 E-STR、711 气化技术等处于概念设计推广中。但是具体选择以何种煤气化技术来制备合成气并最终制备甲烷，需要根据煤种、环境、投资以及产品需求等多方面因素综合考虑。

2.2.2　固定床煤气化制备合成气

2.2.2.1　固定（移动）床气化工艺

固定床气化一般采用一定块径的块煤（焦炭、半焦、无烟煤等）为原料，煤种与气化剂逆流接触，其中固相原料煤或煤焦从气化炉上部加入，气化剂自气化炉底部鼓入，含有残炭的灰渣被排除。

用灰渣和产品气的显热，分别预热气化剂和原煤。因气化温度较低，气化反应速率较小，因此在生成的气体产物中含有大量的焦油和甲烷。典型的移动床气化炉有常压的 UGI

气化炉和加压的 Lurgi 气化炉等。

一般根据煤在固定床内不同高度进行的主要反应，将其自下而上分为灰渣层、燃烧层、气化层、干馏层和干燥层。具体床层分布和主要产物示意图如图2-2 所示。在实际反应过程中，除气化层和燃烧层主要以氧气浓度为零来划分外，其余各区没有明显的边界，是可以重叠覆盖的。

固定床气化炉一般气化温度较低，反应速率较小，生成气体产物中含有大量的焦油且甲烷含量较高。因此，为了保证气化过程的顺利进行，固定床气化炉对煤质也有一定的要求，如灰熔点和稳定性等方面都有一定的要求。

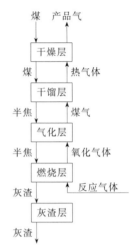

图 2-2　固定床床层分布和主要产物示意图

2.2.2.2　常压固定床

最典型的常压固定床气化炉是 UGI 气化炉。其是美国联合气体公司开发并以公司名字命名的，原料通常为无烟煤或焦炭，其特点是可采用不同的操作方式（间歇或连续），也可采用不同的气化剂，制取空气煤气、半水煤气或水煤气。

该气化炉具有设备结构简单、易于操作、投资低等优点，一般不用氧气作为气化剂，冷煤气效率较高且甲烷含量高。但是其生产能力低，对煤种要求极其严格，间歇操作时工艺管道非常复杂，尽管国内仍有部分合成氨厂或煤气厂采用 UGI 气化技术，但是从气化技术发展的角度来看，该技术已经无法适应现代煤化工对气化的要求，面临着更新换代的需求。

2.2.2.3　加压固定床

固定床加压气化技术主要指 Lurgi 公司开发的碎煤加压气化炉（Lurgi）以及以其工艺作为基础发展的液态熔渣气化炉（BGL）。

（1）碎煤加压气化工艺

① 碎煤加压气化技术概况　碎煤加压气化技术是德国 Lurgi 公司开发的煤气化技术，其主要特点是带有夹套锅炉固定排渣的加压煤气化炉，原料采用碎煤，经过加压气化得到粗煤气。其中煤和气化剂逆流接触，主要适用于气化活性较高、块度在 5～50mm 的褐煤和弱黏结性煤等，常称之为碎煤加压气化工艺，气化炉称为 Lurgi 炉。

美国大平原煤气厂采用 Lurgi 煤气化工艺技术生产甲烷化技术所需原料气，取得了近30 年的生产经验。因此我国普遍主张在煤制甲烷的过程中，采用 Lurgi 气化技术。因为该气化技术出口的甲烷含量可以达到 10% 左右，减少了后续的投资，也可使用较廉价的褐煤作为原料。上述流程的副产物是焦油，焦油加氢后可以作为燃料油或车用油，以及酚、氨等，可作为化工原料。另外，该技术气化出口的合成气中 H_2/CO 的值较高，因此需要变换的气体较少，具有明显的优势。

② 碎煤加压气化工艺原理和流程　典型碎煤加压气化工艺流程如图 2-3 所示。

典型的碎煤加压气化炉结构如图 2-4 所示。该气化炉适用于反应性高、不黏结或弱黏结性的煤，如典型的褐煤或长焰煤等。若要采用气化挥发分低和碳化度高的煤，需要提高其气

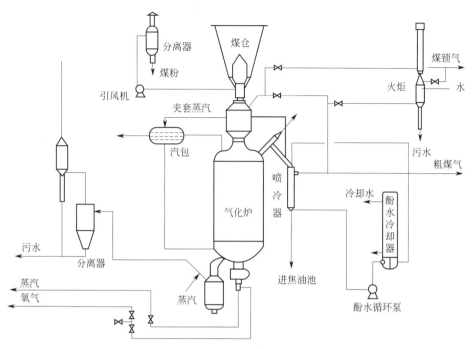

图 2-3　典型碎煤加压气化工艺流程

化温度，结合固态排渣特点，要求煤的灰熔点一般大于
1500℃。碎煤加压气化炉主要以 5～50mm 的块煤为原
料，以氧气＋蒸汽为气化剂进行连续气化，煤气中一般
含有 10％左右的甲烷。气化床层自上而下分干燥、干
馏、还原、氧化和灰渣等层。目前国内的天脊集团、国
电赤峰、义马煤气公司、哈尔滨煤气公司、潞安煤制油
项目和大唐克什克腾煤制天然气项目均选择碎煤加压气
化炉进行气化。

（2）BGL 气化工艺

BGL 气化工艺是在 Lurgi 气化工艺的基础上发展起
来的，其最大的改进是将干法排渣的 Lurgi 气化炉改为
熔融态排渣，提高了气化炉的操作温度，从而提高了气
化炉的生产能力，使之更加适合灰熔点低以及对蒸汽反
应活性较低的煤。与普通的 Lurgi 气化炉相比，BGL 气
化炉单位截面积的产量提高了 1～2 倍，气化过程中蒸汽
消耗减少显著，气化效率明显提高，同时还降低了焦油
等难处理副产物的生成量。典型的 BGL 气化炉结构功能
见图 2-5。

BGL 气化炉炉体结构比传统的 Lurgi 气化炉简单，
煤锁和炉体的上部结构与干法排渣的 Lurgi 气化炉大致

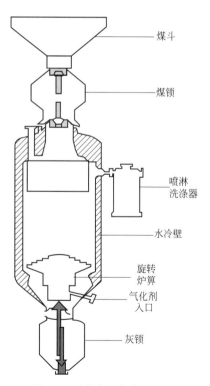

图 2-4　碎煤加压气化炉结构

相同，不同的是用渣池代替了炉算。块煤（最大粒度 50mm）通过顶部的闸斗仓进入加压气
化炉，当煤在气化炉中由上向下移动时，被逆着向上的气流干燥、脱除挥发分、气化，最终

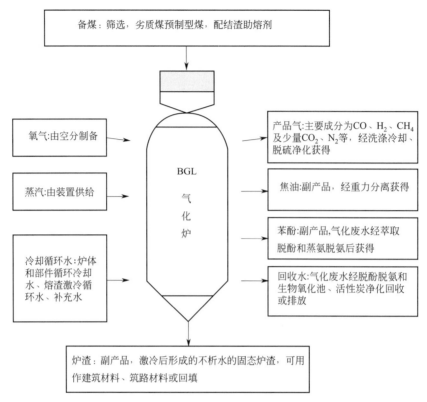

图 2-5　典型的 BGL 气化炉结构功能示意图

燃烧。气化炉下部设有 4 个喷嘴，喷嘴将水蒸气和氧的混合物以 60m/s 的速率喷入燃料层底部，在喷口周围形成一个处于扰动状态的燃烧空间，释放出的热量维持炉内 2000℃的高温，该高温使灰熔化，并提供热以支持气化反应。液态灰渣先排到炉底收集池内，然后再自动排入水冷装置。灰渣在水冷装置中形成无味、不可渗滤的熔渣状玻璃态固体，然后排出。

2.2.3　流动床煤气化制备合成气

（1）流动床气化工艺

当气体或液体以某种速度通过颗粒床层而足以使颗粒物料悬浮，并能保持连续的随机运动状态时，便出现了颗粒床层的流化状态。流化床气化就是利用流态化的原理和技术，使煤颗粒通过气化介质达到流态化。其特点是较高的气-固间传热和传质速率，床层中气-固两相的混合接近理想状态，其床层固体颗粒分布和温度的分布均较为均匀。

（2）温克勒（Winkler 和 HTW）气化

温克勒气化炉要求进入气化炉的煤颗粒粒径小于 10mm，一般在低于灰熔化温度下操作，因煤种不同，床层温度一般在 950～1050℃。在气化炉的上部加入部分气化剂，能够保证颗粒的气化，同时也提高床层上部的温度，有利于减少合成气的焦油含量。高温温克勒（HTW）气化技术，是对温克勒气化技术的改进，其特点是提高了气化压力，气化压力最高达到 3.0MPa，同时也进一步提高了气化温度，并用强旋风分离器分离细灰，循环进入气化炉，从而提高了碳的转化率。提高气化反应温度受煤的灰熔点限制。当灰分为碱性时，可以添加石灰石、石灰和白云石来提高煤的软化点和熔点。

（3）循环流化床（CFB）气化

循环流化床对颗粒的大小和形状没有特别的要求，其同时具备固定流化床和输送床的特点，较高的滑移速度可以保证气固两相的充分混合，促进了气化炉内的热质传递，与传统的固定流化床相比，循环流化床具有更高的循环率，有利于原料的快速升温，减少了焦油的生成。循化流化床另一个重要的特点是，它对煤颗粒的大小和形状无特殊要求，因此这种形式的流化床气化炉也适合于生物质与固体废弃物的气化。

（4）恩德炉粉煤气化

恩德煤气化技术是在温克勒气化技术基础上经过改良后发展起来的气化技术。其工艺为煤通过煤仓底部的三个螺旋式加煤机送到发生炉底部锥体部分。空气和氧气等气化剂由离心式鼓风机吸入，加压后与过热蒸汽混合作为气化剂和流化剂，分多路从各级喷嘴进入气化炉。粉煤和气化剂直接接触反应，在炉内形成密相段和稀相段。密相段的温度分布均匀，稀相段温度较高，这就使得煤种的焦油和轻油以及酚类在高温下发生裂解。

（5）KBR 输送床气化工艺

输送床流化气速较循环流化床相比更高，其工艺流程为：原料煤通过煤斗加入气化炉后，在气化炉混合区由竖管循环进入炉内与未反应完全的煤进行混合，气体携带固体进入上升段，上升段的出口与提升器上部的料斗相连，大颗粒通过重力作用分离，小颗粒通过旋风分离器与气体分离。由提升器和旋风分离器分离出来的颗粒经竖管和 J 形管循环进入气化炉的混合区。

（6）灰融聚气化工艺

灰融聚流化床粉煤气化技术根据射流原理，以空气或氧气或者富氧空气与蒸汽等为气化剂，在适当的煤粒度和气速下，气化剂使炉内的煤颗粒在沸腾的情况下气化，气固两相充分混合。在燃料部分燃烧产生的高温条件下发生煤的还原反应，最终实现煤气化。根据射流原理，此技术在流化床底部设计了灰团聚分离装置，可以形成床内局部高温区，使灰渣团聚成球，借助重量的差异达到灰团和半焦的分离。根据飞灰立管的流动原理，设计了特殊的飞灰循环系统，提高了碳利用效率，这是灰融聚流化床气化技术的特点。

2.2.4　气流床气化制备合成气

（1）气流床气化工艺

从技术、煤利用率、产品成本和环保等角度来看，水煤浆和干煤粉的气化不见得不可用，应该具体因地制宜地选择。在煤质和技术允许的条件下，采用气流床气化工艺制取甲烷也是可以考虑的。气流床气化按进料方式可分为干法气流床气化和湿法气流床气化两种。

（2）干法气流床气化制备合成气

干法气流床气化方式主要有 Shell 粉煤气化、K-T 常压气化、GSP 气化、航天炉气化和 Prenflo 气化等。

① 壳牌（Shell）粉煤气化工艺　壳牌（Shell）粉煤气化工艺流程中粉煤和氧气以及少量的蒸汽在加压条件下并流进入气化炉内，在极为短暂的时间内完成升温、挥发分脱除、裂解、燃烧及转化等一系列的物理和化学过程。由于气化炉内温度较高，在有氧存在的条件下，碳、挥发分及部分反应产物（H_2 和 CO）以发生燃烧反应为主，在氧气消耗殆尽之后发生碳的各种转化反应，即进入气化反应阶段，最终形成以 H_2 和 CO 为主要成分的合成气

离开气化炉。

② GSP 气化工艺 该工艺对气化原料有较宽的适应性，且可同时气化固体原料和液体原料。固体原料中的褐煤、烟煤、无烟煤和石油焦均可气化，对煤的活性没有要求，对煤的灰熔点适应范围比其他气化工艺可以更宽。对于高灰分、高水分、含硫量高的煤种也同样适用。气化温度约 1400～1600℃，碳转化率高达 99% 以上，产品气体洁净，不含重烃，甲烷含量极低，煤气中有效气体（$CO+H_2$）达到 90% 以上，从而降低了煤的耗量。GSP 气化工艺流程中原料煤常压进入料斗内，通过氮气输送，与氧气和蒸汽一起送入气化炉的喷嘴，在高温和高压下进行快速反应。其内部为盘管式水冷壁结构，粗合成气携带熔渣进入气化炉下部的激冷室，进行洗涤冷却，出激冷室的粗合成气去往洗涤塔进行洗涤，满足后续工段对合成气灰含量的要求。

③ 航天炉（HT-L）气化工艺 航天炉以干煤粉为原料，采用激冷流程生产粗合成气，采用盘管式水冷壁气化炉、顶喷嘴单喷嘴、干法进料及湿法除渣，在较高温度和较高压力下，以纯氧及少量的蒸汽作为气化剂进行部分气化，产生的湿合成气经激冷和洗涤后，饱和了水蒸气并除去细灰的合成气送入变换系统。

④ Plenflo 气化工艺 Plenflo 煤气化炉由上部的废热锅炉和下部的气化室组成，配有 4 个对称布置的烧嘴。粉煤与氧气和水蒸气一起喷入气化炉反应区进行反应。气化炉的炉衬通过水冷壁进行冷却，同时副产高压饱和蒸汽。

（3）湿法气流床气化制备合成气

湿法气流床气化为以水煤浆作为进料的气流床气化方式，尤以 Texaco、E-gas 和多喷嘴对置式气化炉为主要代表。

① 德士古（Texaco）水煤浆气化 德士古气化技术共分为激冷流程水煤浆气化工艺和废锅流程水煤浆气化工艺。其中激冷流程水煤浆气化工艺流程为水煤浆与高压氧气经烧嘴混合后呈雾状，经烧嘴中心管及外环环隙喷入气化炉燃烧室，进行气化反应生产合成气。合成气和熔渣经激冷环及下降管进入气化炉激冷室冷却，之后合成气经喷嘴洗涤器进入碳洗塔，熔渣进入激冷室底部冷却后排出。根据合成气用途的不同，气化炉出口合成气可采用废锅流程，经废锅回收热量。

② 多喷嘴对置式水煤浆气化 多喷嘴对置式水煤浆气化是具有自主产权的国产化水煤浆气化技术，由华东理工大学洁净煤研究所与兖矿集团所有，是基于对置撞击射流强化混合原理开发的新型气化技术。多喷嘴对置式气化技术由磨煤制浆、多喷嘴对置气化、煤气初步净化及含渣黑水处理四个工段组成，包括磨煤机、煤浆槽、气化炉、喷嘴、洗涤冷却室、锁斗、混合器、旋风分离器、洗涤塔、蒸发热水塔、闪蒸罐、澄清槽、灰水槽等关键设备。水煤浆通过 4 个对称布置在气化炉中上部同一水平面的预膜式喷嘴，与氧气一起对喷进入气化炉，在炉内形成撞击流，在完成煤浆雾化的同时，强化热质的传递，促进气化反应的进行。

③ E-gas 气化工艺 E-gas 气化炉的内衬采用耐火砖结构，进料方式为两段水煤浆进料。第一段在高于煤的灰熔点温度下操作部分氧化反应，反应器水平安装，两端同时进料，熔渣从炉膛中央底部经冷却并减压后从系统连续排入常压脱水罐，煤气经中央上部的出气口进入第二段。第二段为气流夹带反应器，垂直安装，在炉膛入口喷入第二股水煤浆，利用一段热煤的显热来气化二段喷入的水煤浆，二段煤浆与一段的热气体发生蒸发及裂解、气化反应。

2.2.5 气化对原料气中甲烷成分的影响

煤气化是整个煤制天然气工艺的关键和核心。近年来，国内外迅速出现一大批煤气化技术投入实际应用，分别有固定床气化技术、流化床气化技术、气流床气化技术三大类，而各种气化技术均有其各自的优缺点，对原料煤的品质均有一定的要求，其工艺的先进性、技术成熟程度也有差异。具体的工艺性质决定了其主要的用途，具体见表 2-3。这些煤气化技术均可作为煤制备天然气的技术选择。

表 2-3 国内外工业化煤气化技术总结及特点

气化类型	原料	床层	用途	气流方向	炉壁形式	CH_4/%	排渣方式
碎煤加压气化	干块煤	固定床	氨/甲醇/天然气/合成油	上行	水夹套	8~13	固态
BGL 熔渣气化	干块煤	固定床	氨/燃料气/甲醇	上行	耐火砖	6~8	液态
恩德炉	干粉煤	流化床	氨/燃料气	上行	耐火砖	<2	固态
灰熔聚	干粉煤	流化床	氨	上行	耐火砖	<3	灰熔聚
壳牌干煤粉气化	干粉煤	气流床	氨/甲醇/氢气	上行	水冷壁	<0.1	液态
航天炉	干粉煤	气流床	氨/甲醇	下行	水冷壁	<0.1	液态
两段炉	干粉煤	气流床	甲醇/IGCC	上行	水冷壁	<3	液态
德士古气化	水煤浆	气流床	氨/甲醇/氢	下行	耐火砖	<0.1	液态
多喷嘴气化	水煤浆	气流床	氨/甲醇/氢	下行	耐火砖	<0.1	液态
多元料浆气化	水煤浆	气流床	氨/甲醇/氢/合成油	下行	耐火砖	<2	液态
非熔渣-熔渣分级气化	水煤浆	气流床	氨/甲醇	下行	耐火砖	<0.1	液态

国内外的煤气化技术近年来发展迅速，固定床气化、流化床气化以及气流床气化等气化技术都已经相对成熟，占据了国内大型煤气化技术的大部分市场。不同的煤气化技术有不同的气化特性，对全厂的工艺配置、公用工程等的设置都有较大的影响，因此，具体选择以何种煤气化技术来制备合成气并最终制备甲烷，需要根据煤种、环境、合成气组成、技术可靠性、业绩和工程经验、投资以及产品需求等多方面因素综合考虑。

对于合成天然气项目来讲，碎煤加压气化生产的粗煤气中甲烷含量高，可以控制后续装置的规模，降低 SNG 项目的经济成本，提高经济效益。在目前的煤气化技术中，固定床碎煤加压气化技术的粗煤气产品中甲烷含量更高，并且装置前期投入成本低，因此碎煤加压气化技术在国内业主选择煤制天然气项目气化技术时颇受青睐。世界上第一个商业化煤制天然气项目大平原合成燃料厂采用的就是固定床碎煤加压气化技术。大唐克什克腾、大唐阜新、新疆庆华煤制天然气项目均选择了碎煤加压气化技术。其工艺虽然存在诸多缺点，但在国内经过消化吸收，近些年已经积累了一定的经验。其气化炉生产的合成气中甲烷含量高，可以减轻甲烷化单元的负荷，且粗煤气中 H_2/CO 高，用于后期合成天然气时，需要变换的气体量相对较少，可以减少变换工段负荷，降低能耗。

碎煤加压气化技术产品中甲烷含量高，约占到了粗煤气产品比例的 50%。同样煤种条件下，与水煤浆气化技术相比，原料煤成本约节省 17.1%，变换装置投资约降低 51.8%，低温甲醇洗处理装置投入约降低 40.9%，甲烷化装置规模约降低 32.4%，总体来讲大幅度地降低后续装置的投资成本，更加适用于煤制天然气的选择，因此固定床碎煤加压气化技术煤气化是煤制天然气项目的首选煤气化技术。但与其他煤气化技术相比，该技术存在的问题也较大，碎煤加压气化原料煤需采用块煤，容易导致大量的粉煤无法处理，以及废水量大、处理成本高等。BGL 气化炉首次应用于呼伦贝尔金新化工 50 万吨/年合成氨、80 万吨/年尿素项目中，目前运行良好，甲烷含量也相对较高，可以考虑应用于制备天然气技术中。

流化床气化技术中 KBR 和 Ugas 由于操作压力和单炉生产能力的限制，难以应用于大型煤气化项目，且甲烷含量较低，不含有煤焦油，因而不适用于煤气化制备天然气技术中。

气流床气化技术因其适合大型工业化应用，近年来被广泛采用，主要用于制备甲醇和合成氨等。气流床的主要特点是粗合成气中有效气比例高，甲烷含量普遍偏低，因气化温度高导致没有煤焦油和酚类等副产物，因此如果单独使用，更适合生产甲醇和合成氨。

表 2-4 列举了国内投产和拟建的煤制天然气项目。从表中可知，已建的项目选择固定床气化的比例更高。但从通过环评在建的项目来看，煤制天然气选择 BGL 以及碎煤加压气化与气流床干粉或水煤浆混合气化技术的比例在逐渐增加。

表 2-4　我国煤制天然气项目建设情况

项目名称	建设规模（规划/在建）/(10^8m^3/a)	进展	批准时间	气化工艺
内蒙古大唐国际克什克腾煤制天然气项目	40/13	投产	2009 年 8 月	碎煤加压
辽宁大唐国际阜新煤制天然气项目	40/13	建设	2010 年 3 月	碎煤加压气化
内蒙古汇能煤制天然气项目	16/4	投产	2009 年 12 月	多元料浆气化
新疆庆华煤制天然气项目	55/13	投产	2010 年 8 月	碎煤加压气化
山西大同低变质烟煤清洁利用示范项目	40	前期	2013 年 2 月	碎煤加压气化＋粉煤加压气化
新蒙能源鄂尔多斯煤炭清洁高效综合利用示范项目	80	前期	2013 年 2 月	固定床气化＋水煤浆气化
内蒙古兴安盟煤化电热一体项目	40	前期	2013 年 2 月	BGL
新疆伊犁煤制天然气项目	80/20	投产	2013 年 3 月	碎煤加压气化
内蒙古准格尔煤炭清洁高效综合利用示范项目	120	前期	2013 年 3 月	碎煤加压气化＋粉煤加压气化
新疆准东煤制天然气示范项目	300	前期	2013 年 9 月	碎煤加压气化＋BGL
内蒙古华星煤制天然气项目	40	前期	2014 年 1 月	碎煤加压气化
安徽淮南煤制天然气项目	22	前期	2014 年 4 月	KBR
内蒙古华电呼伦贝尔煤制天然气	40	前期	2014 年 8 月	BGL
中电投伊南煤制天然气项目	60	前期	2014 年 12 月	西门子 GSP
新疆龙宇能源西黑山天然气示范项目	40	前期	2015 年 4 月	碎煤加压＋水煤浆气化

2.2.6　气化对原料气其他成分的影响

甲烷合成由下列反应来实现：

$$CO + 3H_2 \rightleftharpoons CH_4 + H_2O（放热反应，低温，高压）\tag{2-11}$$

煤气化工艺选择后，其操作条件也对制备甲烷有一定的影响。适当提高压力、降低温度有利于甲烷的合成。

由于煤气化采取的工艺不同，所制取的合成原料气的组分差别也较大。无论采用哪种气化工艺，合成天然气原料气都难以直接达到所需 H_2、CO、CO_2 含量的要求，需要对粗原料气进行净化和变换处理，调节其中各气体含量的比例。

固定床中碎煤加压气化工艺粗合成气中一般 CH_4 含量为 $8\%\sim13\%$，N_2 含量小于 2%，氢碳摩尔比（H_2/CO）$=2\%\sim3\%$，最接近甲烷化原料气的比例，对于煤制天然气来说最具有优势，是最优选择。BGL 熔渣气化 CH_4 含量约为 $6\%\sim8\%$，氢碳摩尔比（H_2/CO）小于 1%，甲烷化需要对后续装置提出更高要求，但其具有废水量较碎煤加压气化更少的优点，因此也可作为煤制天然气气化技术的选择。

相对来讲，气流床中粗煤气中 CO 和 H_2 的含量较高，更加有利于后续甲醇和氨的合成。Shell 和德士古等气流床气化技术粗煤气中甲烷含量低（微量），$H_2/CO < 0.05\%$。如果单纯从粗合成气组成角度考虑，并不适用于制备天然气。

因此，从粗煤气中甲烷及其他气体含量角度考虑，如果单独气化，碎煤加压更适用于制备合成天然气，但粉煤量多和废水量较大的缺点制约了其发展。而气流床中水煤浆气流床气化技术相对更为成熟，处理量大，稳定运行周期长，且三废更容易处理。与固定床碎煤加压气化技术相比，水煤浆气流床气化技术对环境的污染程度更低，并且若水煤浆气化技术与碎煤加压气化技术混合后，水煤浆气化可以采用固定床利用不了的粉煤和固定床气化产生的废水来制备水煤浆，节约成本。采用固定床气化与水煤浆气化结合形成的技术方案，与仅使用固定床气化方案相比，既解决了固定床气化技术产生的大量废水处理问题，又能够解决固定床气化末煤较多的问题。后期准备拟建的煤制天然气项目有拟用水煤浆气化与固定床气化相结合方式来制备天然气的。选择固定床和水煤浆气化相结合的技术方案，不仅要保证煤能够较好地应用于固定床碎煤加压，也要保证煤资源有较好的成浆性能，能够满足水煤浆气化炉的煤浆要求，采用两种技术相结合的方式能够更好地平衡原煤的使用率，流程配置更加合理，既能够降低总体废水含量，也可以解决固定床末煤较多的疑难问题。但是该方案的弊端是投资较大，需要慎重考虑。总之，将固定床气化与水煤浆气化或干粉粉煤气化结合的方案是今后煤制天然气项目气化技术选择的大势所趋，具有一定的市场竞争力。

综上，煤制合成天然气的气化技术选择需要综合考虑投资成本和经济效益，以及技术成熟度。要从技术可行性、装置稳定性、经济可行性和潜在风险分析等多方面进行综合考虑，来最终确定合适的气化技术或气化技术组合。

2.3　其他原料制备合成气

2.3.1　焦炉气制备合成气

焦炉煤气是焦化企业炼焦过程中产生的副产品，属于工业排放气。每炼 1t 焦炭，约产生 $400m^3$ 的焦炉煤气。其主要成分是 H_2（$55\% \sim 60\%$）和 CH_4（$23\% \sim 27\%$），还有少量的烃类 C_mH_n（$2\% \sim 4\%$）、CO（$5\% \sim 8\%$）和 CO_2、N_2，还有 H_2S、COS、CS_2、HCN、NH_3、噻吩、硫醇、硫醚、萘、苯和焦油等其他杂质。我国煤炭资源丰富，又是焦炭的主要出口国，利用好焦炉煤气既节省了资源又减轻了对环境的污染，可谓一举两得。

由于操作工艺参数和炼焦配比的不同，焦炉煤气的组成会有所不同，其中含有一定量的苯、萘、氨、硫化物、焦油和粉尘，以及噻吩和醇醚等有机物杂质，要将焦炉煤气作为合成天然气的原料气，除了需要脱除 H_2S、NH_3、萘、苯、焦油外，还需要将 COS、CS_2、噻吩、硫醇、硫醚全部脱除，否则后续的催化剂就会中毒失活。因此，焦炉煤气必须经过环保配套装置进行处理后才可以作为合成天然气的原料气进行进一步处理。通常都是先经过预处理和深度净化后将焦炉气再进行甲烷化反应，使其中的 CO、CO_2 转化成甲烷。

焦炉煤气中 H_2 比重较高，而甲烷化反应为 1mol 的 CO 配比 3mol 的 H_2，1mol 的 CO_2 配比 4mol 的 H_2，因此将焦炉煤气中的碳氢元素直接进行甲烷化会有大量的氢气剩余，直接回到焦炉中作为回炉煤气燃烧浪费了热值，需要增加脱氢工序。因此，在焦炉煤气通过甲烷化合成天然气时，为了充分利用焦炉煤气中的氢气，向焦炉煤气补碳后再通过甲烷化制取合成天然气 SNG，既能够充分利用原料气的成分，也通过补碳消耗掉过剩的氢气，既提高产量，又降低能耗，具有一定的经济效益。

全国有大、中、小型焦化企业 2000 多家，其中 1/3 生产能力在钢铁联合体焦化企业，2/3 在独立焦化企业，这部分企业每年副产焦炉气 $1000 \times 10^8 m^3$ 左右，除回炉加热自用、民用和生产合成氨或甲醇外，每年放散的焦炉气也有 $200 \times 10^8 m^3$，既污染环境，又造成能源的巨大浪费。

焦炉煤气的回收利用途径很多，主要可划分为燃料用气、发电用气、化工用气几种。其中燃料用气主要是为天然气无法输送的地区城市供气管网提供居民用气。作为发电用气，主要是替代燃煤进行发电和金属冶炼等。作为化工用气主要是利用其生产化肥和甲醇以及合成氨和氢气等，再以甲醇等为初级产物进一步生产烯烃和芳烃等。近年来，用焦炉煤气直接制备合成天然气开辟了焦炉煤气高效利用的新途径。相对焦炉煤气制备甲醇等工艺来说，焦炉煤气制备合成天然气更具有原料利用效率高、投资成本低和产品附加值高等优势，经济效益显著且环境污染较小，具有一定的前景。

目前规模化利用焦炉煤气生产天然气的技术发展迅速。国内西南化工研究设计院、太原理工大学煤化工研究所、新奥新能科技有限公司、武汉科林精细化工有限公司等都已成功地开发出焦炉煤气制天然气的成套工艺技术，但目前在国内仍然处于技术推广的阶段。这些新的焦炉煤气制天然气的技术也在不断开发和获重大突破，相信在不久的将来会相继实现工业化。

2.3.2 黄磷尾气制备合成气

黄磷尾气是工业生产黄磷的副产尾气，理论上每吨成品黄磷将产生 $2500 \sim 3000 m^3$ 黄磷尾气，其主要成分为 CO，含量约占 $85\% \sim 95\%$，另外还含有 H_2、N_2、CO_2、无机硫、有机硫、CH_4、原料粉尘等。黄磷是重要的化工原料，在生产过程中产生大量含有高浓度 CO（$>90\%$，体积分数）的尾气，是潜在的化工原料气。但是因为 P、S、As、F 等杂质净化困难，未能够得到有效的利用。以往黄磷尾气主要用于火炬直接燃烧和热量回收，容易产生大量的 CO_2、SO_2 和 P_2O_5 等物质，不仅造成了资源的大量浪费，也造成了环境的严重污染。另外，黄磷尾气也可用作化工原料气，即通过除尘和净化等工序制备合成气。目前微氧催化氧化等黄磷尾气深化净化技术可将黄磷尾气净化至各种杂质含量低于 $0.1 mg/m^3$，可以满足碳一化工原料气的要求。

2.3.3 电石气制备合成气

以石灰石和焦炭为原料，用电石炉生产电石时，生产每吨电石副产 $400 \sim 450 m^3$ 的炉气，常被叫作电石气，又称乙炔尾气。其主要成分是 CO、H_2，其中 CO 含量约占 $70\% \sim 90\%$，H_2 含量约占 $8\% \sim 15\%$。除此之外，电石气中还含有少量的 N_2、CH_4，及微量的 S、P、As、F、HCN、O_2、Cl 和 C_2H_2、C_2H_4 等不饱和烃类，还有一定量的有害杂质灰尘。由于过去缺乏成熟可靠的尾气净化分离技术，每年有大量的电石尾气被用作低附加值的工业燃料或放空烧掉，这样增加了 CO_2 的排放量，既对资源造成了浪费，又对环境造成了污染。

电石气中 CO 含量高达 90%，因此要将大量的 CO 转换为 H_2 和 CO_2，需要进行变换。电石尾气中得到的富 CO 和高浓度 H_2 混合后，经过保护床深度净化将气体中的 H_2S、

COS、CS_2、HCl 和羟基金属等进一步脱除，得到合格的合成气作为原料气，经过变换后可以制得天然气。

2.3.4　钢铁厂废气制备合成气

钢铁厂的废气也可作为合成天然气的原料气，其组成主要是 CO、CO_2、N_2、H_2 等，其中转炉气和高炉气的组成略有不同。转炉气的 H_2 含量较高，约占 60%，CO_2 占 20% 左右。高炉气的 CO 含量近 30%，CO_2 含量在 10% 左右。但是无论是高炉气还是转炉气，热值均不高，且氮气含量太高，因此如果使用，均需要投入大量的设备，能耗较大。

2.3.5　生物质等制备合成气

农林废料、城市垃圾、污泥等生物质总量巨大，具有资源广泛和利用率高等特点，可以通过定向气化将低品位的固体生物质原料转化为高品位的洁净气，即可以使其中含有的木质纤维素尽可能多地转化为富含有 H_2、CO 和 CO_2 的混合气体。生物质经过气化技术制备合成天然气，目前普遍认为使用流化床更为合适。其中生物质气化后，粗合成气中除合成气外，主要含有焦油、颗粒物、硫化物、氮化物、卤素、重金属、碱金属等多种污染物质，容易导致后续工艺中多种操作问题，尤其是容易引起催化剂失活，因此需要经过净化等工序。

生物质气化粗合成气中 H_2/CO 一般在 $0.3\sim2$，在进入甲烷化装置前需要将其提高到 3 左右，满足甲烷化反应的需求。生物质经发酵产生的生物沼气也可以用来制备天然气。其发酵的生物沼气，组成主要为 CH_4 和 CO_2，另外还有少量的 H_2S 等杂质气体。由于 CO_2 不可燃，导致早期整体热值偏低。经过净化脱硫、提纯脱碳以及脱水等工序对杂质气体进行脱除后，可以提高产品的热值。

目前，一些利用木材、微藻、污泥等合成 SNG 的项目正在建设中。如荷兰能源研究中心（ECN）$800kW$（热功率）中试厂、瑞士保罗·谢尔研究所（PSI）1MW 的 SNG 半商业化工厂、瑞典哥德堡生物质气化工程（GoBiGas）合成天然气商业化项目等。

总体来说，煤、焦炉气、黄磷尾气、电石气、钢铁厂废气以及生物质等原材料均可以用于制备合成气，本书重点介绍以煤为原料制备合成气并最终用于甲烷化的工艺路线。

2.4　合成气净化和气体组成的调整

2.4.1　CO 变换

甲烷化所需的合成气一般需要经过变换工序，其作用主要是：调整氢碳比和使有机硫转化为无机硫便于后续工段脱除。

但粗煤气的组成与气化炉型和煤质的关系很大，不同的气化炉得到的煤气组成不一样，因此需要将气化粗煤气调整到后续工艺的需求。人们一般把一氧化碳和水蒸气反应生成二氧化碳和氢气的过程称作变换反应，经过变换后的气体称为变换气。

化学反应式为：

$$H_2O + CO \Longrightarrow H_2 + CO_2 \qquad \Delta H_{298}^0 = 41.16 kJ/mol \qquad (2-12)$$

变换反应是一个可逆、放热、反应前后体积不变的化学反应。压力对反应平衡没有影响，降低温度和增大水气比（水气比是指进口气体中水蒸气的分子数与总干气分子数之比）有利于反应平衡向右移动。因此，工业上一般均采用加入一定的过量水蒸气的方法，以提高一氧化碳变换率。

（1）变换工艺

根据粗煤气来源的不同，目标产品的不同，所选择的变换工艺流程也有所不同。在以天然气为原料制取合成气工艺中，由于原料天然气在进天然气转化工序之前已完成脱硫，故转化气变换工艺依据要求的 CO 变换率深度要求，一般采用高温变换工艺或高温变换串低温变换工艺。在以油品类为原料制取合成气工艺中，依据原料粗合成气中硫及水气比含量不同，可以采用高温变换工艺或耐硫变换工艺。在以煤为原料制取合成气工艺中，依据煤种、气化工艺及上下游流程配置的特点，主要选择耐硫变换工艺。对于选择废锅流程粉煤气化技术的煤化工项目，一般选用低串中水气比变换工艺；对于选择激冷流程气化技术（包括水煤浆和粉煤气化）的煤化工项目，选用高水气比耐硫变换工艺的较多；选用鲁奇炉的煤化工项目，一般均选用耐油耐硫变换工艺。变换工艺流程主要根据工艺生产要求、变换使用的催化剂特性和热量利用情况确定。煤气变换工艺流程很多，主要差异在于变换炉的段间冷却方式和系统的冷却回收方式。

（2）变换催化剂

变换反应需要催化剂。高温变换使用铁系催化剂，主要成分为氧化铁，还原成 Fe_3O_4 而具有活性。低温变换则多使用 Cu-Zn-Al 催化剂，也可使用 Cu-Zn-Cr 催化剂。变换催化剂的一个重要的发展方向是降低高温变换催化剂中的铬含量，而低温变换催化剂则不能用铬。

工业上应用的变换催化剂必须符合以下几个基本要求：

① 催化剂活性好，活性温度范围宽，活性温度低；
② 催化剂使用寿命长；
③ 催化剂具有较强的抗毒能力；
④ 催化剂选择性好，能防止或减少副反应；
⑤ 催化剂要求参加反应的水气比低，即蒸汽消耗少；
⑥ 催化剂原料容易获得，制造成本低。

（3）变换设备

一氧化碳变换的工艺流程较长，系统主要设备也较多，一般有变换炉、饱和热水塔、换热器、水加热器、冷却塔、热水泵、中压废锅、低压废锅等，这些设备均属于常见的化工设备。

2.4.2 脱硫

2.4.2.1 脱硫技术简介

气体中硫化物包括 H_2S、CS_2、COS 及硫醇、硫醚、噻吩等有机硫。根据不同用途及加工过程，对气体脱硫程度的要求不同，因此工艺也不同。

气体中硫化物的脱除方法有很多种，分类方法有操作温度分类法、脱硫精度分类法、脱硫剂形态分类法、脱硫剂活性组分分类法等。这四种分类方法并不是完全独立的，在实际应用中，通常根据脱硫特点来兼容使用。按照脱硫剂的物理状态，煤气脱硫方法分为干法脱硫和湿法脱硫两大类。干法脱硫是利用固体吸附剂脱除气体中的硫化物；湿法脱硫是利用液体吸收剂脱除气体中的硫化物。干法脱硫与湿法脱硫比较如表 2-5 所列。

表 2-5　干法脱硫与湿法脱硫比较

方法特点	干法脱硫	湿法脱硫
原理	化学吸收	物理吸收、化学吸收和氧化吸收
形态	固体	液体
操作温度	常温～700℃	−40℃～常温
处理气体量	小	大
气体中硫化氢含量	低	高
脱硫精度	高	低
硫回收	少	多
再生行为	难	易
净化作用	精	粗
操作方式	间歇,简单	连续,复杂
设备投资	低	高

按照传统分类法对脱硫方法进行了分类，如图 2-6 所示。

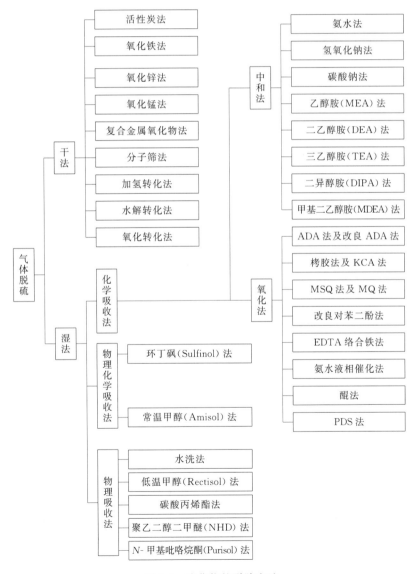

图 2-6　硫化物的脱除方法

在大型的化工企业中，脱硫主要采用的是物理吸收法，其中低温甲醇法和聚乙二醇二甲醚法应用最广。

2.4.2.2　干法脱硫

干法脱硫是利用吸附剂和催化剂将硫化物直接脱除或转化后再脱除的过程，特点是：催化剂活性高，转化率高，硫回收效率高。

（1）氧化铁法

氧化铁法能脱除硫化氢和部分有机硫，脱硫精度适中，操作温度在30℃以上。脱硫过程中需要维持一定的 O_2 和 NH_3 浓度来保持氧化铁的脱硫活性。使用过的氧化铁进行间歇操作后可以再生，脱硫剂制备的成本相对较低，常用于气体粗脱硫。

（2）活性炭法

活性炭脱除硫化氢和有机硫，其脱硫精度高，操作温度为30～55℃。脱硫过程需要维持一定的 O_2 和 NH_3 浓度来保持活性炭的脱硫活性。使用过的活性炭可以通过过热蒸汽或者惰性气体来进行再生，脱硫剂制备成本较高，适用于常温气体粗脱硫和精脱硫。

（3）氧化锌法

从常温到高温能脱除硫化氢和部分有机硫，脱硫精度较高，操作温度为30℃以上，常见操作温度为200～400℃，脱硫过程中需要维持一定的氢气浓度来保持氧化锌脱除有机硫的活性。使用过的氧化锌不再生，脱硫剂制备的成本相对较高，常用于低含量硫的气体精脱硫。

2.4.2.3　湿法脱硫

湿法脱硫从原理上讲是先用液体将硫化物从粗煤气中分离并富集，然后再氧化转化为单质硫或硫酸。主要从设备腐蚀和能耗上尽量优化工艺。其特点是：适用于含硫量大（硫浓度高）和气量大的场合，投资高，操作费用高，动力消耗大且操作复杂。

（1）聚乙二醇二甲醚法

① 聚乙二醇二甲醚性质　聚乙二醇二甲醚是一种清澈透明、无色或淡黄色的液体，能够吸收 H_2S、COS、CO_2 等。在温度相同的条件下，H_2S 的溶解度是 CO_2 溶解度的6～9倍，COS 的溶解度是 CO_2 溶解度的2倍左右。在 H_2S、COS、CO_2 等气体被聚乙二醇二甲醚溶剂中吸收的同时，H_2、N_2、CO、CH_4 等气体也会被聚乙二醇二甲醚溶剂吸收，但与 H_2S、COS、CO_2 的溶解度相比，这些气体在聚乙二醇二甲醚溶剂中的溶解度要小得多。

各种气体在聚乙二醇二甲醚溶剂中的相对溶解度如表2-6所列。

表 2-6　各种气体在聚乙二醇二甲醚溶剂中的相对溶解度

组分	H_2	CO	CH_4	CO_2	COS	H_2S	CH_3SH	CS_2	H_2O
相对溶解度	1.2	2.8	6.7	100	233	893	2270	2400	73300

从表2-6中可以看出，聚乙二醇二甲醚可选择性地吸收硫化物和二氧化碳。

② 脱硫原理　聚乙二醇二甲醚净化工艺分为单独脱硫、单独脱碳或同时脱硫脱碳三种工艺，在同时脱硫脱碳时，采用先脱硫后脱碳工艺。

原料气中硫化物含量不同,聚乙二醇二甲醚脱硫工艺亦有所不同。对于硫化物含量较高的原料气,可采用常温下选择性吸收 H_2S、H_2S 浓缩及再生的三塔流程,配置两级闪蒸。原料气 H_2S 体积分数为 1.0% 时,经脱硫后,净化气中总硫体积分数小于 $1×10^{-6}$,同时得到硫化氢体积分数＞30%的再生气,送入克劳斯装置制取硫黄。

（2）低温甲醇洗

① 甲醇性质　甲醇是一种无色、易挥发和易燃的液体。它是一种极性有机溶剂且化学性质相对稳定,不易腐蚀设备。甲醇对 CO_2、H_2S 等酸性气体有较大的溶解能力,尤其是低温下其溶解度更大,H_2、N_2、CO、CH_4 和 NO 等气体在其中的溶解度甚微,且温度对它们的溶解度影响也不大。因而通过温度和其他工艺参数的改变,甲醇能从原料气中选择性吸收 H_2S、COS 和 CO_2 等。甲醇是重要的化学工业基础原料和清洁液体燃料,同时也是一种极性溶剂,其凝固点低、沸点低、黏性小、对有机硫化物和 CO_2 具有很大的亲和力。

甲醇对多种气体具有较大的溶解能力,尤其在低温下,其溶解能力更强。当温度从 20℃ 降到 -40℃ 时,CO_2 的溶解度约增加 6 倍,另外,H_2、CO、CH_4 等气体的溶解度在温度降低时变化很小。在低温下,例如 -50～-40℃ 时,H_2S 的溶解度差不多比 CO_2 大 6 倍,这样就可以选择性地从原料气中先脱除 H_2S,再脱除 CO_2。表 2-7 列出了 -40℃ 时一些气体在甲醇中的相对溶解度。采用低温甲醇洗工艺能得到总硫含量 $<0.1×10^{-6}$、CO_2 含量只有百万分之几的合成气。

表 2-7　-40℃ 时一些气体在甲醇中的相对溶解度

气体	H_2	CO	CH_4	CO_2	COS	H_2S
与 H_2 的相对溶解度	1	5	12	430	1555	2540

② 脱硫原理　低温甲醇洗法就是以甲醇为吸收剂进行物理吸收的。其最大的优点是将粗煤气净化的几个工序都集中在一起,从而大大简化其工艺流程。该工艺是在低温高压的条件下进行的。在低温下,粗煤气中的轻质油蒸气和一部分的水汽首先溶解在甲醇中,其次是硫化氢和有机硫化合物以及一部分二氧化碳,最后是二氧化碳的最终脱除。所以一般采用三段洗涤法,即预洗、主洗和精洗。

由于煤气化方法不同,对进变换系统的原料气要求不同,净化系统采用的低温甲醇洗流程也有所不同。主要有两种类型:二段吸收（两步法）、一段吸收（一步法）。前者适用于对进变换系统的原料气脱硫要求严格的情况下（不耐硫变换流程）,用低温甲醇洗预先脱硫,在 CO 变换之后,再用低温甲醇洗脱除 CO_2;后者适用于耐硫变换之后,用低温甲醇洗同时进行脱硫和脱除 CO_2。在实际应用中多采用一段吸收（一步法）。低温甲醇洗工艺的主要流程是多段吸收和解吸的组合,高压低温吸收和低压高温解吸是吸收分离法的基本特点。以煤气化为前提的低温甲醇洗工艺的完整流程必须包括三部分,即吸收、解吸和溶剂回收,通常每一部分要由 1～3 个塔（每个塔有 1～4 个分离段）来完成。

a. 吸收。通常原料气体中除了含 CO、H_2 外,还含有 CO_2、H_2S、N_2、Ar 以及 COS、CH_4、H_2O 等。在吸收开始前,首先要除去 H_2O,以免在后续过程中产生水的冻结现象。通常是喷入冷甲醇液体来洗涤原料气,原料气中含有的极其微量的焦油等杂质也同时被除去。吸收的主要目的是将 CO_2 和 H_2S 溶解在甲醇中,少量的 H_2、COS、CH_4 也会同时被吸收。但 H_2 和 CH_4 混入吸收液中给解吸后的分离带来麻烦。吸收过程是一个放热的过程，需要较高的压力（2.5～8.0MPa）和较低的温度（-70～-40℃）。吸收后吸收液的冷却降温通常在塔内进行，也可以在塔外进行。

b. 解吸。解吸过程是将 H_2、CO_2、H_2S 等从吸收液中释放出来。解吸过程需要较低的压力（0.1～3.0MPa）和较高的温度（0～100℃）。通过闪蒸可以得到 H_2，并将其作为原料回收。一部分 CO_2 可以通过闪蒸释放出来，另一部分则要靠 N_2 吹出。释放的 H_2S 另外进行回收，不在本系统内。因此，该过程至少要 3 个塔约 10 个分离段来完成。

c. 溶剂回收。吸收前的溶液（贫液）中含有极少量的其他杂质，但是吸收后的溶液（富液）中却含有较多其他杂质。将甲醇进行精馏提纯，可得到新鲜的吸收贫液。低温甲醇洗工艺需要的溶液量比较大，循环这些溶液所需的动力也很可观。含有 N_2 的 CO_2 吹出气中会带有少量甲醇，常用纯水吸收来进行回收，甲醇水中的微量甲醇也要回收，因此该溶剂回收过程至少要 2 个塔来完成。

2.4.3 二氧化碳脱除

（1）脱碳技术简介

工业脱除 CO_2 的方法很多。其选择取决于许多因素，既要考虑方法本身的特点，也需要从整个工艺流程，并结合原料路线、加工方法、副产 CO_2 的用途和公用工程费等方面综合考虑。另外，选择脱碳工艺还要同脱硫工艺一起综合考虑。

脱碳主要有溶液吸收法和变压吸附法。其中溶液吸收法是利用某种溶剂具有化学或物理吸收 CO_2 的特点，在一定的工艺条件下，溶剂在吸收塔中吸收合成气中的二氧化碳成为富液，然后在一定的工艺条件下，富液在解吸塔（再生塔）经加热、闪蒸、气提解吸后，分离出二氧化碳成为贫液，再回到吸收塔中吸收二氧化碳，通过溶剂的循环解吸二氧化碳的过程，脱除分离合成气中二氧化碳，又称为湿法脱碳法。

溶液吸收法分为物理吸收法、化学吸收法及物理化学吸收法。常见的溶液吸收方法如图 2-7 所示。

（2）物理吸收法

物理吸收法是一个气体溶解到液体中的过程，

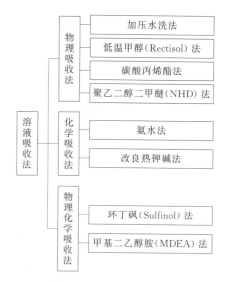

图 2-7 溶液吸收法脱碳

气体作为溶质，液体作为溶剂即吸收剂，在一定的工艺条件下气体与液体充分接触，使气体溶解到液体中。吸收剂一般选用对所吸收的气体溶解度较大的及毒性和腐蚀性相对较小的液体。物理吸收法的吸收过程遵循亨利定律，吸收能力仅与被溶解气体分压成正比。在温度和压力相平衡的条件下，气相中的溶质达到饱和分压，液相中的溶质也达到饱和溶度，通过减压闪蒸或用惰性气体气提使溶剂再生。物理吸收法再生能耗低，净化度低，但是因其吸收压力或二氧化碳分压是主要的决定因素，要求净化度高时，未必经济合理。

（3）化学吸收法

化学吸收法是被吸收气体在向吸收剂主体扩散的过程中与吸收剂发生化学反应生成新的化学物质。二氧化碳为酸性的物质，选择的吸收剂为碱性的物质，整个吸收过程视为酸碱反应。气体的解吸过程实质上是新物质的生成分解反应。其中分解出的气体由系统排出，液体称为吸收剂循环使用。再生方法一般以热再生为主，结合气提等方法。化学吸收法再生能耗高，吸收速度快，净化度快。

（4）物理化学吸收法

物理化学吸收法主要是吸收剂在吸收某种气体时兼有物理吸收和化学吸收的作用。这种吸收剂一种是同种吸收剂既具有物理吸收功能又具有化学吸收功能，另一种是由两种或两种以上溶剂混配在一起，有的溶剂具有物理吸收作用，有的具有化学吸收作用。物理化学吸收法再生能耗比物理吸收法高，比化学吸收法低。

（5）变压吸附法

变压吸附气体分离技术是一种分离提纯混合气体中某种气体的技术，是利用某种固体吸附剂（如活性炭、分子筛和硅胶等）对混合气体中各组分的吸附能力不同来分离混合气体中的某种组分。在加压的情况下吸附某种气体，再在减压的情况下使该气体脱附，而得到某种所需要的气体。相对于溶剂吸收法，此种方法又叫作干法脱碳。

◆ 参考文献 ◆

[1] 吴创明. 焦炉煤气制甲醇的工艺技术研究 [J]. 煤气与热力，2008，28（1）：36-42.

[2] 陶鹏万，王晓东. 焦炉气生产压缩天然气技术经济分析 [J]. 煤化工，2007，35（3）：11-14.

[3] 郭雷，徐国峰，王芳，等. 焦炉煤气合成天然气技术进展 [J]. 山东化工，2015，44（14）：58-60.

[4] 郭斌. 焦炉煤气制天然气中氢气利用研究分析 [J]. 山西科技，2014，29（6）：70-71.

[5] 岳辉，雷玲英，胥月兵，等. 甲醇合成气生产工艺的研究进展 [J]. 新疆石油天然气，2007，3（3）：92-96.

[6] 宁平，王学谦，吴满昌，等. 黄磷尾气碱洗-催化氧化净化 [J]. 化学工程，2004，32（5）：61-65.

[7] 陈善继. 中国黄磷生产现状与消费途径 [J]. 化工进展，2002，21（10）：776-778.

[8] 陈仕萍. 乙炔尾气制甲醇和天然气制甲醇的比较 [J]. 天然气化工，2006，31（1）：50-54.

[9] 武宏香，赵增立，王小波，等. 生物质气化剂制备合成天然气技术的研究进展 [J]. 化工进展，2013，32（1）：83-90.

[10] CARBO M C, SMIT R, VAN DER DRIFT B, et al. Bio energy with CCS (BECCS)：large potential for BioSNG at low CO_2 avoidance cost [J]. Energy Procedia, 2011, 4: 2950-2954.

[11] KOPYSCINSKI J, SCHILDHAUER T J, BIOLLAZ S M A. Production of synthetic natural gas (SNG) from coal and dry biomass - a technology review from 1950 to 2009 [J]. Fuel, 2010, 89 (8): 1763-1783.

[12] 谢克昌，赵炜. 煤化工概论 [M]. 北京：化学工业出版社，2012.

[13] 李平辉. 合成氨原料气净化 [M]. 北京：化学工业出版社，2010.

[14] 上官炬，常丽萍，苗茂谦. 气体净化分离技术 [M]. 北京：化学工业出版社，2012.

[15] 林民鸿. NHD 气体净化技术理论与实践（上）[J]. 化肥工业，2000，27（4）：17-21.

[16] 贺永德. 现代煤化工技术手册 [M]. 2 版. 北京：化学工业出版社，2010.

[17] 唐宏青. 低温甲醇洗净化技术 [J]. 中氮肥，2008（1）：1-7.

[18] 许世森，李春虎，郜时旺. 煤气净化技术 [M]. 北京：化学工业出版社，2006.

[19] 谢克昌，房鼎业. 甲醇工艺学 [M]. 北京：化学工业出版社，2010.

[20] 汪家铭. BGL 碎煤熔渣气化技术及其工业应用 [J]. 化学工业，2011，29（7）：34-39.

[21] 张运东，赵星. 国际煤制合成天然气技术的专利格局 [J]. 石油科技论坛，2009（4）：59-62.

[22] 沙兴中，杨南星. 煤的气化与应用 [M]. 上海：华东理工大学出版社，1995：306-317.

[23] 郭树才. 煤化工工艺学 [M]. 北京：化学工业出版社，1992.

[24] 于遵宏，王辅臣，等. 煤炭气化技术 [M]. 北京：化学工业出版社，2010.

[25] 李瑶，郑化安，张生军，等. 煤制合成天然气现状与发展 [J]. 洁净煤技术，2013，19（6）：62-67.

[26] 煤制天然气项目气化技术选择需综合考虑 [J]. 气体净化，2014，14（4）：2-3.

[27] 李安学，李春启，左玉帮，等. 我国煤制天然气现状与前景分析 [J]. 煤炭加工和综合利用，2014（10）：1-10，95.

第3章

合成气甲烷化反应过程分析

合成气组分主要包括 H_2、CO、CO_2、CH_4、H_2O 以及其他微量的 N_2 和 Ar，在不同的温度和压力条件下，组分间能够发生多达 11 种化学反应。本章从热力学角度，理论分析了主要反应发生的趋势，并阐述了主要的甲烷化反应机理。

3.1 合成气甲烷化反应热力学与平衡状态分析

3.1.1 合成气甲烷化过程的化学反应

CO 甲烷化反应和 CO_2 甲烷化反应均是快速、强放热反应，通常情况下，每转化 1% 的 CO 可产生 74℃ 的温升，每转化 1% 的 CO_2 可产生 60℃ 的温升。如何控制甲烷化反应温度并充分回收甲烷化反应放热是甲烷化过程的关键。国外有研究者对 CO 和 CO_2 加氢过程进行了热力学研究，指出在无催化剂作用下，CO 和 CO_2 加氢的产物只有甲烷。国内有研究者对城市煤气甲烷化过程进行了热力学研究，计算确定了将煤气中 CO 含量降低至 10% 以下所需的甲烷化级数和工艺条件。近年来国内不少研究者对合成气甲烷化热力学过程进行了较为深入的研究。通过对合成气甲烷化过程进行热力学研究，考察甲烷化过程中各反应的热效应和化学平衡，为合成气甲烷化催化剂开发、反应器设计、工艺开发和过程集成优化提供热力学理论依据。

煤经过气化、变换、低温甲醇洗净化后得到的合成气中一般含有 H_2、CO、CO_2、CH_4 和少量惰性气体 N_2、Ar，具体的组成与气化工艺有关。合成气甲烷化过程中可能发生的化学反应有很多，文献报道有 6 个、10 个、11 个等多种，但主要反应均为 CO 甲烷化反应、CO_2 甲烷化反应和水煤气变换反应，也有的将 CO 歧化反应列为主要反应。合成气甲烷化过程可能发生的化学反应列于表 3-1 中。

3.1.2 理想气体状态下合成气甲烷化热力学

一般情况下，合成气甲烷化反应发生的压力为 $0\sim6MPa$，可以将合成气作为理想气体，能够满足一般的工程计算需要。

表 3-1　合成气甲烷化过程中可能发生的化学反应

序号	反　　应		序号	反　　应	
1	$CO+3H_2 \Longrightarrow CH_4+H_2O$	(3-1)	7	$CO+H_2 \Longrightarrow C(s)+H_2O$	(3-7)
2	$CO+H_2O \Longrightarrow CO_2+H_2$	(3-2)	8	$2CO \Longrightarrow C(s)+CO_2$	(3-8)
3	$CO_2+4H_2 \Longrightarrow CH_4+2H_2O$	(3-3)	9	$CO_2+2H_2 \Longrightarrow C(s)+2H_2O$	(3-9)
4	$CH_4+CO_2 \Longrightarrow 2CO+2H_2$	(3-4)	10	$CH_4+2CO \Longrightarrow 3C(s)+2H_2O$	(3-10)
5	$CH_4+3CO_2 \Longrightarrow 4CO+2H_2O$	(3-5)	11	$CH_4+CO_2 \Longrightarrow 2C(s)+2H_2O$	(3-11)
6	$CH_4 \Longrightarrow C(s)+2H_2$	(3-6)			

（1）理想气体状态下合成气甲烷化反应热

合成气甲烷化反应体系涉及的物质包括 H_2、CO、CO_2、CH_4、H_2O、$C(s)$ 和 N_2 等。H_2、CO、CO_2、CH_4、H_2O、$C(s)$ 和 N_2 等物质的比定压热容可以用式（3-12）表示，各物质的热力学数据见表 3-2。

$$c_p/R=A+BT+CT^2+DT^{-2} \tag{3-12}$$

表 3-2　H_2、CO、CO_2、CH_4、H_2O、$C(s)$、N_2 的热力学数据

物质	$\Delta H_{f,T_0}^0$/(J/mol)	$\Delta G_{f,T_0}^0$/(J/mol)	c_{p298}^{ig}/R	A	$10^3 B$	$10^6 C$	$10^{-5} D$
CH_4	−74520	−50460	4.217	1.702	9.081	−2.164	0
H_2	0	0	3.468	3.249	0.422	0	0.083
CO	−110525	−137169	3.507	3.376	0.557	0	−0.031
CO_2	−393509	−394359	4.467	5.457	1.045	0	−1.157
$H_2O(g)$	−241818	−228572	4.038	3.470	1.450	0	0.121
$C(g)$	0	0	1.026	1.771	0.771	0	−0.867
N_2	0	0	3.502	3.280	0.593	0	0.040

理想气体状态下表 3-1 中所列各个反应的反应热，或者标准反应热 $\Delta H_{R,T}$ 可以通过比定压热容计算得到，具体见式（3-13）~式（3-15），由此可以得到表 3-1 中所列各个反应的反应热和温度的关系，计算结果列于表 3-3 中。

$$\Delta H_{R,T} = \Delta H_{R,T_0} + \int_{T_0}^{T} \sum (c_p^0)_P - \sum (c_p^0)_R \mathrm{d}T \tag{3-13}$$

$$\Delta H_{R,T_0} = \sum (\Delta H_{f,T_0}^0)_P - \sum (\Delta H_{f,T_0}^0)_R \tag{3-14}$$

$$\Delta H_{R,T} = A_1 + B_1 T + C_1 T^2 + D_1 T^3 + E_1 T^{-1} \tag{3-15}$$

表 3-3　各个反应的反应热与温度的关系参数

序号	$10^{-5} A_1$	B_1	C_1	$10^6 D_1$	$10^{-6} E_1$
1	−1.8943	−66.1046	0.0362	−5.9972	0.0806
2	−0.4882	15.4640	−0.0022	0	0.9678
3	−1.4061	−81.5687	0.0384	−5.9972	−0.8871
4	2.3826	50.6406	−0.0340	5.9972	−1.0484
5	3.3590	19.7125	−0.0295	5.9972	−2.9839
6	0.5889	54.5980	−0.0310	5.9972	0.5828
7	−1.7937	3.9575	0.0029	0	1.6312
8	−1.3055	−11.5066	0.0052	0	0.6635

序号	$10^{-5}A_1$	B_1	C_1	$10^6 D_1$	$10^{-6}E_1$
9	−0.8970	0.0416	0.0092	0	−0.3733
10	−2.0221	31.5849	−0.0207	5.9972	1.9097
11	−0.2284	27.6274	−0.0236	5.9972	0.2785

（2）理想气体状态下合成气甲烷化反应的平衡常数

研究合成气甲烷化反应平衡的目的是作出反应方向和限度的判断，避免制定在热力学上可能或十分不利的生产或设计条件。

对于气相化学反应：

$$aA + bB \Longleftrightarrow cL + dM \tag{3-16}$$

式中，A、B 是反应物，L、M 是产物。该反应在一定的压力、温度和配料比下达到一定的平衡，各组分的平衡分压 p_i^* 之间服从下列形式的表达式，称为以分压表示平衡的平衡常数 K_p，即：

$$K_p = \frac{(p_L^*)^c (p_M^*)^d}{(p_A^*)^a (p_B^*)^b} \tag{3-17}$$

值得注意的是，习惯上将反应物写在分母上，产物写在分子上，K_p 越大，表示反应物转化成产物的平衡反应率越高。习惯上以 1mol 的关键组分参与反应来表示平衡常数。例如对于一氧化碳甲烷化反应，表 3-1 中反应（3-1）的化学平衡常数为：

$$K_p = \frac{p_{CH_4}^* p_{H_2O}^*}{p_{CO}^* (p_{H_2}^*)^3} \tag{3-18}$$

对于理想气体，反应平衡常数 K_p 只是温度的函数，可以用式（3-18）～式（3-21）来计算。

$$\int_{\ln K_{p,T_0}}^{\ln K_{p,T}} d\ln K_p = \ln K_{p,T} - \ln K_{p,T_0} \tag{3-19}$$

$$\ln K_{p,T_0} = \frac{-\left[\sum (\Delta G_{f,T_0}^0)_P - \sum (\Delta G_{f,T_0}^0)_R\right]}{RT} \tag{3-20}$$

$$\ln K_{p,T} = \ln K_{p,T_0} + \int_{T_0}^{T} \frac{\Delta H_{R,T}}{RT^2} dT \tag{3-21}$$

$$\ln K_{p,T} = A_2 + B_2 T + C_2 T^2 + D_2 \ln T + E_2 T^{-1} + F_2 T^{-2} \tag{3-22}$$

式（3-22）为表 3-1 所列各个反应的平衡常数与温度的关系，计算结果列于表 3-4 中。

表 3-4　各个反应的平衡常数与温度的关系参数

序号	A_2	$10^3 B_2$	$10^7 C_2$	D_2	$10^{-4}E_2$	$10^{-4}F_2$
1	24.8994	4.4	−3.6067	−7.9510	2.2785	−0.4850
2	−18.0133	−0.27	0	1.8600	0.5872	−5.8200
3	42.9127	4.6	−3.6067	−9.8110	1.6912	5.3350

序号	A_2	$10^3 B_2$	$10^7 C_2$	D_2	$10^{-4} E_2$	$10^{-4} F_2$
4	−6.8860	−4.1	3.6067	6.0910	−2.8657	6.3050
5	29.1407	−3.5	3.6067	2.3710	−4.0402	17.9450
6	−32.5414	−3.7	3.6067	6.5670	−0.7083	−3.5050
7	−25.6554	0.351	0	0.4760	2.1574	−9.8100
8	−7.6420	0.621	0	−1.3840	1.5702	−3.9900
9	−11.4683	1.1	0	0.0050	1.0789	2.2450
10	−47.8255	−2.5	3.6067	3.7990	2.4321	−11.485
11	−22.1701	−2.8	3.6067	3.3230	0.2747	−1.6750

3.1.3　非理想气体状态下合成气甲烷化热力学

（1）独立反应的确定

合成气甲烷化反应体系中主要包括 H_2、CO、CO_2、CH_4、H_2O 和 C(g) 等 6 种化合物，组成这些化合物的元素是 C、H、O 等三种元素。上述 6 种化合物的化学式系数矩阵列于表 3-5 中。

表 3-5　化学式系数矩阵

元素	CO	CO_2	H_2	CH_4	H_2O	C(g)
C	1	1	0	1	0	1
H	0	0	2	4	2	0
O	1	2	0	0	1	0

在此系数矩阵中，可得到一个 3 阶非零行列式，因此，此系数矩阵的秩为 3，限制方程数为 0，根据相律，独立组分数为 3，独立反应数为 3，因此只需要计算 3 个独立反应，便得到整个过程的结果。可以选取 CO 甲烷化反应（3-1）、CO 变换反应（3-2）、CO 歧化反应（3-7）作为独立反应。为了便于理解甲烷化过程，在此不仅计算了 3 个独立反应，同时计算了 CO_2 甲烷化反应（3-3）和甲烷裂解反应（3-6）。

（2）非理想气体状态模拟计算方法的选用

为了研究高压下的甲烷化过程，选用可以描述真实气体的 SRK 方程进行热力学计算。计算过程应用 Aspen Plus 完成。首先利用 Aspen Plus 计算出各物质在对应温度与压力下的生成焓与吉布斯自由能，再根据各反应的计量系数及 ΔG 与平衡常数的关系（$\ln K = -\Delta G/RT$）进一步计算相应的反应热与平衡常数。平衡时的产物分布采用吉布斯自由能最小化法进行模拟计算。

（3）非理想气体状态合成气甲烷化反应热

由于甲烷化为强放热过程，合理地移走与利用反应热对过程的经济性、安全性具有重要意义。因此，我们首先对各反应的焓变进行了分析。图 3-1 为相应的分析结果。由图 3-1 可知，除了甲烷裂解反应之外，其他 4 个反应均为放热过程，且放热量大小遵循①＞③＞⑤＞②，即 CO 甲烷化反应放热量最大。需要注意的是，④和⑤两个会导致积炭的反应分别为吸热与放热反应。这说明在低温时积炭有可能是 CO 歧化反应所致，而高温时积炭则可能是来自甲烷裂解反应。

通过图 3-1 还可对比温度和压力对各反应焓变的影响。首先，可以观察到，随着温度的上升，CO 与 CO_2 甲烷化反应的放热量均增加。这表明，在生产同样质量甲烷的前提下，高温下进行反应不仅可以获得更高品位的能量，且能量的总量也相应增加。同时，高温时，甲烷裂解反应的吸热量也相应增加。这说明在高温下进行反应时，若发生甲烷裂解反应，不仅会导致催化剂积炭，还会使反应总的放热量减少，从而使得反应温度下降，这对甲烷化过程均是不利的。而另外两个反应的焓变随温度变化幅度较小，当反应温度从 0℃升至 1000℃时，放热量减小的幅度均小于 10kJ/mol。

由图 3-1 还可知，在反应温度高于 200℃时，压力对各反应的焓变影响较小。这说明当系统压力改变时，体系的热量变化主要来自于反应的转化率与选择性的改变。因此，也可用热量的变化来快速地判断系统压力改变时反应的进程。

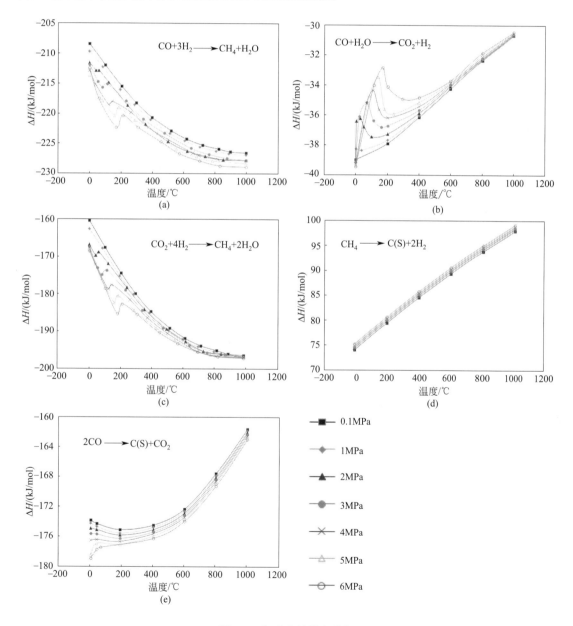

图 3-1　各反应的焓变分析

（4）非理想气体状态合成气甲烷化反应的平衡常数

图 3-2 显示各反应平衡常数与温度、压力之间的关系。由图可知，压力对各反应的平衡常数影响较小。对于（a）、（c）、（e）三个体积减小的反应来说，随着压力的上升，平衡常数小幅增大。而对于（d）这一体积增大的反应而言，平衡常数随着压力的增大则逐渐减小。还可发现，在高温时，压力的影响明显要大于低温的情况。

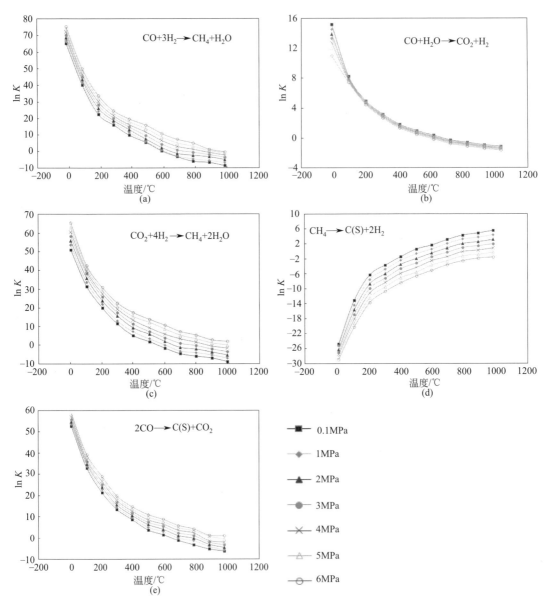

图 3-2　各反应平衡常数与温度、压力的关系

另外，由图 3-2 还可发现温度对平衡常数的影响非常显著。对于 CO 甲烷化和水煤气变换这两个最常发生的反应而言，两者均为强放热过程。在低温区域，CO 甲烷化在热力学上较为有利。然而，随着反应温度的上升，CO 甲烷化反应的平衡常数显著下降，而后者的变化幅度则要小得多。这就使得在反应温度较高时，水煤气变化反应变

得较为显著。同时，还可发现，CO 歧化反应和甲烷裂解反应这两个会导致积炭发生的过程，前者是放热过程，而后者为吸热过程。低温（0～500℃）时，CO 歧化反应的平衡常数与 CO 甲烷化的平衡常数相差不大，这表明此时积炭主要来源于 CO 歧化反应。相反，在高温时，甲烷裂解反应的平衡常数与 CO 甲烷化的平衡常数相差不大，这表明此时积炭主要来源于甲烷裂解反应。

（5）反应温度和压力对平衡常数的影响

图 3-3 显示了在 $H_2/CO=3/1$ 时，反应温度、压力对平衡时转化率的影响。由图可知，CO 和 H_2 的转化率随着反应温度的上升而迅速下降，在反应温度低于 200℃ 时，转化率可达 100%，而随着反应温度的上升，转化率急剧下降，在温度达到 1000℃、压力为常压时，转化率几乎为零。从前面的分析可知，这是由于 CO 甲烷化为强放热反应，随着反应温度的上升，其平衡常数急剧减小。

由图 3-3 还可知，要在高温下保持较高的转化率，就必须提高系统的压力。前面提到，随着反应压力的上升，甲烷化反应的平衡常数随之增大。因此，高压对甲烷的生成也是有利的。在反应压力达到 5MPa 时，即使反应温度上升到 800℃，CO 转化率仍可达到 50% 以上。

对比图 3-3(a) 和 (b) 还可发现，CO 转化率总是略高于 H_2 转化率，这表明 CO 除了参与甲烷化反应之外，还可能发生了其他的反应，例如水煤气变化反应和 CO 歧化反应。为了对这一过程进行具体分析，我们进一步研究了反应温度、压力对平衡时产物分布的影响，结果如图 3-4 所示。

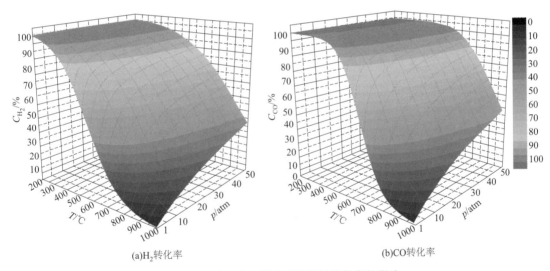

(a)H₂转化率　　　　　　　　(b)CO转化率

图 3-3　反应温度、压力对平衡时转化率的影响

（1atm=101325Pa）

由图 3-4(a) 可知，随着压力的上升 CH_4 选择性逐渐增大。而随着温度的上升，CH_4 的选择性则呈现先增大后减小的趋势，并在 675℃ 左右达到极小值。在低温时，CH_4 选择性的减小是因为随着温度的上升，CO 甲烷化和水煤气变换反应的平衡常数逐渐接近，导致后者在反应过程中变得更为显著。这也可从 CO_2 选择性在这一阶段随着温度的上升逐渐增大进一步证明。而在高温阶段，在热力学上有利的甲烷二氧化碳重整反应加剧（$CO_2 + CH_4 \rightleftharpoons 2CO + 2H_2$，放热反应），所以导致 CH_4 选择性增大。

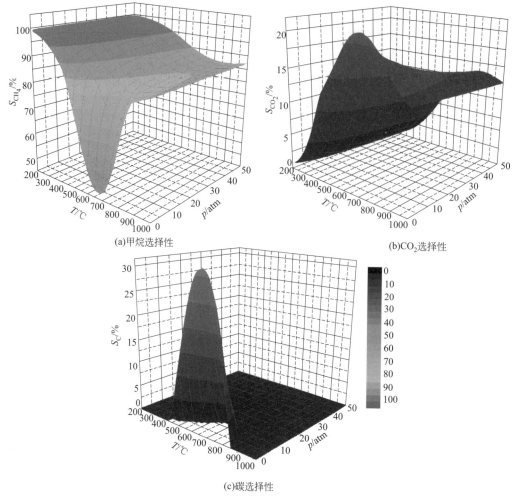

图 3-4　反应温度、压力对平衡时产物分布的影响

　　需要注意的是，当反应压力低于 1MPa，反应温度在 400～900℃时，甲烷选择性明显要比其他条件下小得多。这是因为在此区间甲烷裂解反应变得非常明显，导致大量积炭生成 [图 3-4(c)]。而由于甲烷裂解反应为体积增大的反应，随着反应压力的增大，平衡常数不断减小。因此，增大反应压力时，积炭量迅速减少。因此在反应时应当尽量避开这一操作条件，这样既能保证甲烷选择性，还可避免催化剂因积炭而失活。

3.2　甲烷化反应机理

3.2.1　CO 甲烷化反应机理

　　大量文献报道了对 CO 甲烷化反应机理探究的工作，主要有两种不同观点：一是表面碳及碳的氢化物为中间体的反应机理（简称碳化物机理），即 CO 在甲烷化反应过程中首先形成表面碳，表面碳再与 H_2 作用生成 CH_4；二是含氧中间体的反应机理（简称含氧中间体机理），即在反应过程中，CO 首先与 H_2 在催化剂表面形成含氧中间体，中间体进一步还原成 CH_4。对 CO 是直接解离还是氢助解离，速控步骤是 CO 解离还是表面碳加氢均存在分歧。

3.2.1.1　碳化物机理

碳化物机理最早由 Fischer 和 Tropsch 提出。首先是 CO、H_2 在催化剂上的吸附、解离，接着 CO 解离后产生的表面 C 物质逐步加氢反应生成 CH_x，直至 CH_4 从催化剂表面脱附，此过程中同时也产生了 H_2O。典型的碳化物机理如下式所示，其中 s 代表催化剂活性位，a 代表吸附态，g 代表气态。

$$H_2 + 2s \Longrightarrow 2H(a) \tag{3-23}$$

$$CO + s \Longrightarrow CO(a) \tag{3-24}$$

$$CO(a) + s \Longrightarrow CO^*(a) \tag{3-25}$$

$$CO^*(a) + H(a) \Longrightarrow COH(a) + s \tag{3-26}$$

$$COH(a) + H(a) \Longrightarrow C(a) + H_2O(g) + 2s \tag{3-27}$$

$$C(a) + H(a) \Longrightarrow CH(a) + s \tag{3-28}$$

$$CH(a) + H(a) \Longrightarrow CH_2(a) + s \tag{3-29}$$

$$CH_2(a) + H(a) \Longrightarrow CH_3(a) + s \tag{3-30}$$

$$CH_3(a) + H(a) \Longrightarrow CH_4(g) + s \tag{3-31}$$

尽管许多学者认为 CO 甲烷化遵从碳化物机理，但对 CO 解离方式以及反应速控步骤的看法却并不相同。

Madey 和 Goodman 等巧妙地将高压反应腔和俄歇电子能谱、紫外光电子能谱连接起来，将表面科学和商用甲烷化催化剂联系起来，研究了 Ni（100）单晶金属、5% 和 8.8% 高分散 Ni/Al_2O_3、25%～50% Ni/Al_2O_3 及多晶 Ni 金属带上 CO 的甲烷化行为。其发现除 25%～50% Ni/Al_2O_3 和多晶 Ni 金属带外，Ni(100) 单晶金属、5% 和 8.8% 高分散 Ni/Al_2O_3 催化剂上 CO 甲烷化的表观活化能几乎是一样的，Ni(100) 为 103kJ/mol，5% Ni/Al_2O_3 为 105kJ/mol，8.8% Ni/Al_2O_3 为 109kJ/mol，而 25%～50% Ni/Al_2O_3 与多晶 Ni 金属带上 CO 甲烷化表观活化能则分别为 84kJ/mol 和 66kJ/mol。这意味着在高分散 Ni 催化剂上 CO 甲烷化反应为非结构敏感反应（structural sensitivity）。俄歇能谱观测到了少量碳化物中间体，在 H_2 中加热，这些碳化物中间体很快去除。当 $T<500K$ 时，在实验误差范围内，碳化物中间体在纯 CO 中和在 4∶1（体积比）的 H_2/CO 中 CH_4 形成的转化频率因子是一样的，这就说明 CO 甲烷化初始反应包括 CO 中 C—O 键断裂形成活泼表面碳物质。有文献表明活泼表面碳物质可能是 CH_2 基团，因此最早由 Fisheries 和 Tropsch 提出的碳化物机理与其实验数据最为吻合。

Toshlakl Morl 等在 Ni/SiO_2 催化剂上用脉冲表面反应速率分析（pulse surface reaction rare analysis，PSRA）研究了 CO 甲烷化行为，认为在流动 H_2 中 CO 脉冲进去会立即吸附在催化剂表面并甲烷化生成 CH_4 和 H_2O，通过多次测量吸附 CO 产生的 CH_4 和 H_2O 的量，发现 CH_4 和 H_2O 的生成速率相同。当以 O_2 代替 CO 脉冲进入 H_2 流中时，H_2O 立即生成。基于这些结果，认为速控步骤是吸附态 CO 的 C—O 解离成 C、O 物质的部分加氢，同时考察了不同同位素的影响，发现 $k_H/k_D=0.75$。根据这些结果，笔者认为 CO 并没有直接解离成 C(a) 和 O(a)，而是在 C—O 解离前发生部分加氢反应，即 CO 为氢助解离。

van Meerten 等在 5% Ni/SiO_2 催化剂上，460～840K 温度范围内，1～650Torr（1Torr=133.3Pa）CO 压力和 55～700Torr H_2 压力条件下，认为 CO 是直接解离的。

基于碳化物理论，以 CH 加氢反应为速控步骤的机理与实验数据最为吻合，与 van Meerten 认为 CO 是直接解离的研究结果类似。Hayes 等研究了 Ni 催化剂上的 CO 甲烷化行为，用红外等一系列技术手段对反应的过程进行了探究，发现 CH_4 是通过表面碳逐步加氢形成的，但反应的速控步骤是 CO 直接解离后的 Ni—C(a) 与 Ni—H(a) 反应生成Ni≡C—H。

Coenen 等则发现先前在 5% Ni/SiO_2 催化剂上提出的 CO 直接解离的机理并不适用于 52% Ni/SiO_2 以及 4% Ni/Al_2O_3 催化剂，基于其数据提出如下反应机理：

$$H_2 + 2s \rightleftharpoons 2H(a) \tag{3-32}$$

$$CO + s \rightleftharpoons CO(a) \tag{3-33}$$

$$CO(a) + s \rightleftharpoons CO^*(a) \tag{3-34}$$

$$CO^*(a) + H(a) \rightleftharpoons COH(a) + s \tag{3-35}$$

$$COH(a) + H(a) \rightleftharpoons C(a) + H_2O(g) + 2s \tag{3-36}$$

$$C(a) + H(a) \rightleftharpoons CH(a) + s \tag{3-37}$$

$$CH(a) + H(a) \rightleftharpoons CH_2(a) + s \tag{3-38}$$

$$CH_2(a) + H(a) \rightleftharpoons CH_3(a) + s \tag{3-39}$$

$$CH_3(a) + H(a) \longrightarrow CH_4(g) + s \tag{3-40}$$

其认为 CO 不是直接在 Ni 表面解离成 C(a) 和 O(a) 的，而是在 H(a) 参与下解离，即氢助解离。

Vandervell 和 M. Bowker 利用 TPS（temperature programmed synthesis）技术开展了甲烷化机理研究，提出 CO 甲烷化的两种途径：低浓度 CO 多发生 $CO + 3H_2 \rightleftharpoons CH_4 + H_2O$，而高浓度 CO 多发生 $2CO + 2H_2 \rightleftharpoons CH_4 + CO_2$ 反应，即 CO 更倾向于氢助解离。

Sughrue 和 Bartholomew 等发现随着反应温度的变化，CO 甲烷化反应的活化能也发生变化（<573K，135kJ/mol；>573K，70kJ/mol），认为 CO 甲烷化反应机理和速控步骤在不同反应温度下可能是不同的，第一次提出在不同温度范围区间的 CO 甲烷化反应机理（式中 $\theta\nu$ 为 Ni 表面空位）：

$$H_2(g) + 2\theta\nu \rightleftharpoons 2H(a) \tag{3-41}$$

$$CO(g) + \theta\nu \underset{k_{-CO}}{\overset{k_{CO}}{\rightleftharpoons}} CO(a) \tag{3-42}$$

$$CO(a) + \theta\nu \underset{k_{-3}}{\overset{k_3}{\rightleftharpoons}} C(a) + O(a) \tag{3-43}$$

$$C(a) + H(a) \underset{k_{-4}}{\overset{k_4}{\rightleftharpoons}} CH(a) + \theta\nu \tag{3-44}$$

$$CH(a) + H(a) \underset{k_{-5}}{\overset{k_5}{\rightleftharpoons}} CH_2(a) + \theta\nu \tag{3-45}$$

$$CH_2(a) + H(a) \underset{k_{-6}}{\overset{k_6}{\rightleftharpoons}} CH_3(a) + \theta\nu \tag{3-46}$$

$$CH_3(a) + H(a) \underset{k_{-7}}{\overset{k_7}{\rightleftharpoons}} CH_4(a) + \theta\nu \tag{3-47}$$

$$CH_4(a) \underset{k_{-CH_4}}{\overset{k_{CH_4}}{\rightleftharpoons}} CH_4(g) + \theta\nu \tag{3-48}$$

$$O(a) + H(a) \underset{k_{-9}}{\overset{k_9}{\rightleftharpoons}} OH(a) + \theta\nu \tag{3-49}$$

$$OH(a) + H(a) \underset{k_{-10}}{\overset{k_{10}}{\rightleftharpoons}} H_2O(a) + \theta\nu \tag{3-50}$$

$$H_2O(a) \underset{k_{-H_2O}}{\overset{k_{H_2O}}{\rightleftharpoons}} H_2O(g) + \theta\nu \tag{3-51}$$

$$CO(a) + O(a) \underset{k_{-12}}{\overset{k_{12}}{\rightleftharpoons}} CO_2(a) + \theta\nu \tag{3-52}$$

$$CO_2(a) \underset{k_{-CO_2}}{\overset{k_{CO_2}}{\rightleftharpoons}} CO_2(g) + \theta\nu \tag{3-53}$$

在 475～525K，速控步骤为 H_2 的吸附，反应速率方程可表达为：

$$r_{CH_4} = \frac{k_{H_2} p_{H_2}}{(1 + k_{CO} p_{CO})^2} \tag{3-54}$$

在 525～575K，速控步骤为 CO 的解离和表面碳物质加氢，反应速率方程可表达为：

$$r_{CH_4} = \frac{k_3 k_{CO} p_{CO}}{\left(1 + k_{CO} p_{CO} + k_{H_2}^{1/2} p_{H_2}^{1/2} + \dfrac{k_3 k_{CO} p_{CO}}{k_4 k_{H_2}^{1/2} p_{H_2}^{1/2}}\right)^2} \tag{3-55}$$

温度高于 575K 时，速控步骤则为表面碳物质的加氢反应，反应速率方程可表达为：

$$r_{CH_4} = \frac{k_4 k_9 k_{H_2} p_{H_2} / k_{-3}}{\left(1 + k_{H_2}^{1/2} p_{H_2}^{1/2} + k_{CO} p_{CO} + \dfrac{k_9 k_{H_2}^{1/2} p_{H_2}^{1/2}}{k_{-3}}\right)^2} \tag{3-56}$$

Goodman 等研究了 H_2 和 CO 在 Ru（110）面上的相互作用，验证了 CH_4 是经过含氧碳氢化合物的中间体而来的推论，他还考察了 CO 在单晶 Ni 上的加氢情况，得到的实验数据与碳化物机理相符，亚甲基加氢是 CO 在 Ni 催化剂上的速控步骤，这与 Polizzotti 等在 Ni 金属箔和 Goodman 等在 Ni（100）面得到的结果一致。但 Sehested 和 Engbaek 进行的 Ni 催化剂上 CO 甲烷化动力学的研究结果表明，Ni 基催化剂上 CO 的分解是甲烷化的速控步骤，当 CO 浓度很低时，CO 和 H 共同竞争催化剂表面上的活性位点。然而 Underwood 认为，CO 甲烷化反应过程中并不存在一个明确的速率控制步骤，因为 CO 分解和 C 物质加氢对整个反应的速率都有很大影响。

胡云行等采用差动脉冲应答，并结合 BOC-MP 能学计算等方法对 Ni/Al_2O_3 催化剂上 CO 加氢反应机理进行了研究，结果表明，对于 Ni 催化剂，催化剂的表面结构决定了 CO 是直接解离还是氢助解离。在催化剂 Ni(111) 面与 Ni(100) 面上的各个 CO 加氢基元步骤中，$C(s) + H(s) \longrightarrow CH(s)$ 的能垒最高（176kJ/mol），说明该步骤最有可能是反应的速控步骤。Yadav 对此持有不同观点，认为在 Ni/Al_2O_3 催化剂上 CO 甲烷化反应的速控步骤并不是一直不变的，而是随着 $n(H_2)/n(CO)$ 的降低，控速步骤从表面碳的加氢转变为 CO 的解离。

部分镍基催化剂 CO 甲烷化反应碳化物机理见表 3-6。

表 3-6　部分镍基催化剂 CO 甲烷化反应碳化物机理

编号	催化剂	直接解离/氢助解离	速控步骤	
1	4.75% Pd/SiO$_2$, 0.5% Pd/H-Y	氢助解离	$CHOH(a) + \dfrac{y}{2}H_2(a) \longrightarrow CH_y + H_2O$	(3-57)
2	Ni-Cu 合金薄膜	直接解离	$CH_x(a) + H(a) \longrightarrow CH_{(x+1)}(a),\ x=0\sim3$	(3-58)
3	Harshaw H104T(60%Ni)	直接解离	$CH_x(a) + H(a) \longrightarrow CH_{(x+1)}(a),\ x=0\sim3$	(3-59)
4	14% Ni/Al$_2$O$_3$	直接解离	450～600K: $\quad CO(a) \longrightarrow C(a) + O(a)$ ＞600K: $\quad\ C(a) + H(a) \longrightarrow CH(a)$	(3-60) (3-61)
5	5% Ni/SiO$_2$	直接解离	$CH(a) + H(a) \longrightarrow CH_2(a) + s$	(3-62)
6	29%,9% Ni/Al$_2$O$_3$	直接解离	$C(a) + H(a) \longrightarrow CH(a)$	(3-63)
7	52% Ni/SiO$_2$, 4% Ni/Al$_2$O$_3$	氢助解离	$CH(a) + H(a) \longrightarrow CH_2(a) + s$	(3-64)
8	2%,5% Ni/Al$_2$O$_3$	氢助解离	$Ni\text{-}COH_n + Ni \longrightarrow Ni\text{-}CH_x + Ni\text{-}OH_y$	(3-65)
9	Ni/MgAl$_2$O$_4$	直接解离	$CO(a) \longrightarrow C(a) + O(a)$	(3-66)
10	Ni(111)	氢助解离	$COH(a) + s \longrightarrow C(a) + HO(a)$	(3-67)

3.2.1.2　含氧中间体机理

典型的含氧中间体机理如下所示，其中 [ ] 代表空的活性位，[CH$_2$] 代表吸附的 CH$_2$ 物质：

$$[\ ] + e + H_2 \longrightarrow [H_2]^- \tag{3-68}$$

$$[\ ] + CO \longrightarrow [CO]^+ + e \tag{3-69}$$

$$[CO]^+ + [H_2]^- \longrightarrow [HCOH]^+ + e + [\ ] \tag{3-70}$$

$$[HCOH]^+ + [H_2]^- \longrightarrow [CH_2] + H_2O + [\ ] \tag{3-71}$$

$$[CH_2]^+ + [H_2]^- \longrightarrow CH_4 + e + 2[\ ] \tag{3-72}$$

Vlasenko 和 Yuzefovich 认为在 Ni、Co 催化剂上 CO 甲烷化最可能的过程是先形成 [HCOH]$^+$ 中间体，进而加氢生成 [CH$_2$] 和 CH$_4$ 物质，速控步骤为式(3-70)。

van Herwijnen 等通过红外发现了 (H$_2$···CO)(a) 的存在，支持含氧中间体的 CO 甲烷化机理。

Goddard 等通过通用价键（generalized valence-bond，GVB）计算提出了两种可能的 CO 甲烷化反应机理。

（1）甲酸基长链（formyl chain）机理

① 自由基生成

$$\Delta H = -9\,\text{kJ/mol} \tag{3-73}$$

$$\Delta H = 1\,\text{kJ/mol} \tag{3-74}$$

② 链反应过程

$$\text{Ni}-\overset{\text{H}}{\underset{\text{O}}{\text{C}}} \;+\text{H}_2 \longrightarrow \text{Ni}-\underset{\text{OH}}{\text{CH}_2} \qquad \Delta H=-17\text{kJ/mol} \qquad (3\text{-}75)$$

$$\text{Ni}-\underset{\text{OH}}{\text{CH}_2} \;+\text{H}_2 \longrightarrow \text{Ni}-\text{CH}_3+\text{H}_2\text{O} \qquad \Delta H=-19\text{kJ/mol} \qquad (3\text{-}76)$$

$$\text{Ni}-\text{CH}_3+\text{H}_2 \longrightarrow \text{Ni}-\text{H}+\text{CH}_4 \qquad \Delta H=-5\text{kJ/mol} \qquad (3\text{-}77)$$

$$\text{Ni}-\text{H}+\text{CO} \longrightarrow \text{Ni}-\overset{\text{H}}{\underset{\text{O}}{\text{C}}} \qquad \Delta H=-9\text{kJ/mol} \qquad (3\text{-}78)$$

（2）C2 碳化物（C2 carbide）机理

$$\Delta H=-42\text{kJ/mol} \qquad (3\text{-}79)$$

$$\Delta H=-19\text{kJ/mol} \qquad (3\text{-}80)$$

$$\underset{\text{Ni}}{\text{Ni}}-\text{CH}_2 \;+\text{H}_2 \longrightarrow \text{Ni}-\text{H}+\text{Ni}-\text{CH}_3 \qquad \Delta H=-7\text{kJ/mol} \qquad (3\text{-}81)$$

$$\text{Ni}-\text{CH}_3+\text{H}_2 \longrightarrow \text{Ni}-\text{H}+\text{CH}_4 \qquad \Delta H=-5\text{kJ/mol} \qquad (3\text{-}82)$$

3.2.2　CO_2 甲烷化反应机理

与 CO 甲烷化相比，关于 CO_2 甲烷化的研究较少，对其甲烷化机理一般有两种观点：不经过 CO 中间物机理和经过 CO 中间物机理。

虽然对 CO_2 甲烷化反应是否经过 CO 中间体尚未达成共识，但学者一致认为 CO_2 先与催化剂及其他反应物作用生成吸附于催化剂表面的含碳物质，再进一步转化为 CH_4。

Medsforth 提出不经 CO 中间体的 CO_2 甲烷化机理：

$$CO_2+4H \longrightarrow H_2C(OH)_2 \qquad (3\text{-}83)$$

$$H_2C(OH)_2 \longrightarrow CH_2O+H_2O \qquad (3\text{-}84)$$

$$CH_2O+2H \longrightarrow CH_3OH \qquad (3\text{-}85)$$

$$CH_3OH \longrightarrow CH_2+H_2O \qquad (3\text{-}86)$$

$$CH_2+2H \longrightarrow CH_4 \qquad (3\text{-}87)$$

Choe 提出经 CO 中间体的 CO_2 甲烷化机理：

$$CO_2(a) \longrightarrow CO(a)+O(a) \qquad (3\text{-}88)$$

$$CO_2(a) \longrightarrow C(a)+O(a) \qquad (3\text{-}89)$$

$$2CO_2(a) \longrightarrow C(a)+CO_2(a) \qquad (3\text{-}90)$$

$$C(a)+H(a) \longrightarrow CH(a) \qquad (3\text{-}91)$$

$$CH(a)+H(a) \longrightarrow CH_2(a) \qquad (3\text{-}92)$$

$$CH_2(a) + 2H(a) \longrightarrow CH_4(a) \tag{3-93}$$

不经过 CO 中间物反应机理的实验证据是：CO_2 甲烷化选择性高于 CO 甲烷化；CO 的存在对 CO_2 甲烷化有阻碍作用；CO_2 甲烷化起始反应温度低于 CO 甲烷化。经过 CO 中间物反应机理的证据是：反应一段时间后，停止向催化体系供给 CO_2 后仍产生 CH_4。

在前人实验基础上，现在学者都倾向于吸附态的 CO(a) 是 CO_2 甲烷化主要的反应中间体，这种吸附态的 CO(a) 中间体进而遵循跟 CO 甲烷化一样的机理进行甲烷化反应，一些观点认为 CO_2 首先通过逆水煤气变换反应生成吸附态的 CO(a)，然后进一步反应生成 CH_4。Henderson 等利用红外和同位素技术研究了 CO_2 在 Ru 催化剂上甲烷化反应的机理，认为 CO_2 甲烷化反应中生成了 H-Ru-CO 物质。

Fujita 利用漫反射傅里叶变换红外光谱（diffuse reflectance infrared Fourier-transform spectroscopy，DRIFTS）和程序升温反应（temperature programmed reaction，TPR）研究了 Ni/Al_2O_3 催化剂上 CO_2 甲烷化反应，结果表明 CO_2 甲烷化过程中存在甲酸盐物质及强、弱两种桥式吸附的 CO(a) 物质，而几乎没有表面碳 C(a) 及线式吸附的 CO(a) 形成。

Ren Jun 等通过密度泛函理论（density functional theory，DFT）对比研究 Ni（111）面上经过 CO/不经 CO 两种机理，提出了三种可能的反应过程。

（1）速控步骤为 $HCOO \longrightarrow CO+OH$，最高反应能垒为 306.8kJ/mol：

$$H_2 + 2s \longrightarrow 2H(a) \tag{3-94}$$
$$CO_2 + s \longrightarrow CO_2(a) \tag{3-95}$$
$$CO_2(a) + H(a) \longrightarrow HCOO(a) \tag{3-96}$$
$$HCOO(a) \longrightarrow CO(a) + OH(a) \tag{3-97}$$
$$CO(a) + 2H(a) \longrightarrow CH(a) + OH(a) \tag{3-98}$$
$$CH(a) + H(a) \longrightarrow CH_2(a) + s \tag{3-99}$$
$$CH_2(a) + H(a) \longrightarrow CH_3(a) + s \tag{3-100}$$
$$CH_3(a) + H(a) \longrightarrow CH_4 + s \tag{3-101}$$
$$OH(a) + H(a) \longrightarrow H_2O(a) + s \tag{3-102}$$
$$H_2O(a) \longrightarrow H_2O + s \tag{3-103}$$

（2）速控步骤为 $CO \longrightarrow C+O$，最高反应能垒为 237.4 kJ/mol，为最可能的反应机理：

$$H_2 + 2s \longrightarrow 2H(a) \tag{3-104}$$
$$CO_2 + s \longrightarrow CO_2(a) \tag{3-105}$$
$$CO_2 + s \longrightarrow CO(a) + O(a) \tag{3-106}$$
$$CO(a) + s \longrightarrow C(a) + O(a) \tag{3-107}$$
$$C(a) + H(a) \longrightarrow CH(a) + s \tag{3-108}$$
$$CH(a) + H(a) \longrightarrow CH_2(a) + s \tag{3-109}$$
$$CH_2(a) + H(a) \longrightarrow CH_3(a) + s \tag{3-110}$$
$$CH_3 + H(a) \longrightarrow CH_4 + s \tag{3-111}$$
$$O(a) + H(a) \longrightarrow OH(a) + s \tag{3-112}$$
$$OH(a) + H(a) \longrightarrow H_2O(a) + s \tag{3-113}$$
$$H_2O(a) \longrightarrow H_2O + s \tag{3-114}$$

（3）速控步骤为 $CO_2 + 2H \longrightarrow C(OH)_2$，最高反应能垒为 292.3kJ/mol。

Westermann 等利用原位红外、程序升温脱附（TPD）分别研究了 5%、10%、14%

Ni/USY 催化剂上 CO_2 甲烷化反应，并提出如图 3-5 所示的反应机理。

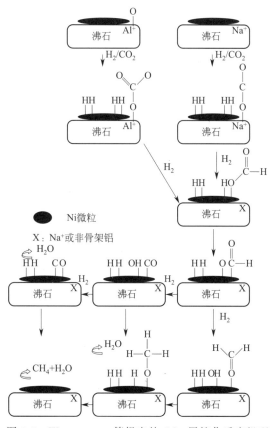

图 3-5　Westermann 等提出的 CO_2 甲烷化反应机理

Peebles 和 Goodman 在温度为 $450\sim750K$、总压为 120Torr 和 97Torr、H_2/CO_2 分别为 4/1 和 96/1 条件下，研究了 CO_2 在 Ni(100) 面上的反应行为，发现反应过程中产生了大量 CO，并且 CH_4 的生成速率与 CO 甲烷化反应速率很接近，该结果支持 CO_2 甲烷化的 CO 和 C(a) 中间体反应机理。

3.3　甲烷化反应动力学

甲烷化动力学的研究已有几十年的历史，但是由于各个研究者使用的催化剂、实验条件等因素的不同，所得的动力学方程众多。目前甲烷化反应动力学的研究主要基于前文所述的碳化物和含氧中间体两大机理类型进行建模。国外文献多以双曲动力学模型为基础来探讨反应机理，国内学者更多集中于幂函数模型。一般地，在不同的操作条件下进行 CO 甲烷化动力学研究，温度和压力以及反应物组成均对催化剂上甲烷化反应速率有影响，不同的操作条件下可能会得到不一样的动力学模型。甲烷化体系有可能发生多个反应，一些文献选取两个反应作为独立反应来简化问题，有的文献用 CO 和 CO_2 的甲烷化作为独立反应，也有相关文献以 CO 甲烷化和变换反应为独立反应。

徐超基于 J-103H 催化剂开展了合成气甲烷化实验研究。J-103H 催化剂为高镍催化剂，镍含量高达 36%，且含有 Mg、Ca 等碱土金属元素以及 La、Pr 等稀土元素。研究发现，温度、压力、空速、CO 浓度、水蒸气等均对合成气甲烷化反应有影响。在一定条件（300～500℃，5%～20%CO）下，温度、压力、空速、CO 浓度升高均有利于甲烷化反应，但 CO 浓度过高会导致催化剂积炭失活。水蒸气的加入抑制了甲烷化反应并促进了变换反应的发生，但可以抑制积炭反应。CH_4 的加入促进了 CH_4 分解反应，易造成催化剂失活。CO、H_2、H_2O 在镍基催化剂上合成甲烷的主要反应有：

$$CO+3H_2 \longrightarrow CH_4+H_2O \tag{3-115}$$

$$CO_2+4H_2 \longrightarrow CH_4+2H_2O \tag{3-116}$$

$$CO+H_2O \longrightarrow H_2+CO_2 \tag{3-117}$$

选取 CO 甲烷化反应和变换反应为独立反应，动力学方程选用 Langmuir-Hinshelwood 形式：

$$r_1=\frac{k_1K_C p_{CO}^{0.5} p_{H_2}^{0.5}}{(1+K_C p_{CO}+K_{OH} p_{H_2O} p_{H_2}^{-0.5})^2} \tag{3-118}$$

$$r_2=\frac{k_2K_a p_{CO} p_{H_2O}(1-\beta)}{(1+K_C p_{CO}+K_{OH} p_{H_2O} p_{H_2}^{-0.5})^2} \tag{3-119}$$

拟合出动力学模型后需要对模型进行检验。首先进行残差检验，比较反应器出口关键组分 CH_4 和 CO_2 的摩尔分数的计算值与实验值，结果显示残差分布符合误差分布，所有的点均分布于对角线的两侧，并在 $\pm10\%$ 范围以内，说明动力学方程计算出的 CH_4、CO_2 的摩尔分数与实验值相吻合。经过拟合及模型检验证明所选双曲动力学模型合理可靠，能够很好地反映甲烷化反应特性，可用于甲烷化反应的数值计算。

詹雪新对甲烷化反应器及甲烷化反应流程回路进行模拟和研究，其中甲烷化反应动力学模型选用幂函数模型，变换反应动力学模型选用双曲速率模型，拟合得到的甲烷化反应和变换反应动力学方程式分别为：

$$r_{CH_4}=2.9299\times10^{-6}\exp\left(-\frac{30756}{RT}\right)p_{CO}^{0.52} p_{H_2}^{0.34} \tag{3-120}$$

$$r_{CO_2}=\frac{k_2\left(K_a p_{CO} p_{H_2O}-\dfrac{p_{CO_2} p_{H_2}}{K_{eq}}\right)}{p_{H_2}^{0.5}(1+K_{CH} p_{CO}^{0.5} p_{H_2}^{0.5}+K_{OH} p_{H_2O} p_{H_2}^{0.5})^2} \tag{3-121}$$

甲烷化反应可以在不同的反应器中进行，国外文献应用 Berty 反应器（内循环反应器）或固定床反应器进行甲烷化反应，国内学者有相当部分采用无梯度反应器。张继炎应用内循环式无梯度反应器，在温度 190～270℃、总压力 16×10^5Pa、N_2/H_2（分子比）1：（0.33～3）、体积流速 80～120L/h、搅拌叶转速 1750r/min（转速大可以消除外扩散）和反应器中一氧化碳浓度低于 3% 的条件下，研究了两种工业催化剂（具有不同的孔结构但类似组成的 Ni18% 和 25% Ni/Al_2O_3）的动力学行为，实验结果可统一地用 L-H 模型表示：

$$r=\frac{k p_{H_2}^{0.5} p_{CO}^{0.5}}{1+K_{CO} p_{CO}} \tag{3-122}$$

两种催化剂有明显不同的催化活性，这可以归结于它们的孔结构与扩散性能的差异，实验中还观察到反应物浓度振荡现象。Pntnaik 也分析了表面不均匀性对于甲烷化动力学振荡的影响。

甲烷动力学研究用的催化剂大部分为镍基催化剂，催化剂容易被含硫物质所毒化，于建国等研究了 SDM-1 型城市煤气耐硫甲烷化催化剂的本征动力学,实验条件为温度 573～673K、压力 0.30～1.20MPa、原料气组成 42％～45％ H_2/11％～24％ CO/1.8％～15％ CH_4/5.8％～17％ CO_2,剩余气为 N_2 气。催化剂主要活性组分为 MoS_2,催化剂粒度 60～100 目时,已消除了内扩散影响,在测试条件下,当气体流量为 1.1～1.3mol/h 时,已完全消除外扩散影响。实验结果采用幂函数模型回归的动力学方程为:

$$\frac{dN_{CH_4}}{dw} = 3.789 \times 10^{-4} \exp\left(-\frac{39300}{RT}\right) p^{0.78} y_{H_2}^{0.26} y_{CO}^{0.52} \tag{3-123}$$

$$\frac{dN_{CO_2}}{dw} = 1.861 \times 10^{-5} \exp\left(-\frac{39300}{RT}\right) p^{1.71} y_{H_2O}^{1.10} y_{CO}^{0.61} (1-\beta) \tag{3-124}$$

统计检验 F 远大于 $10F_a$(F_a 为显著水平为 10％和 5％的相应自由度下的 F 表值)。残差分布符合误差分布,后续的 Arrhenius 线性回归均说明所估模型是完全合理可靠的。

国内甲烷化动力学研究中较多用正交设计法进行实验点的设计。周世忠等以 Ni-MgO-La_2O_3-Al_2O_3 为催化剂,采用序贯法指导 CO 和 CO_2 甲烷化反应动力学研究。在 240～280℃和 260～315℃温度范围内,测定了 1.1～4.6MPa 下 CO 和 CO 甲烷化反应动力学数据。经过若干竞争模型的拟合,得到了最佳的拟合模型。在合成氨净化系统条件下可选用模型:

$$r_{CO_2} = \frac{-2.89 \times 10^{11} \exp\left(-\frac{93300}{RT}\right) p_{CO_2}}{(1 + 25.4 \rho_{H_2}^{0.5})^5} \tag{3-125}$$

$$r_{CO_2} = \frac{-4.17 \times 10^{13} \exp\left(-\frac{48200}{RT}\right) p_{CO}^2}{\left[1 + 2.88 \times 10^2 \exp\left(\frac{42700}{RT}\right) p_{CO} + 1.32 \times 10 \exp\left(\frac{3030}{RT}\right) p_{H_2}^{0.5}\right]^2} \tag{3-126}$$

周世忠等使用含 0.297％ CO 或 0.297％ CO_2 的 N_2-H_2 气,在 300℃以及不同空速下获得了 CO 及 CO_2 的甲烷化速度数据,结果表明,如果把上述的两个方程统一为下述的一个总方程,就可以很好地描述混合气反应数据,从而获得了甚为理想的混合气反应总动力学方程式:

$$r_{CH_4} = \frac{R_{CO} p_{CO}^2}{(1 + K_{CO} p_{CO} + K_{H_2} p_{H_2}^{0.5})^2} + \frac{R_{CO_2} p_{CO_2}}{(1 + K_{CO} p_{CO} + K_{H_2} p_{H_2}^{0.5})^5} \tag{3-127}$$

总反应动力学方程表明,CO 对 CO_2 甲烷化反应存在强烈抑制作用,只有在 CO 分压低于某一临界值时,才可表现出 CO_2 甲烷化反应速率。

大部分文献认为氢气和 CO 在相同的活性位进行吸附,但吸附氢对 CO 的解离没有影响。高锦春采用内循环无梯度反应器,在稳态条件下研究了国产 J105（Ni-MgO-La_2O_3-Al_2O_3）甲烷化催化剂反应动力学行为。结果表明,建立在 CO 氢化解离机理基础之上的动力学模型能准确地关联实验数据,CO 氢化解离（$CO^* + H^* \longrightarrow HO^* + C^*$）是速率控制步骤,动力学方程表达式为:

$$r = \frac{k p_{CO} p_{H_2}^{0.5}}{(1 + K_1 p_{CO} + K_2^{0.5} p_{H_2}^{0.5})^2} \tag{3-128}$$

国外也有相关文献研究氢气对 CO 解离吸附的影响,1986 年 Coenen 等提出的模型中认为氢气可以促进 CO 的解离吸附,模型有五个参数:

$$r = \frac{F_5 K_1 K_3 k_4 p_H B}{(1+B)^2 A (1 + K_1^{0.5} p_H^{0.5} + K_{CO} p_{CO})} \tag{3-129}$$

1980 年，Ho 和 Harriot 也提到氢气可以促进 CO 解离吸附，且 H_2 解离吸附在一种活性位上，最慢的步骤是吸附 CO 与 H_2 之间的反应，动力学模型可表达为：

$$r = \frac{k K_{CO} K_H p_{CO} p_H}{(1 + K_{CO} p_{CO} + K_H p_H)^2} \tag{3-130}$$

陈绍谦在 Ni 催化剂上研究了 CO 甲烷化反应。结果表明，在 I 型催化剂和 II 型催化剂上，分别存在一种及两种 CO 加氢生成甲烷的活性中心，甲烷化在两种催化剂上以表面碳机理进行。1993 年 Rajiv Yadav 和 R. G. Rinker 认为 H_2 解离吸附不是发生在一个活性位上，而是在两种活性位上。H_2 促进 CO 的解离吸附，速率控制步骤为 $CH^* + H^* \longrightarrow CH_2^* + ^*$，动力学方程可表达为：

$$r = \frac{L^2 K_3 K_4^{0.5} k_5 p_{CO} p_{H_2}^{0.5}}{[1 + K_3 (k_5/k_6) p_{CO} + K_4^{0.5} p_{H_2}^{0.5}]^2} \tag{3-131}$$

Jens Sehested 等假设一氧化碳吸附和解离在不同的活性位上进行，忽略一氧化碳变换反应，用镍线（直径 $4\mu m$、长 $22\mu m$）催化剂，催化剂制成线状是为了消除扩散限制，提出以下动力学模型（速率控制步骤是一氧化碳的解离：$CO* + \sharp \longrightarrow O* + C\sharp$）：

$$A_{ct} = N_S k_5 \theta_{CO} * \theta_\sharp = N_S k_5 K_{CO} p_{CO} \theta. = \frac{k_5 K_{CO} p_{CO}}{1 + K_{CO} p_{CO} + K_{H_2} p_{H_2}^{0.5}} \tag{3-132}$$

甲烷化反应体系中不只发生一氧化碳加氢甲烷化，还发生 CO 变换反应、二氧化碳甲烷化。Arno Lowe 和 Uwe Tanger 在满足一氧化碳变换反应达到平衡条件下（根据操作温度下的 K_p 值）分开讨论一氧化碳甲烷化和二氧化碳甲烷化动力学，模型也把催化剂失活考虑进去，催化剂为 Ni/Al_2O_3，一氧化碳和二氧化碳甲烷化速率表达式分别为：

$$r_{CO} = k_1 x_{CO}^{n_1} x_{H_2}^{m_1} x_{CO_2}^{u_1} \tag{3-133}$$

$$r_{CO_2} = \exp(-k_d t) k_r x_{CO_2} \tag{3-134}$$

一氧化碳变换比较难模拟，因为总反应速率较小，导致数据点散度较大，反应速率表达式为：

$$r = k_2 \times \left(K_2 - \frac{x_{CO_2} x_{H_2}}{x_{CO} x_{H_2O}} \right) x_{CO}^{n_2} x_{H_2}^{m_2} x_{CO_2}^{u_2} \tag{3-135}$$

大部分动力学研究所用的催化剂为镍催化剂，没有单独考虑助剂对反应动力学的影响。A. Erhan Aksoylu 研究了 15%（质量分数）Ni/10%（质量分数）Mo/Al_2O_3 中 K（1% ～ 3%，质量分数）助剂的添加对一氧化碳甲烷化的影响，研究表明，K 助剂的添加降低了一氧化碳甲烷化反应的活化能，而且会增大碳与金属之间的作用力，促进 CO 解离，使得催化剂表面富集 C，进而降低 H 的吸附，降低甲烷化速率。他们根据表面碳机理和烯醇式机理提出 8 个动力学模型，拟合结果最好的模型的速率控制步骤是不常见的氢气解离吸附步骤 $H_2 + 2^* \longrightarrow 2H^*$，动力学表达式为：

$$r_{CO} = \frac{k_1 p_{H_2}}{(1 + k_2 p_{CO}^{0.5})^2} \tag{3-136}$$

与文献中 Ni 催化剂表面反应机理相比较，Mo 的添加改变了 Ni 催化剂的表面机理，改变了速率控制步骤，但助剂 K 的添加没有改变速率控制步骤。

一般地，CO 甲烷化动力学假设机理的某一步或两步为速率控制步骤，由此推出一个动力学方程，而设置不同的速率控制步骤就会得到不一样的动力学方程，Jan Kopyscinski 根据甲烷化烯醇式机理（表面中间物质为 CH_xO）分别设置每一步为速率控制步骤，可以得到 16 种模型，最后汇总用以下公式表示 CO 甲烷化动力学模型：

（1）当水的吸附形式为 H_2O 时，CO 甲烷化速率方程为：

$$r_{CH_4} = \frac{k_1 K_{C_x} K_{H_2}^a p_{CO}^b p_{H_2}^c}{(1 + \sqrt{K_{H_2} p_{H_2}} + K_{CO} p_{CO} + K_{H_2O} p_{H_2O} + K_{C_y} p_{CO}^\theta p_{H_2}^f)^g} \tag{3-137}$$

（2）当水的吸附形式为 OH 时，CO 甲烷化速率方程为：

$$r_{CH_4} = \frac{k_1 K_{C_x} K_{H_2}^a p_{CO}^b p_{H_2}^c}{\left(1 + \sqrt{K_{H_2} p_{H_2}} + K_{CO} p_{CO} + K_{OH} \dfrac{p_{H_2O}}{\sqrt{p_{H_2}}} + K_{C_y} p_{CO}^\theta p_{H_2}^f\right)^g} \tag{3-138}$$

CO 甲烷化动力学研究得比较多，CO_2 甲烷化动力学研究也受到关注。1988 年，G. M. Shashidhara 研究 Ni/Al_2O_3 上 CO_2 甲烷化，本征动力学模型用幂函数型表示，不是经过机理推导得出的结果，无法确定反应过程中产生的表面中间物质。幂函数模型中 CO_2 级数在 0～1 之间变化，氢气趋于 0 级。

Z. A. Ibraeva 等在温度 498～543K、二氧化碳分压 0.03～4.5kPa、氢气分压 2～98kPa 的反应条件下，研究了 NKM-4A 催化剂上 CO_2 甲烷化反应动力学，提出了 CO_2 甲烷化双曲型动力学模型：

$$r = \frac{k_1 p_{CO_2} p_{H_2}^{0.5}}{p_{H_2}^{0.5} + k_2 p_{CO_2}} \tag{3-139}$$

上式中，在低二氧化碳分压时，CO_2 级数接近 1；在高二氧化碳分压时，CO_2 级数为 0，误差不超过 13.1%。

以上部分主要是国内外对一氧化碳和二氧化碳甲烷化动力学研究的内容，国内较多用的是幂函数模型，而且一般只考虑甲烷化反应，忽略其逆反应，幂函数的特点是各方程式汇总各组分的分压的影响不同，且对同一组分分压的幂又随温度的变化而变化。温度和反应物浓度均对反应的级数有影响。有文献报道，在低 CO 分压下（很低的 CO 浓度下，吸附的 CO 和 H 竞争相同的活性位），CO 反应级数是 1，而且低 CO 分压时，由于催化剂颗粒存在扩散阻力，测得的催化剂活性会下降。在中等 CO 分压下，CO 反应级数在 0～1 之间；高 CO 分压下，反应速率达到一个平台，这时 CO 级数近似 0。Schoubye 在实验中发现高 CO 分压下，CO 级数为 0，一氧化碳浓度继续升高，催化剂活性却下降了，CO 反应级数为负。在高温和高 CO 浓度条件下，催化剂易烧结和积炭，催化剂失活较快。在一定温度范围内，反应平衡常数较大，反应速率一般与 CH_4 和 H_2O 无关。幂函数模型中一般没有 CH_4 和 H_2O 的分压项。但也有报道水会导致催化剂活性下降，使得幂函数模型水的级数为负。R. E. Hayes 对 CO 甲烷化提出水的分压项指数为负的动力学模型，因为实验中发现水的加入降低了甲烷化速率，动力学模型为：

$$r = 8.79 \exp\left(-\frac{9270}{T}\right) p_{H_2}^{1.27} p_{CO}^{-0.87} p_{H_2O}^{-0.13} \tag{3-140}$$

双曲型方程式彼此差别很大，吸附项中一般有 CO，有的包含 H_2 项，有的则不包含 H_2

项，当甲烷化反应的 CO 分压很低时，反应接近平衡，此时不能忽略产物水和甲烷对活性位吸附的影响，吸附项中可能会多出水项和甲烷项。这些表明对于各组分在催化剂表面的存在状态以及反应过程的控制步骤，各研究所得的结果是不同的。表 3-7 列出一些镍基催化剂甲烷化双曲型动力学模型。

表 3-7 镍基催化剂甲烷化双曲型动力学模型

催化剂	动力学方程	
18%（质量分数）Ni/Al_2O_3	$r_{CH_4} = \dfrac{k_{CH_2} K_C K_H^2 p_{CO}^{0.5} p_{H_2}}{(1 + K_C p_{CO}^{0.5} + K_H p_{H_2}^{0.5})}$	(3-141)
5%（质量分数）Ni/SiO_2	$r_{CH_4} = \dfrac{Z_1 p_{CO}^{0.5}}{(1 + Z_2 p_{CO}^{0.5} + p_{H_2}^{-0.5})^2}$	(3-142)
12%（质量分数）Ni/Al_2O_3 20%（质量分数）$Ni/Mg/Al_2O_3$	$r_{CH_4} = \dfrac{k_1 p_{CO}^{0.15}}{(1 + K_1 p_{CO} p_{H_2}^{-1})^{0.5}}$	(3-143)
Ni/SiO_2	$r_{CH_4} = \dfrac{p_{CO} p_{H_2}^3}{(A + B p_{CO} + C p_{CO_2} + D p_{CH_4})^4}$	(3-144)
2%、10%（质量分数）Ni/SiO_2	$r_{CH_4} = \dfrac{k_1 K_{CO} K_{H_2} p_{CO} p_{H_2}}{(1 + K_{CO} p_{CO} + K_{H_2} p_{H_2})^2}$	(3-145)
Ni	$r_{CO} = \dfrac{k_1 p_{CO}^{0.5} p_{H_2}}{(1 + K_{CO} p_{CO})}$	(3-146)
33.8%（质量分数）$Ni/CaO/SiO_2$	$r_{CH_4} = \dfrac{k_1 p_{CO}^{0.5} p_{H_2}}{(p_{H_2}^{0.5} + K_2 p_{CO} + K_3 p_{CO}^{0.5} p_{H_2}^{0.5})}$	(3-147)
5%（质量分数）Ni/Al_2O_3	$r_{CH_4} = \dfrac{k_1 k_2 p_{H_2}}{k_1 (1 + K_{CO} p_{CO} + K_{H_2}^{0.5} p_{H_2}^{0.5})^2 + k_2 (1 + K_{CO} p_{CO})^2}$	(3-148)
27%（质量分数）Ni/Al_2O_3	$r_{CH_4} = \dfrac{k_1 p_{H_2}}{1 + K_{CO} p_{CO} + K_{H_2} p_{H_2} + K_{CO_2} p_{CO_2} + K_{CH_4} p_{CH_4}}$	(3-149)

◆ 参考文献 ◆

[1] 西南化工研究设计院. 煤制天然气甲烷化中试装置投料运行 [EB/OL]. [2014-10-08]. http://www. swrchem. com/xny/xwymt/hhxw/webinfo/2014/10/1412729429236572.html.

[2] "年产 13 亿立方米合成天然气无循环甲烷化工艺包"通过专家评审. [EB/OL]. [2016-04-03]. http://www. swet. net. cn/article/news/jt/92. html.

[3] 纪志愿, 余浩. 一段等温甲烷化技术在焦炉煤气制 LNG 工业化应用 [C]//第三届煤制合成天然气技术经济研讨会, 北京, 2012.

[4] 杨伯伦, 李星星, 伊春海, 等. 合成天然气技术进展 [J]. 化工进展, 2011, 30 (1): 110-116.

[5] 项友谦, 姜志清, 贾树华. 流化床甲烷化有关工程技术问题的探讨 [J]. 煤化工, 1993 (3): 13, 29-36.

[6] 许光文, 李强, 王莹利, 等. 合成气催化甲烷化的方法及装置: CN101817716A [P]. 2010-09-01.

[7] 李强, 汪印, 董利, 等. 一种合成气完全甲烷化反应装置: CN102234213A [P]. 2011-11-09.

[8] 苏发兵, 高加俭, 古芳娜, 等. 一种用于含 H_2 和 CO 混合气甲烷化流化床反应器及方法: CN102600771B [P]. 2014-12-24.

[9] 朱庆山, 李军, 李洪钟, 等. 一种合成气甲烷化的流化床工艺及装置: CN102773051A [P]. 2012-11-14.

[10]　程易，吉定豪，潘伟雄，等．一种合成气制甲烷的流化床工艺和装置：CN101665395［P］．2010-03-10.

[11]　程易，储博钊，翟绪丽．一种合成气完全甲烷化的装置及方法：CN102180756A［P］．2011-09-14.

[12]　程易，储博钊，翟绪丽．一种循环流化床合成气直接甲烷化的方法：CN102180757A［P］．2011-09-14.

[13]　尹明大．一种甲烷化流化床反应器：CN104001457A［P］．2014-08-27.

[14]　李春启，郑进保，梅长松，等．一种合成气甲烷化的流化床反应器及方法：CN106140034A［P］．2016-11-23.

[15]　张庆庚，李忠，闫少伟，等．一种煤制合成气进行甲烷化合成天然气的工艺：CN101979476A［P］．2011-02-23.

[16]　张庆庚，崔晓曦，范辉，等．一种浆态床甲烷化合成天然气的工艺及装置：CN102952596A［P］．2013-03-06.

[17]　何忠，崔晓曦，范辉，等．煤制天然气工艺技术和催化剂的研究进展［J］．化工进展，2011，30（z1）：388-392.

[18]　范辉，李晓，崔晓曦，等．利用整体催化剂进行浆态床甲烷化的工艺及装置：CN104164265A［P］．2014-11-26.

[19]　张庆庚，李晓，崔晓曦，等．一种合成气制天然气的耐硫甲烷化工艺：CN104046398A［P］．2014-09-17.

[20]　宋鹏飞，姚辉超，侯建国，等．一种浆态床与固定床结合的甲烷化方法：CN104212507A［P］．2014-12-17.

[21]　韩怡卓，谭猗生，解红娟，等．一种合成气合成甲烷的工艺：CN102690157A［P］．2012-09-26.

[22]　贺安平，杜勇，申亚平，等．反应条件对焦炉气甲烷化催化剂性能的影响［J］．山西化工，2010，30（3）：28-29.

[23]　伏义路，黄志刚，庄叔贤，等．高浓度CO变换-甲烷化反应积炭的初步研究［J］．燃料化学学报，1984（1）：27-34.

[24]　吴彪．煤制合成天然气甲烷化入口原料气的模值控制与优化［J］．煤化工，2015，43（1）：40-42.

[25]　邓永斌，郑海波．煤制天然气工业装置甲烷化催化剂的升温还原总结与评价［J］．广州化工，2014，42（10）：198-200.

[26]　邓永斌．煤制天然气甲烷化装置开车时间分析及优化［J］．煤炭与化工，2014，37（9）：110-113.

[27]　陈宏刚，王腾达，张锴，等．合成气甲烷化反应积炭过程的热力学分析［J］．燃料化学学报，2013，41（8）：978-984.

[28]　浙江大学化学工程组．化学反应技术开发的理论与应用［J］．石油化工，1978，6（4）：417-428.

[29]　陈尚伟，程晓勇．绝热固定床反应器的参数灵敏性［J］．化学研究与应用，2000，2（1）：109-120.

[30]　吴连弟，陈幸达，王文明，等．两种煤气甲烷化反应器的模拟和比较［J］．煤炭转化，2006，29（2）：70-74.

[31]　宏存茂，徐美珍，杨惠星．固定床反应器中催化剂外表面与气相间的温度差和浓度差［J］．石油炼制，1979（7）：30-36.

[32]　李浦，王树青，王骥程．固定床反应器的控制［J］．抚顺石油学院学报，1989，18（2）：46-50.

[33]　刘良宏，袁渭康．固定床反应器的控制［J］．化工学报，1996，47（6）：727-739.

[34]　宋鹏飞，侯建国，王秀林，等．绝热多段固定床甲烷化反应器设计中几个问题的研究［J］．现代化工，2014，34（10）：143-145.

[35]　安建生，李小定，李新怀．煤制天然气高CO甲烷化的研究进展［J］．化工设计通讯，2012，38（2）：13-16.

[36]　周波，张荣成，雷振有，等．反应过程与技术［M］．2版．北京：高等教育出版社，2012.

[37]　中国石化集团上海工程有限公司．化工工艺设计手册［M］．4版．北京：化学工业出版社，2009.

[38]　李渊，王景林，张亮．甲烷化反应器衬里的选择与设计优化分析［J］．化工进展，2013，32（z1）：48-52.

[39]　李宇达，杨俊岭．煤制天然气甲烷化炉设计［J］．化学工程与装备，2014（2）：76-78.

[40]　杜德军，张森林．高压甲烷化炉技术改造［J］．河南化工，2011（11）：34-35.

[41]　刘建元．甲烷化炉内衬的改造［J］．中氮肥，1995（6）：51-53.

[42]　刘鑫，康善娇．合成天然气（SNG）原料气来源的探讨［J］．煤化工，2017，45（3）：58-62.

[43]　贾承造，张永峰，赵霞．中国天然气工业发展前景与挑战［J］．天然气工业，2014，34（2）：1-11.

[44]　张抗．中国天然气供需形势与展望［J］．天然气工业，2014，34（1）：10-17.

[45]　《2013年国内外油气行业发展报告》课题组．2013年国内外油气行业发展概述及2014年展望［J］．国际石油经济，2014（Z1）：30-39，219.

[46]　钱兴坤，姜学峰．2014年国内外油气行业发展概述及2015年展望［J］．国际石油经济，2015（1）：35-43，110.

第4章
合成气甲烷化催化剂

自 1902 年法国科学家 Sabatier 和 Senderens 首次发现 CO 与 H_2 在镍催化剂上可以反应生成 CH_4 以来，甲烷化催化剂得到了广泛的研究与应用，具体表现在 5 个方面：①合成氨工业合成气中少量 CO 和 CO_2 的脱除（出口 $CO+CO_2$ 少于 10×10^{-6}），防止 CO 和 CO_2 对氨合成催化剂的毒害作用；②低热值煤气中 CO 和 CO_2 经半水煤气甲烷化制取城市燃气；③燃料电池 H_2 燃料（富氢、含 CO_2）中少量 CO 优先甲烷化脱除，消除 CO 对 Pt 电极催化剂的毒害作用；④合成气甲烷化生产替代天然气（substitute natural gas，SNG）；⑤温室气体 CO_2 甲烷化生产清洁燃料 CH_4，并且使 CO_2 循环，减缓温室效应。

本章所阐述的内容是关于合成气甲烷化生产替代天然气的催化剂技术，适用于煤气化经合成气甲烷化、生物质气化经合成气甲烷化或焦炉气经甲烷化生产替代天然气的催化剂技术。

4.1 合成气甲烷化催化剂研究开发概况

4.1.1 国外研究开发概况

20 世纪 70 年代发生石油危机以后，煤制天然气技术的发展带动了合成气甲烷化催化剂技术的研究和应用，其中研究开发最活跃的是美、英、德、日等四国。在此之前，甲烷化催化剂主要用于合成氨工业中少量 $CO+CO_2$ 脱除和半水煤气热值提升。

与上述两种用途比较，煤制天然气合成气甲烷化催化的使用条件苛刻，主要体现在压力高、反应负荷大、温度高，同时由于应用于多段甲烷化工艺，要求催化剂具有宽泛的温度区间和与多段工艺良好的匹配性。

20 世纪 80—90 年代，德国 Lurgi 公司结合 BASF 公司的 G1 型号甲烷化催化剂完成了整套工艺技术的开发，G1-85 催化剂成功应用于美国大平原工厂（Great Plain Synfuels）$389\times10^4\,m^3/d$ 的煤制 SNG 工厂。在 G1-85 的基础上，BASF 公司开发了新一代 G1-85 催化剂（图 4-1），包括 5mm×5mm 规格的片形和 7mm×7mm×3mm 规格的环形催化剂，同时开发了 Ni 含量略低、耐高温、机械稳定性更高的 G1-86HT 催化剂，在 Lurgi 公司的甲烷化装置上进行了评价。

　　德国 Lurgi 公司与英国燃气（British Gas）公司合作，针对 Lurgi 液态排渣气化炉合成气中 CO 含量高（组成：约 13% CO，约 40% H_2，约 33% CO_2，约 13% CH_4，其他微量的 Ar、N_2、烷烃和烯烃等）的特点，先后开发出 HICOM 甲烷化工艺以及 CRG 型号高效甲烷化催化剂，并应用于 $2832m^3/d$ 煤制 SNG 装置，实现了使用 Lurgi 液态排渣气化炉制合成天然气的设想。

图 4-1　新一代 G1-85 催化剂

　　British Gas 公司在 20 世纪 90 年代将 HICOM 甲烷化工艺及 CRG 系列催化剂技术转让给英国 DAVY 公司，CRG 催化剂许可其母公司 Johnson Matthey 公司生产，包括 CRG-S1S 圆柱形和 CRG-S1C 多孔异形两种构型（图 4-2）。

CRG-S1S　　　　　　　　　　CRG-S1C

图 4-2　DAVY 公司 CRG 催化剂产品

　　CRG 系列的两种催化剂组成几乎一致，差异主要体现在构型设计上，相比于圆柱形催化剂，四孔异形催化剂具有更好的转化效率。CRG 系列催化剂的性质特点有：①该催化剂具有变换功能，合成气不需要改变 H/C，转化率高；②该催化剂使用范围较宽，在 230～700℃都具有高活性和稳定性；③甲烷化压力高达 3.0～6.0MPa，可以减小设备尺寸；④可生产高品质的替代天然气，甲烷体积分数高达 94%～96%。

　　丹麦 Topsøe 公司开发了基于陶瓷基载体的 MCR-2X 催化剂，具有使用寿命长和合成气转化效率高等特点，其稳定性和活性在 $2000m^3/h$ 规模的示范装置上得到有效验证，试验装置最长运行时间达到 10000h，累计运行时间已超过 45000h。MCR-2X 催化剂的性质特点有：①活性好，转化率高，副产物少，消耗量低；②使用温度范围宽，在 250～700℃内都具有很高且稳定的活性；③在高压情况下，可以避免羰基形成，保持高活性，寿命长；④能生产高品质的代用天然气，甲烷体积分数可达 94%～96%。

　　在丹麦 Topsøe 公司开发的煤制天然气甲烷化工艺中应用了两种甲烷化催化剂 MCR-2X 和 PK-7R。其中高温甲烷化催化剂 MCR-2X 应用于大量甲烷化反应器中；低温甲烷化催化剂 PK-7R 应用于补充甲烷化反应器中，该催化剂原本为 Topsøe 公司开发的应用于合成氨工业脱除 CO＋CO_2 工序中，该催化剂的性能在数十年来工业应用中得到了充分证明。

　　此外，英国 Synetix 公司、美国 CCI 公司、法国 Procatalyse 公司、日本 Nikki 公司也开发了各自的甲烷化催化剂等，但规模化商业应用的催化剂仅有 BASF 公司 G1、DAVY 公司 CRG 和 Topsøe 公司 MCR-2X 等型号甲烷化催化剂，其技术对比如表 4-1 所列。

MCR-2X   PK-7R

图 4-3　Topsøe 公司 CRG 产品

表 4-1　国外主要商业应用的完全甲烷化催化剂技术对比

公司	催化剂名称	操作温度/℃	操作压力/MPa	寿命/a	商业应用情况
DAVY	CRG 列	230～700	1～6	2～3	1. 美国大平原煤制天然气厂 2. 中国大唐克什克腾煤制天然气厂 3. 中国大唐阜新煤制天然气厂 4. 中国新疆伊犁新天煤制天然气厂 5. 韩国浦项煤制天然气厂
BASF	G1 系列	230～600	1～6	2～3	美国大平原煤制天然气厂
Topsøe	MCR-2X 系列	250～750	2.5～7.5	2～3	1. 中国内蒙古庆华煤制天然气厂 2. 中国内蒙古汇能煤制天然气厂

4.1.2　国内研究开发概况

相对国外成熟的煤制 SNG 甲烷化催化剂，我国利用合成气生产 SNG 甲烷化催化剂的技术开发起步相对较晚，之前我国城市半水煤气甲烷化催化剂的适应温度范围窄、工作压力低，不利于反应和设备强化，限制了能量的综合利用。

近年随着国内煤制天然气产业的发展，关键的合成气甲烷化催化剂技术开发和应用研究受到国内企业和科研院所的重视，合成气甲烷化催化剂技术发展迅速，从甲烷化催化剂的活性组分、助剂、载体和制备方法等对甲烷化催化剂反应活性和稳定性的影响出发进行了多方面的研究。在活性组分研究方面，主要考察了活性组分 Ni 含量对催化剂性能的影响；助剂方面，研究了 CeO_2、La_2O_3、MgO 等稀土和碱土金属氧化物助剂对催化剂性能的影响；研究了 Al_2O_3、ZrO_2、TiO_2、SiC、钙钛矿以及复合载体如 Al_2O_3-ZrO_2、Al_2O_3-TiO_2、Al_2O_3-SiO_2 等作为负载 Ni 载体的性能；研究了不同的制备方法，如干混法、浸渍法、共沉淀法、溶液燃烧法、均相化学沉淀法制备的甲烷化催化剂的反应性能。表 4-2 列出了国内主要的合成气甲烷化催化剂的特点。

表 4-2　国内报道的合成气甲烷化催化剂的特点

单位	催化剂组成	运行条件	活性
神华集团	Al_2O_3、MoO_3、ZrO_2、Ce、Mo、La、Y/ZrO_2	3.0MPa，550～650℃	$X_{CO}=64\%～91\%$ $S_{CH_4}=48\%～53\%$
福州大学	Ni、Fe/Co／Mn、ZrO_2、Al_2O_3	300～550℃	$X_{CO}>90\%$
华烁科技股份有限公司	Ni、$MgAl_2O_4$ 和/或 CeO_2、La_2O_3、Y_2O_3	3.5MPa，220～650℃	$X_{CO,220}>95.6\%$ $X_{CO,650}=92.3\%～96.7\%$

单位	催化剂组成	运行条件	活性
大唐国际化工技术研究院	Ni、La$_2$O$_3$、CeO$_2$、Pr$_2$O$_3$、Sm$_2$O$_3$、Fe$_2$O$_3$、TiO$_2$、Cr$_2$O$_3$、Co$_3$O、CuO、ZnO、MoO$_3$、ZrO$_2$、MgO、CaO、SrO、BaO	3.2MPa,620℃	$X_{CO}=94.88\%$ $X_{CO_2}=2.96\%$
西南化工研究设计院	NiO、CeO$_2$、Al$_2$O$_3$、ZrO$_2$、CaO 和/或 MgO、Cr$_2$O$_3$ 和/或 MnO	2.0MPa,630℃	CO 和 CO$_2$ 总转化率为 48.85%
华能清洁研究院	NiO、La$_2$O$_3$、CeO$_2$、Sm$_2$O$_3$、CaO、BaO、SrO、Al$_2$O$_3$、MgO	3.5MPa,>300℃	$X_{CO}>73\%$
大连瑞克科技有限公司	NiO、Cr$_2$O$_3$、Sm$_2$O$_3$、MgO、Al$_2$O$_3$ 等	3.0MPa,635℃	$X_{CO}=91.5\%$, $S_{CH_4}=81.9\%$
中国石油化工集团有限公司	Ni、La、Ce、Zr、Ti	3.0MPa,550℃	$X_{CO}=100\%$ $S_{CH_4}=100\%$
清华大学	Ru、Ni、Co、Fe、Mo	3.0MPa,550℃	$X_{CO}=100\%$, $S_{CH_4}=99.5\%$
中科院过程研究所	NiO、稀土金属氧化物、钙钛矿	3.0MPa,450℃	$X_{CO}>90\%$, $S_{CH_4}=94\%$

4.2　合成气甲烷化催化剂的组分性质

国内外合成气完全甲烷化催化剂研发基本上均是从活性组分、助剂、载体和制备方法等方面开展工作,以期甲烷化催化剂具有良好的活性、选择性、耐高温水热稳定性、宽泛的活性温度区间和抗积炭性能。

4.2.1　活性组分

贵金属和过渡金属是最有应用前景的甲烷化催化剂活性组分元素,主要是 Ru、Ni、Co、Fe 和 Mo。

Ru 的低温活性特别好,在温度低于 180℃时就有良好的甲烷化活性,但是作为稀有的贵金属元素,价格较高。同时,Ru 催化剂上产品气组成分布受压力和原料气组成的影响明显,当压力增大时容易生成大分子烃类。合成气模数的波动也会影响产物分布。

Ni 元素是最优的合成气甲烷化催化剂活性组分,相对于贵金属元素,价格低廉,活性好,而且产物选择性好。但不足之处是对原料气中 S 中毒敏感,可以通过甲烷化工艺粗脱硫和精脱硫单元将总硫脱除至合理水平,对催化剂加以保护。Ni 元素在低温时容易与 CO 发生羰基化反应 $[4CO+Ni \longrightarrow Ni(CO)_4]$,使催化剂活性降低甚至消失,这一点可以通过控制反应温度避免。

Co 和 Fe 元素应用于甲烷化反应中,具有抗毒性强的特点,价格便宜,容易获得,但是正如其在费托合成中的表现,Co 和 Fe 催化剂在甲烷化反应过程中容易生成高级烃类,选择性差,并且容易积炭失活。

Mo 元素作为催化剂活性组分具有良好的抗硫性能,实际上在使用前通常会经过含 H$_2$S 的原料气或者 CS$_2$ 进行硫化处理。Mo 催化剂具有一定的甲烷化反应活性,但是要在很高的温度下使用，同时甲烷化反应过程中会生成 $C_2 \sim C_5$ 组分，CH_4 选择性不理想。

这几种元素的活性大小顺序为 Ru＞Ni＞Co＞Fe＞Mo，特点比较如表 4-3 所列。综合考量，Ni 是最佳的活性组分元素。

表 4-3　甲烷化催化剂活性组分特点比较

活性组分	优点	缺点
Ru	反应温度低，活性高，CH_4 选择性好	价格较高，易形成 $Ru(CO)_x$ 造成 Ru 流失
Ni	成本低，活性高，CH_4 选择性好	对 S、As 中毒敏感
Co	抗毒性高	CH_4 选择性差
Fe	价格便宜，易获得	操作条件要求高，CH_4 选择性差，容易积炭失活
Mo	抗硫性好	活性低，CH_4 选择性差

4.2.2　助剂

在甲烷化催化剂制备过程中掺杂助剂，可以提高甲烷化催化剂的活性和稳定性，常用助剂主要包括碱土金属氧化物、过渡金属氧化物和稀土金属氧化物。助剂的加入影响了催化剂活性组分的分散度、还原性能、表面电子状态、抗高温团聚烧结和积炭性能。典型助剂及其特点如下。

（1）碱土金属氧化物

MgO 与 NiO 均具有 NaCl 型立方晶格，具有相近的离子半径和晶格常数，可以形成任何比例的 NiO-MgO 固溶体，提高 Ni 晶体粒子的分散度，抑制 Ni 晶体粒子的团聚，增加催化剂活性中心数，并能降低催化剂还原温度，从而提高了催化剂甲烷化活性。同时，MgO 与 Al_2O_3 在高温焙烧过程中生成 $MgAl_2O_4$，增强载体的热稳定性，抑制较难还原的 $NiAl_2O_4$ 生成。MgO 能够调节载体表面酸碱性，使载体表面呈中性或者弱碱性，减缓或者抑制积炭发生。

（2）过渡金属氧化物

ZrO 是研究较多的过渡金属氧化物助剂，主要作用是提高活性物质在载体表面上的分散度，减小晶体粒子尺寸。ZrO 的添加也能够阻挡活性组分晶体粒子的团聚。

（3）稀土金属氧化物

稀土氧化物中 La_2O_3 和 CeO_2 是极具吸引力的甲烷化催化剂助剂。由于稀土金属氧化物是良好的电子供体，添加到催化剂中可以缓解镍活性组分表面的缺电子状态，利于 CO 吸附活化，提高催化剂活性。同时，稀土金属氧化物的添加明显提高活性组分的分散度。Ce 氧化物具有良好的储氧能力，La 氧化物能够增大催化剂表面的储氢能力，能够有效预防和抑制催化剂表面积炭的发生。

4.2.3　载体

载体在催化剂中的作用是复杂的，载体的主要作用有以下几个方面。

① 增大活性表面和提供适宜的孔结构。这是载体最基本的功能，良好的分散状态还可以减少活性组分的用量。

② 改善催化剂的机械强度，保证其具有一定形状。不同载体对催化剂的耐压强度、耐磨强度和抗冲强度均有不同影响。

③ 改善催化剂的导热性和热稳定性，避免局部过热引起的催化剂烧结失活和副反应，延长催化剂使用寿命。

④ 提供活性中心。

⑤ 载体有可能和催化剂活性组分间发生化学作用，从而改善催化剂性能，选用适合的载体会起到类似助催化剂的效果。

常用于制备催化剂的载体有 Al_2O_3、SiO_2、ZrO_2、TiO_2 等，有研究表明，以 Ni 为活性组分，采用上述载体的催化剂活性由大至小的顺序为 Ni/Al_2O_3<Ni/SiO_2<Ni/TiO_2<Ni/ZrO_2。

Al_2O_3 有大的比表面积和孔隙率，Al^{3+} 和 O^{2-} 有很强的剩余成键能力，利于 Ni 组分的分散，但温度高时容易生成 $NiAlO_2$，需要改性，以改变表面性质和稳定性。

SiO_2 具有较大的比表面积和丰富的孔结构，但载体与组分间作用不强，高温下易团聚而失活。

ZrO_2 具有 N 型半导体性质，与金属组分有强烈的电子相互作用，但价格高，比表面积小，热稳定性差。

TiO_2 有 N 型半导体性质，与金属组分有强烈的相互作用，但价格高，性能需要提升。

4.2.4　流化床催化剂

现有的工业甲烷化装置采用固定床甲烷化工艺，但甲烷化反应是强放热过程，而固定床工艺反应器传热差，不易控制反应温度，因此采用多段反应器串并联来解决这一问题，从而造成工艺流程过于复杂。与固定床反应器相比，流化床反应器内流体和催化剂颗粒的运动使床层具有良好的传热、传质性能，床层内部温度均匀且易于控制，因此特别适用于强放热反应。

1952 年，美国矿业局（美国内政部）开展了流化床甲烷化技术研究，开发了一个固定床反应器和两种不同的流化床甲烷化反应器，共运行超过 1000h。1963 年，美国 Bituminous Coal Research 公司开展了通过煤制备合成天然气的 Bi-Gas 项目研究，开发的甲烷化反应器为带有副进料口及两个内部管壳式换热器的气固流化床反应器，该装置累计运行时间超过 2200h，试验结果表明 CO 转化率在 70%～95% 之间，由于转化率较低，须在固定床反应器基础上经过进一步甲烷化以得到合格的合成天然气。德国卡尔斯鲁厄大学及德国 Thyssengas 公司也开展了甲烷化流动床反应器的研究。

目前，国内北京化工大学开展了合成气完全甲烷化流化床催化剂的研究，中国科学院过程工程研究所也开展了合成气加压流化床甲烷化技术研究。

流化床催化剂的应用虽然有其传热、传质方面的优势，但是流化床甲烷化催化剂存在强度低、磨耗率高的缺点，限制了其在工业上实现应用的可能。

4.3　工业合成气甲烷化催化剂

4.3.1　合成气甲烷化催化剂的制备

制备方法对催化剂的反应性能至为关键，常用的和经济的制备方法有浸渍法、共沉淀法、均相沉淀法、机械混合法、溶液燃烧法等。各方法的特点比较如表 4-4 所列，主要的和常用的沉淀法生产流程如图 4-4 所示，沉淀法生产车间见图 4-5。浸渍法生产流程见图 4-6，生产车间见图 4-7。

表 4-4　几种催化剂制备方法的特点比较

方法	优点	缺点
浸渍法	操作简单,生产能力高,成本低;影响因素少,催化剂易于重复	负载量低,焙烧过程产生污染性气体,干燥和焙烧过程容易造成活性组分迁移、团聚
共沉淀法	活性组分分散均匀性好,可制高含量、高度分散催化剂,工艺条件可用于调整催化剂表面结构、孔容、孔径	影响因素多,操作过程复杂,工艺条件要求高,生产效率低,洗涤用水量高
均相沉淀法	活性组分分散均匀性好,可制高含量、高度分散催化剂,工艺条件可用于调整催化剂表面结构、孔容、孔径	影响因素多,操作过程复杂,工艺条件要求高,时间长,生产效率低
机械混合法	操作条件要求低,生产效率高	不同组分间分散度差,均匀度低,影响因素较多,重复性差
溶液燃烧法	活性组分具有高分散度,均匀性较好,且具有高温稳定性	操作复杂,工艺技术条件要求高

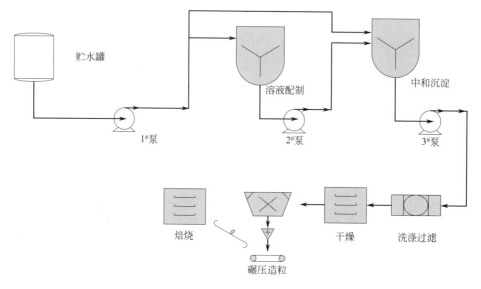

图 4-4　沉淀法生产流程

图 4-5　沉淀法生产车间

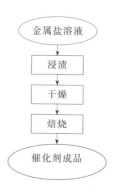

图 4-6　浸渍法生产流程

图 4-7　浸渍法生产车间

4.3.2　催化剂构型设计

固定床催化剂的颗粒形状和尺寸是催化剂开发和应用实践中的一个重要问题，催化剂构型影响催化剂效率因子和催化剂床层压力降。

Topsøe 公司的研究人员曾通过实验证明减小催化剂颗粒尺寸有利于活性和传热、传质性能的提高，但一味减小颗粒尺寸会增加床层的压力降，催化剂成型过程也会变得困难，潜力有限。随着"催化剂工程"学科的发展，特殊几何形状催化剂的开发研究取得较大进展，设计出了各种异形构型。现常见的催化剂构型有圆柱形、圆柱外齿轮形、球形、条形、三叶草形、梅花形、四孔圆柱形、七孔圆柱形（图 4-8）。

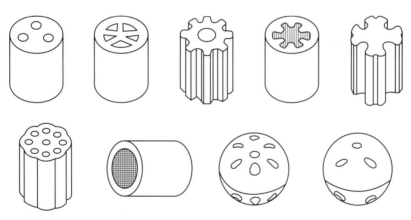

图 4-8　不同的催化剂构型设计

催化剂效率因子定义为内外扩散阻力均消除后催化剂本征动力学反应速率与外扩散阻力消除后宏观动力学反应速率的比值。对于本征反应速率很小的化学反应，反应表现为动力学控制，内扩散对宏观反应速率的影响可以忽略不计，各种形状催化剂的效率因子都接近 1，形状的设计对提高颗粒催化剂的效率因子作用不大。对于本征动力学反应速率很大的反应，反应组分未完全扩散至催化剂颗粒内部就能充分发生反应，内扩散阻力对催化剂的效率因子影响明显，此时催化剂构型设计就具有重要意义。因此，对于 CO 和 CO_2 甲烷化反应速率很大的反应体系，催化剂构型的设计就显得尤为重要。

当催化剂化学组成不变时，与常规圆柱形、球形、单孔环柱形等催化剂相比，多孔柱状或多孔球状以及蜂窝状等异形催化剂提高了单位床层催化剂的外表面积，减小了催化剂壁面的厚度，从而降低了内扩散的阻力，提高了化学反应速率，极大地提高了催化剂的效率因了。因此，在催化剂床层压降许可的条件下，选择小粒度催化剂有利于提高甲烷化反应速率，如图4-9所示。

催化剂异形构型加工难度加大，但是形状优化后的反应效果明显，表4-5比较了八筋车轮状催化剂与薄壁舱形两种甲烷蒸气转化催化剂的性能。舱形催化剂几何表面积提高53%，压力降降低15%，高温活性提高22%，低温活性提高34%。

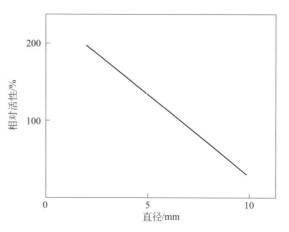

图4-9　催化剂粒度尺寸与活性的关系

表4-5　Z109 和 SW(12)-1S 性能比较

名称	外形	床层几何表面积/(m²/m³)	相对压力降	活性/[kmol/(h·m³)]	
				750℃	550℃
Z109	φ16×11 车轮形	416.4	1	109	12.5
SW(12)-1S	φ14×9.7 十二筋舱形	637.5	0.85	133	16.7

赵庆国等研究比较了西南化工研究院提供的3种颗粒形状镍基催化剂上甲烷化水蒸气重整反应效率因子，催化剂外形尺寸为：①环形催化剂，高度15.184mm，外径15.184mm，内径5.739mm；②车轮形催化剂，高度16.466mm，外径16.761mm，轮橡厚2.569mm，轮筋宽2.392mm，轮芯直径4.574mm；③七孔蜂窝形催化剂，高度16.420mm，外径16.837mm，小孔孔径3.05mm。其中环形颗粒的特征扩散距离为环的厚度（4.7225mm）；车轮形颗粒的特征扩散距离为不同形状部分的特征长度按各自所占的体积分数加权平均，经计算为2.715mm；蜂窝形颗粒的特征长度为相邻小孔间的扩散距离（1.93075mm）。

650℃下三种催化剂上甲烷化水蒸气重整反应效率因子以及达到相同反应效果的催化剂床层压降以及催化剂用量的比较如表4-6所列。环形颗粒的效率因子最小，蜂窝形的最大；与之对应的催化剂用量相差可达30%，其中以蜂窝形催化剂的用量最少，环形颗粒的用量最多；床层压降以蜂窝形的最大，车轮形的最小。

表4-6　不同构型催化剂效率参数比较

参数	催化剂颗粒形状		
	环形	车轮形	蜂窝形
效率因子	0.0769	0.1061	0.1099
床层空隙率	0.4375	0.5800	0.6023
床层压降	1.0	0.8414	1.0553
催化剂用量	1.0	0.7248	0.7001

4.3.3　合成气甲烷化催化剂的还原

（1）合成气甲烷化催化剂工业还原过程

工业生产的催化剂中活性金属元素一般呈氧化态，而反应中发生催化作用的是单质态金属元素，这就要求催化剂使用前必须预先进行还原。还原一般在一定温度下、H_2/N_2 氛围中进行，发生如下反应：

$$NiO + H_2 \longrightarrow Ni + H_2O + 2.55 kJ/mol \tag{4-1}$$

Ni/Al_2O_3 催化剂的微观结构示意图见图 4-10。

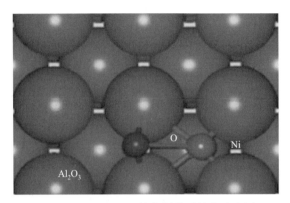

图 4-10　Ni/Al_2O_3 催化剂微观结构示意图

一般的催化剂还原工程包括升温干燥、还原、降温冷却等步骤，如表 4-7 所列。还原过程必须缓慢进行，以防止还原产生的高浓度水蒸气损坏催化剂活性，例如要求还原过程升温速率小于 50℃/h。表 4-7 显示了工业生产投用前甲烷化催化剂还原程序的一个实例。

表 4-7　工业甲烷化催化剂还原过程实例

阶段	时间/h	累计时间/h	温度/℃	压力/MPa	气体介质	升温速率/(℃/h)
开工系统投运	5	5				
升温	4	9	室温～200	0.4～0.5	N_2	≤50
恒温	10	19	200	0.4～0.5	N_2	0
还原	2	21	350～400	0.4～0.5	N_2	≤50
	4	25	350～400	0.4～0.5	N_2	0
	5	30	400	0.4～0.5	20% H_2/80% N_2	0
	2	32	450	0.4～0.5	50% H_2/50% N_2	≤50
	6	38	450	0.4～0.5	50% H_2/50% N_2	0
	2	40	500	0.4～0.5	50% H_2/50% N_2	≤50
	6	46	500	0.4～0.5	50% H_2/50% N_2	0
	2	48	550	0.4～0.5	50% H_2/50% N_2	≤50
	12	60	550	0.4～0.5	50% H_2/50% N_2	0
降温	10	70	100	0.4～0.5	50% H_2/50% N_2	≤50
置换	6	76	100	0.4～0.5	N_2	

（2）合成气甲烷化催化剂预还原

工业生产中催化剂使用量大，还原过程可能要几天，甚至几十天。如此长的现场还原时间，不但要消耗大量的能源和原料，造成催化剂损失，而且会严重影响正常生产时间，降低企业利润。

为了克服现场还原存在的上述不利因素，近些年来预还原态催化剂越来越受到重视，特别是在合成氨工业上被大量使用。预还原过程包括还原、钝化和封装等步骤，工艺流程如图 4-11 所示。

催化剂在特制的预还原炉中进行还原，然后使小于 10% 比例的还原态金属元素被钝化，

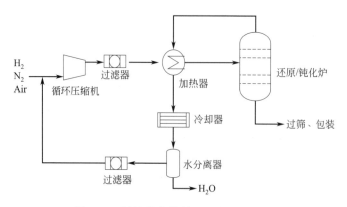

图 4-11　甲烷化催化剂预还原工艺流程

形成一层氧化态保护膜，防止内部的还原态金属元素被氧化。预还原催化剂使用前，只需要还原催化剂的外层，与催化剂现场还原相比，可节省大量的开车时间和能耗。

① 关键参数控制　催化剂预还原过程中，需要精确控制的还原过程工艺参数包括：升温速率、还原温度、还原气中氢气浓度、还原压力和还原气体空速。确定预还原工艺参数的原则。

a. 预还原时间尽量短。

b. 确保催化剂性能不受影响。升温速度过快、氢气浓度过高可能使催化剂烧结。出水速度过快、过猛，还原炉中水蒸气浓度过高，会造成催化剂强度、性能下降。

② 还原度　催化剂预还原过程中，需要精确控制的钝化过程工艺参数包括：钝化温度、钝化气体组成、钝化压力和钝化气体空速。确定钝化工艺参数的原则：

a. 钝化度尽可能低；

b. 确保催化剂不继续被氧化；

c. 还原度不低于 80%，可以采用 Br_2-CH_3OH 溶解单质 Ni（$Ni + Br_2 \longrightarrow NiBr_2$）方法测定催化剂还原度，例如：首先在催化剂样品中加入溴-甲醇后，样品中金属镍与溴发生氧化还原反应生成 $NiBr_2$，溶解于甲醇中；然后过滤分离不溶残渣，将滤液蒸干以免有机物影响电感耦合等离子体原子发射光谱仪测定；最后用盐酸溶解，稀释定容后用电感耦合等离子体原子发射光谱仪测定溶液中镍的含量，通过计算得出金属镍的含量。

4.3.4　甲烷化催化剂工业应用性能

（1）压力

CO 和 CO_2 甲烷化反应是体积缩小的反应，增加系统压力能够促进反应平衡向右移动，提高反应效率。应用 Aspen Plus 软件，基于 Gibbs 反应器模型，计算了压力对甲烷化反应的影响，如图 4-12 所示。

当反应压力为 2.0MPa、2.4MPa、2.8MPa、3.2MPa 时，CO 转化率分别为 74.34%、77.67%、80.14%、82.07%。随着压力的升高，增大压力对促进 CO 转化的效果下降。实验室在高镍含量甲烷化催化剂上的压力影响实验结果也得到了相似的现象（图 4-13）。

对大规模工业生产，1% 转化率的提高都会产生明显的经济效益。大唐国际克什克腾煤制天然气项目在褐煤气化过程中创新地采用了 4MPa 气化工艺，这使得系统经过气化、耐硫变换、低温甲醇洗、脱硫等一系列操作单元之后，甲烷化反应单元能够在 3.2MPa 初始压力参数下操作，提高甲烷化装置生产的经济性。

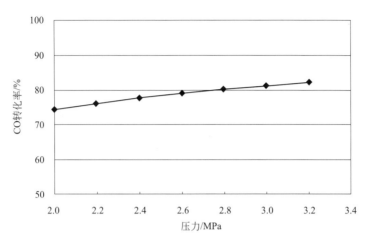

图 4-12　压力对甲烷化反应效果影响的理论计算

[p（初始压力）=3.2MPa，T=620℃，34.32% H_2、7.44% CO、2.94% CO_2、42.34% CH_4、12.96% H_2O]

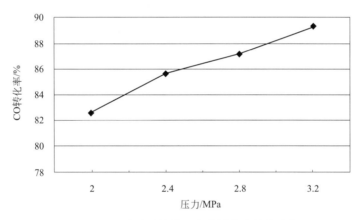

图 4-13　压力对甲烷化反应效果影响的实验值

[p（初始压力）=3.2MPa，T=620℃，34.32% H_2、7.44% CO、2.94% CO_2、42.34% CH_4、12.96% H_2O]

（2）温度

粗煤气经耐硫变换、低温甲醇洗后的净煤气中 CO 含量高达 20%，这决定了煤制天然气的甲烷化反应系统是一个由高温至低温的工艺过程，这也就要求甲烷化催化剂具有宽泛的活性温度区间。实验室研究结果显示，在 NiO 含量大于 35%（质量分数）的 Ni-ReO$_x$/Al$_2$O$_3$（ReO$_x$ 为稀土氧化物）催化剂上，CO 和 CO_2 的甲烷化反应均能接近催化剂床层出口温度下的理论平衡转化率，如表 4-8～表 4-10 所列，催化剂体现出了活性温度区间宽泛的特点。

表 4-8　620℃ 时 Ni-ReO$_x$/Al$_2$O$_3$ 催化剂反应效果

组分	H_2	CO	CH_4	CO_2
实验尾气组成（体积分数，干基）/%	23.28	1.32	70.87	4.53
理论计算平衡组成	24.61	1.85	68.85	4.69

注：p（初始压力）=3.2MPa，T=620℃，34.32% H_2、7.45% CO、2.94% CO_2、42.3% CH_4、12.98% H_2O。

表 4-9 450℃时 Ni-ReO$_x$/Al$_2$O$_3$ 催化剂反应效果

组分	H$_2$	CO	CH$_4$	CO$_2$
实验尾气组成(体积分数,干基)/%	9.53	0.070	89.23	2.24
理论计算平衡组成	9.83	0.085	86.83	2.484

注：p(初始压力)=2.8MPa，T=450℃，20.27% H$_2$、1.63% CO、3.868% CO$_2$、53.27% CH$_4$、20.96% H$_2$O。

表 4-10 320℃时 Ni-ReO$_x$/Al$_2$O$_3$ 催化剂反应效果

组分	H$_2$	CO	CH$_4$	CO$_2$
实验尾气组成(体积分数,干基)/%	1.57	0	97.93	0.49
理论计算平衡组成	1.58	N/A	97.99	0.41

注：p(初始压力)=2.5MPa，T=320℃，9.36% H$_2$、0.076% CO、2.37% CO$_2$、82.75% CH$_4$、5.45% H$_2$O。

（3）空速

空速是直接影响催化剂反应性能发挥的关键因素，工业生产中常采取提高空速的方法以增产。空速对催化剂性能的影响如图 4-14 所示。从图中转化率和选择性走势可知，随着空速的增加，反应器内外扩散速率变大，从而使 CO、CO$_2$ 转化率和 CH$_4$ 选择性均呈上升趋势，但影响程度较弱。

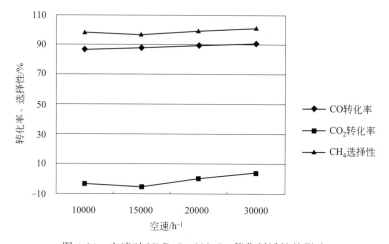

图 4-14 空速对 Ni-ReO$_x$/Al$_2$O$_3$ 催化剂活性的影响

（4）水含量

在煤制天然气多段甲烷化工艺中，大量甲烷化反应器入口工艺气中加入大量水蒸气，一方面吸收反应放出的热量，控制反应体系的温度，另一方面有助于促进 CO 变换反应，抑制 CO 歧化积炭。在大量甲烷化反应条件下水含量对催化剂床层出口气体组成的影响如表 4-11 所列。

表 4-11 H$_2$O 含量对催化剂反应性能的影响

H$_2$O 含量/%	出口气体组成(干基)/%				转化率、选择性/%		
	H$_2$	CO	CH$_4$	CO$_2$	CO 转化率	CO$_2$ 转化率	CH$_4$ 选择性
6.49	20.36	1.32	74.62	3.70	88.32	16.56	107.33
12.96	23.28	1.32	70.87	4.53	87.80	−5.76	97.41
16.13	24.28	1.29	69.58	4.86	88.04	−14.25	93.63
19.43	26.14	1.34	67.19	5.33	87.14	−28.94	86.81

注：原料气组成（干基）为 39.43% H$_2$、8.55% CO、48.64% CH$_4$、3.38% CO$_2$，p=3.2MPa，T=620℃。

研究发现，对于低温甲烷化反应，尤其是多段甲烷化反应工艺中的最后一级甲烷化反应，H_2O 含量对降低产品气中 H_2 和 CO_2 浓度非常关键。在最后一级甲烷化反应中 CO 浓度在 10^{-6} 级，主要发生的反应为 CO_2 甲烷化反应，CO_2 浓度通常也较低，反应温升较小，由于在低温下 CO_2 甲烷化反应速率小，降低催化剂床层入口工艺气中 H_2O 含量，促进 CO_2 甲烷化反应向右移动就显得十分必要。表 4-12 比较了低温甲烷化反应条件下 H_2O 含量对催化剂反应性能影响的实验研究。

表 4-12　H_2O 含量对催化剂反应性能的影响

H_2O 含量/%	尾气组成(干基)/%		
	H_2	CO_2	CH_4
0.00	0.64	0.47	98.77
8.34	1.08	0.66	98.76
14.82	1.45	0.78	98.23

注：原料气组成（干基）为 4.34% H_2、95.57% CH_4、1.33% CO_2，$p=2.7MPa$，$T=290℃$。

（5）模值

煤制天然气国家标准规定产品气中 CO_2 含量小于 1%，H_2 含量小于 3%。在多段甲烷化反应工艺中，模值（M）是决定天然气产品质量的关键参数，由于甲烷化反应是个体积缩小的反应，甲烷化反应器入口净煤气中氢气稍微过量就会体现为产品气中 H_2 浓度过高，而氢气浓度偏低，产品气中 CO_2 浓度就会偏高。基于四段甲烷化反应工艺流程（图 4-15），利用 Aspen Plus 软件 RGibbs 反应器模型模拟计算净煤气模值变化对产品中 CH_4、H_2、CO_2 含量的影响，如图 4-16 所示。从图 4-16 中可以看出，要实现产品气中 H_2 含量小于 3%、CO_2 含量小于 1% 的质量目标，M 值的合理范围为 2.98～3.06。

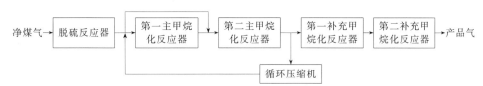

图 4-15　四段甲烷化工艺流程

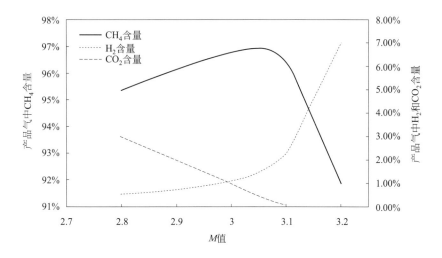

图 4-16　M 值对煤制天然气产品气组成的影响

图 4-16 的计算结果为各甲烷化反应器均达到化学反应平衡状态的数据，在实际生产过程中甲烷化催化剂一般为高镍含量催化剂，提供反应活性中心的数量一般为动力学需求的反应中心数量的数倍，尽管如此，在甲烷化催化剂上的反应状态也只能是趋近理论化学平衡状态。实验室基于高镍含量甲烷化催化剂，研究了 M 值对反应器出口工艺气组成的影响，见表 4-13。

表 4-13 M 值对反应器出口工艺气组成影响的实验研究

M	工艺气	p /MPa	T /℃	工艺气组成/%			
				H_2	CO	CO_2	CH_4
2.8	大量甲烷化	3.0	569.9	19.35	1.27	73.01	6.36
	第一补充甲烷化	2.8	400.2	5.40	0.06	90.56	3.99
	产品气	2.5	290.1	0.61	0	96.55	2.78
2.9	大量甲烷化	3.0	569.7	19.97	1.11	73.44	5.48
	第一补充甲烷化	2.8	399.2	5.99	0.05	91.19	2.78
	产品气	2.5	292.3	0.70	0	97.87	1.37
3.0	大量甲烷化	3.0	570.4	19.36	1.00	75.55	4.05
	第一补充甲烷化	2.8	399.8	5.89	0.04	92.80	1.28
	产品气	2.5	298.5	1.13	0	98.60	0.28

注：$M=3$ 时，净煤气组成为 60.80% H_2、17.90% CO、1.50% CO_2、18.90% CH_4。

（6）机械强度对活性的影响

煤制天然气甲烷化工艺中，甲烷化催化剂在高温和高水热条件下工作，尤其是大量甲烷化反应高温水热反应环境对催化剂的机械强度提出了很高要求。催化剂在发生破碎粉化后不仅造成活性下降和组分流失，还会使得反应器内工艺气分布不均，造成局部负荷过载，降低反应效果。

催化剂在成型过程中，过分提高催化剂强度，将会引起内部孔隙变小、孔容过分集中于小孔径而导致分子扩散速率减慢、活性下降。文献对 J101 型甲烷化催化剂机械强度和活性关系进行了对比，催化剂机械强度与活性的关系如图 4-17 所示。

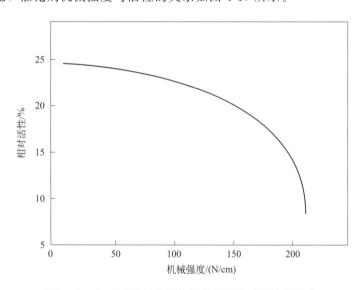

图 4-17　J101 型甲烷化催化剂机械强度对活性的影响

《甲烷化催化剂》（HG 2509—2012）规定了甲烷化催化剂的技术要求，如表 4-14 所列。

表 4-14 甲烷化催化剂的技术要求

项 目		指 标		
		J101	J105	J106Q
耐热前活性(出口气体中 CO_2 体积分数)/10^{-6}	$\leqslant$	90	30	50
耐热后活性(出口气体中 CO_2 体积分数)/10^{-6}	$\leqslant$	90	40	50
颗粒径向抗压碎力	平均值/(N/cm) $\geqslant$	180	180	—
	低于 118N/cm 的颗粒分数/% $\leqslant$	10	10	—
颗粒点抗压碎力	平均值/N $\geqslant$	—	—	100
	低于 90N 的颗粒分数/% $\leqslant$	—	—	10
磨耗率/%	$\leqslant$	5	5	5
镍(Ni)质量分数/%	$\geqslant$	21	21	12

注：指标中的"—"表示该型号的催化剂技术要求中没有此项目。

4.3.5 合成气甲烷化催化剂的失活

（1）烧结

在高温下反应一定时间后，催化剂载体发生微观结构的变化，如孔结构坍塌，引起催化剂比表面积下降，或者活性组分晶粒迁移引起晶粒团聚、长大，活性表面减小，活性降低，这种现象称为催化剂烧结，催化剂烧结时往往导致催化剂活性明显下降，甚至失活。图 4-18通过透射电镜表征分析的方法清晰地显示了活性组分晶粒迁移引起的团聚现象。

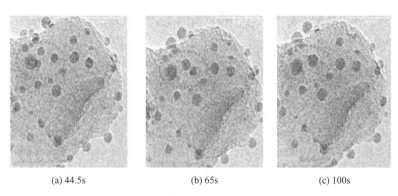

(a) 44.5s   (b) 65s   (c) 100s

图 4-18 催化剂烧结过程电镜图

对 Ni 基催化剂，通常为氧化铝担载的 Ni 基催化剂，在合成气甲烷化反应过程中，容易发生催化剂的烧结，主要原因如下。

① 在多段循环反应过程中，为了实现甲烷化反应释放出热量的高品位利用，大量甲烷化反应的温度往往大于 600℃。对金属催化剂活性表面，当反应温度约为金属熔点的 1/3时，就会引起金属表面原子的迁移。同时，为了防止 CO 歧化反应和 CH_4 裂解产生积炭，原料气中加入大量水分。因此，大量甲烷化反应在高温、高水热条件下进行，容易引起催化剂载体结构的坍塌和金属活性组分晶体粒子的团聚。

② 在合成气甲烷化反应过程中，当活性组分 Ni 暴露在含 CO 的组分中时，容易发生镍的羰基化，使得 Ni 活性组分容易发生表面迁移。

为了防止催化剂烧结，关键在于催化剂组分设计和制备方法优化，提高催化剂耐高温水热性能，比如：

① 加入助剂阻止组分晶粒的迁移和团聚，例如 Ni/Al_2O_3 催化剂中引入稀土或者过渡

金属元素；

② 加入助剂对载体进行改性，减小晶体粒子的迁移速率，有专利技术通过 Mg 原子与 Al_2O_3 作用形成 $MgAl_2O_4$（铝镁尖晶石），Al_2O_3 载体生成固溶体，从而提高了载体的稳定性。应用铈锆固溶体也能提供耐高温水热条件的稳定载体。

相对于工业生产常用的浸渍法和机械混合法，沉淀法的生产流程复杂，但是沉淀法由于能使溶液中各组分金属离子在沉淀过程中在微观层次上同时沉淀和均匀混合，各组分间能够形成稳定紧密的协同作用，所生产的催化剂具有更好的稳定性能。

另外，生产中要采取措施，严格控制催化剂反应条件，确保工艺运行稳定。如反应系统压力突然大幅度下降，使得瞬间大量的含高浓度 CO 和 CO_2 的原料气通过催化剂床层，引起催化剂床层的飞温，而导致催化剂烧结失活。

（2）积炭

催化剂发生积炭是合成气甲烷化反应过程中引起催化剂失活的一个重要危险因素。研究表明，在镍基催化剂上发生积炭时，烃类首先吸附在金属元素表面发生分解，生成碳原子或碳原子团。它们可能停留在催化剂表面，将镍活性组分包埋；也可能溶解在镍中，通过扩散迁移到生长中心（例如晶粒边缘）。经过一定时间后，沉积的碳化物长大，迫使镍晶粒脱离活性中心表面，并形成碳化物柱，镍处于碳化物柱前沿。碳化物柱不断生成，最终可能引起反应器堵塞。

催化剂积炭情形示意图见图 4-19。

⟫	碳原子团
▰	碳化物柱
◣	催化剂载体
◗	活性镍组分

图 4-19　催化剂积炭情形示意图

煤制天然气甲烷化反应过程引起积炭的反应主要包括 CO 歧化反应和 CH_4 热裂解反应：
① CH_4 热裂解反应：

$$CH_4 \rightleftharpoons C+2H_2 \tag{4-2}$$

② CO 歧化反应：

$$2CO \rightleftharpoons C+CO_2 \tag{4-3}$$

CH_4 热裂解会在催化剂表层形成碳晶须，高温会促进 CH_4 的热裂解。当反应温度超过 550℃时，有可能发生 CH_4 的热裂解反应产生积炭（图 4-20），引起催化剂失活，因此必须确保反应体系中加入足够的蒸汽。

在低温和高 CO 分压时，CO 歧化反应容易发生，在镍表面形成胶囊状固体炭，堵塞催化剂内部孔道，阻止了反应气体扩散至催化剂内部。

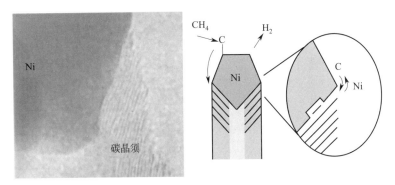

图 4-20　CH_4 热裂解产生积炭示意图

　　几种反应平衡常数的比较如图 4-21 所示。一般在反应器中加入蒸汽，或者采用高温水饱和原料气，或者通过高温高压工艺气循环，或者添加蒸汽与高温高压工艺气循环耦合等，以降低大量甲烷化反应器中 CO 分压，提高 CO_2 分压，抑制积炭反应的发生。

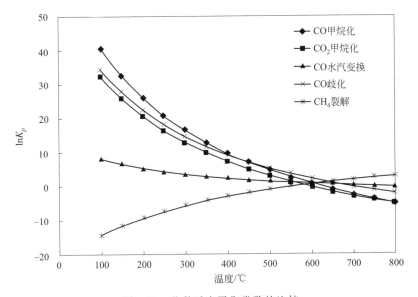

图 4-21　几种反应平衡常数的比较

（3）中毒

　　引起合成气甲烷化催化剂中毒的主要因素有 S、Cl、As 等元素吸附。经过低温甲醇洗之后，合成气中含有的硫物质是可能引起催化剂中毒失活的主要因素。硫化物中含有未共用的电子对，与 Ni 的 d 轨道电子形成强配位键而优先吸附在镍晶粒表面，导致催化剂活性降低，如以下反应式：

$$Ni + H_2S \longrightarrow NiS + H_2 \tag{4-4}$$

$$3Ni + 2H_2S \longrightarrow Ni_3S_2 + 2H_2 \tag{4-5}$$

　　总硫中通常含有 COS 和硫醚、硫醇或者噻吩等有机硫，工业应用中需要向脱硫反应器入口工艺气中加入少量水蒸气，促进无机硫（主要是 COS）水解为 H_2S：

$$COS + H_2O \longrightarrow H_2S + CO_2 \quad H = -35.53kJ/mol \tag{4-6}$$

硫对甲烷化催化剂毒害作用的大小具有三个特点。

① 浓度效应　当原料气中毒物含量很低时，催化剂不会立即表现出失活，但是随着原料气中毒物浓度的增大，催化剂的活性会快速下降，如图 4-22 所示。

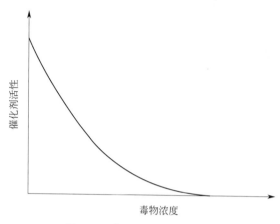

图 4-22　典型的毒物浓度效应

也可以用下列关系式简单表示：

$$r_c = r_0(1-\alpha C) \tag{4-7}$$

式中　r_c——毒物浓度为 C 时催化剂活性；

　　　r_0——没有毒物时催化剂活性；

　　　α——毒物系数。

对 H_2S 与 Ni 的反应，不同的学者有不同的研究观点。一个硫原子有可能与多个 Ni 活性组分晶粒成键，一个 Ni 活性组分晶粒也有可能与多个硫原子成键，总体上如果镍催化剂床层含硫量达到 0.1%～0.2%，就会对催化剂产生不可逆的中毒伤害。

② 温度效应　硫化物使金属催化剂中毒存在 3 个温度范围。当温度低于 100℃ 时，硫的价电子层中存在的自由电子与活性组分金属元素外层电子形成配价键，而产生毒性；当温度高于 100℃ 时，如 200～300℃，在较高温度下各种结构的硫化物都能与金属活性组分发生反应；当温度高于 800℃ 时，硫物质与活性组分之间的化学键不稳定，中毒作用变为可逆。

③ 几何效应　毒物毒性的大小与其分子大小和几何构型有关。硫化物对镍催化剂的毒化作用有如下规律：

a. 毒性大小随分子量的增大而增大，如硫化氢＜二硫化碳＜噻吩＜半胱氨酸；

b. 硫化物碳链增长，毒性随之增大，两个终端各有一个硫原子的硫化物，其毒性小于终端只有一个硫原子的硫化物。

20 世纪 60～70 年代，德国 Lurgi 公司利用开发的含有两个绝热固定床反应器和段间循环的甲烷化工艺，分别在南非和奥地利维也纳建立了甲烷化中试装置，利用费托合成装置引出的一股合成气进行甲烷化试验，装填的催化剂为德国 BASF 专门开发的高 Ni 含量 G-85 型甲烷化催化剂，试验过程中专门进行了硫中毒的影响试验。

图 4-23 为催化剂床层高度 6.3% 处和 23.8% 处不同操作时间下的催化转化率。在 750～950h 时间段，经低温甲醇洗和 ZnO 催化剂反应器脱硫后合成气中总硫含量降至 $0.04mg/m^3$，其中 H_2S 含量 $0.02mg/m^3$，床层 6.3% 处转化率从 0.5 降至 0.46，而床层 23.8% 处的转化率没有变化。在 950～1230h 时间段，不经过 ZnO 催化剂床层，床层 6.3% 处转化率降至 0.42，而床层 23.8% 处转化率仍没有变化。在 1230～1380h 时间段，加入 $4.0mg/m^3$ 的

H_2S 到合成气中，床层 23.8% 处的转化率显著从 1.0 降至 0.78，床层 6.3% 处的转化率则降至 0.2 以下。

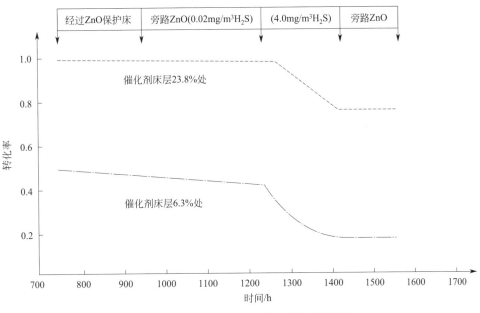

图 4-23　原料气中 H_2S 含量对催化剂的影响

对镍基催化剂，一般要求原料气中总硫含量 <100mg/m³。现代的煤制天然气工艺设计对合成气中总硫含量要求更低，比如戴维合成气甲烷化工艺设计指标要求合成气进入甲烷化反应器之前，总硫须降至 10mg/m³ 以下，因此 DAVY 在甲烷化工艺中使用了 Puraspec 2020/2040/2088 等型号的脱硫剂。Topsøe 使用了 HTZ-5、ST-101 等脱硫剂，可以将总硫浓度脱除至 30mg/m³ 以下。国内西北化工研究院的 T-235 型号的催化剂也具有良好的精脱硫性能。

Cl 和 As 也是引起催化剂中毒的重要因素，一般情况下，脱硫保护罐内装填精脱硫剂，同时具备脱氯、脱砷的功能。

（4）水蒸气影响

甲烷化反应过程中 H_2O 是反应组分之一，反应体系中一定量的 H_2O 有助于抑制积炭生成，但是 H_2O 同时也有可能对催化剂产生不利影响，主要是通过如下反应：

$$Ni(active) + H_2O \longrightarrow NiO + H_2 \tag{4-8}$$

当反应体系中 p_{H_2}/p_{H_2O} 过小时，H_2O 的存在就会对催化剂的稳定性和寿命产生不利影响。

（5）羰基化

羰基化反应是指 Ni 与 CO 发生反应生成 $Ni(CO)_4$ 的过程。镍的羰基化反应不仅能促进活性组分的迁移、团聚，更重要的是，由于高温时 $Ni(CO)_4$ 以气态形式存在，遇冷时变成液态，因此该反应能够显著引起活性组分的严重流失。羰基化反应如下：

$$Ni + 4CO \longrightarrow Ni(CO)_4 \qquad H = -161kJ/mol \tag{4-9}$$

羰基镍是一种有毒物质，沸点 43℃，易挥发，对人体有剧毒，会致癌，尤其以肺、脑最为明显，空气中羰基镍的最高允许含量为 0.001mg/m³。

　　田大勇等制备了 NiO-MgO/Al$_2$O$_3$ 宽温型甲烷化催化剂，研究了 CO 羰基化现象（图4-24）。当反应温度高于 250℃时，催化剂上 CO 转化率接近 100%；温度降至 200℃时，CO 转化率迅速下降；反应温度重新升高至 310℃时催化剂不能恢复活性。由此推断，反应温度低于 250℃，催化剂容易形成羰基镍，造成不可再生失活。

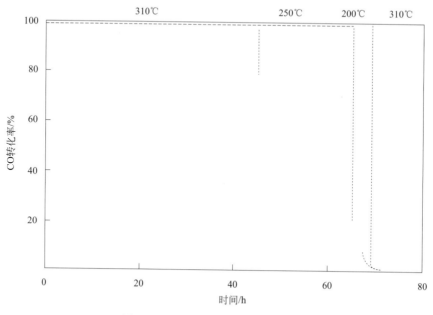

图 4-24　镍基催化剂羰基化失活现象

　　实际上，CO 与镍发生羰基化反应与合成气中 CO 浓度、反应压力和反应温度相关联。反应压力与反应温度不变时，CO 浓度增大，羰基化反应发生的趋势增强。CO 浓度和反应温度不变，反应压力增加，羰基化反应发生的趋势增强。CO 浓度和反应压力不变，反应温度下降，羰基化反应发生的趋势增强。

（6）粉化

　　催化剂在长期使用过程中，一些因素会导致催化剂粉化现象发生（图 4-25），从而使催化剂床层压降增大，催化剂组分流失，活性下降。引起催化剂粉化现象发生的因素有：催化

图 4-25　催化剂粉化现象

剂自身机械强度不高，在受床层挤压的情况下容易粉碎；装置频繁开停车，或者泄压过快，催化剂孔道内压力短时间内急剧变化，也容易使催化剂粉化；反应气体中水分含量高，使催化剂容易粉化。

为了减缓催化剂粉化现象发生，应该使催化剂具有一定的结构强度，也可以添加特定的耐水黏结剂，同时应该尽可能保证装置开车平稳。

4.3.6　工业合成气甲烷化催化剂的使用维护

（1）运输和保管

一般情况下，催化剂盛于金属桶中。应将催化剂储存在干燥的室内，如果条件不允许，则应将其放置在木托盘上或进行覆盖以确保其始终干燥。密封盖应始终位于金属桶上方，直到装料前一刻。应该对那些因检查和抽样而打开的金属桶再次进行密封。

应该尽可能轻地搬运催化剂，采用适当设备，以避免一次搬运多个金属桶，禁止滚动桶。

（2）装填

在装填催化剂之前，应该用过热蒸汽对反应器进行蒸汽处理，去除油脂、水垢和碎屑，然后用空气或氮气进行干燥，并检查其是否干净。

装填前，在催化剂运输的过程中有时会发生磨损，因此在现场装填时，建议再进行一次筛选。通常情况下，在倒出催化剂时会在桶的底部剩余 50mm 厚的催化剂（大部分灰尘都聚集于金属桶的底部），此时需要对桶中剩余的催化剂进行一次筛选。进行此操作时需特别小心，因为有可能会降低催化剂颗粒的等级。

在装填催化剂之前，调试工程师应检查容器，应特别注意热电偶组件，如果安装不好，则会降低运行数据的质量。所有盛装催化剂的反应器都通过惰性瓷球来准确定位反应器中的催化剂床层。为了确保操作期间催化剂的均匀流动性，必须在装填下一层之前，确保各层球都处于水平位置。

目前存在许多装填技术，不论是用桶装填，还是用料斗和袋子装填，都需要安排一位操作员长期驻留在反应器旁。此时，需要采取相关预防措施，保护人员的安全，所有技术都要求操作员穿戴合适的保护装备，至少穿戴工作服、护目镜、手套和防尘面具。

袋式装填实例：一个料斗安装在反应器入口上方，并配有直径适合（如 50mm）的袋子，长度应可调，通过使用压缩袋子或移除底端部分调节长度，装填催化剂时，需确保袋子的所有部分都脱离容器。袋子内部应光滑且没有磨蚀作用。通过拉绳或相似装置对袋口处催化剂移动速度进行控制。袋子不能太大，否则其中催化剂的直径和重量将难以处理和控制。袋子内应始终装满催化剂，以确保催化剂可以自由下落至料斗且从袋口处落至催化剂表面。

装填过程中禁止滚动盛装催化剂的容器，禁止在高于规定距离（如 1m）的地方下落催化剂颗粒。若催化剂受损，则会产生灰尘，从而增加容器中的压降并可能造成下游设备（阀门、流量限制孔等）堵塞。

建议由操作员在装填过程中抽取和留存催化剂样品，以便调查异常情况。在所有样品上贴注标签，同时确保标签不脱落，标签上的信息始终清晰可辨。这些信息包括：容器、取样日期、样品所代表的桶的编号、催化剂床层的位置等。

甲烷化催化剂吸湿，若暴露于水中会导致操作期间催化强度减弱、结块和催化床层内气体分布不均的现象。因此，装有催化剂的金属桶应密封并保存在干燥的环境中。所有打开的桶都需要再次密封。装填期间，随时确保每次只有少部分金属桶被打开，以防过度暴露于空气中。

催化剂装填完毕后需要对甲烷化反应器进行吹扫。拆开各反应器出口法兰并安装好挡板，连接好入口法兰，关闭与反应器入口相连的其他管线阀门，相关仪表处于保护状态。缓慢打开各反应器入口氮气阀，观察反应器出口排灰尘情况，流速接近正常值。吹扫至无催化剂粉尘则吹尘过程完毕。关闭各反应器入口氮气阀，连接出口法兰。

（3）钝化与卸剂

还原状态下，甲烷化催化剂与氧气接触可发生氧化反应和其他自然现象。卸剂前需要对催化剂进行钝化处理。停车后用氮气介质对催化剂进行干燥，之后以 250℃ 以上过热蒸汽钝化。

蒸汽钝化结束后，为了使催化剂钝化彻底，可继续用空气/N_2 进行钝化。空气钝化前在 N_2 氛围中干燥、降温至常温。钝化过程中控制混合气 O_2 浓度由小到大逐渐提高，直至完全用空气钝化。要密切关注床层温度变化情况，若发现床层温度快速升高，则立即关闭空气进料口，并加大氮气流量，直至床层温度降至常温。催化剂钝化过程中，床层温度会有一定的温升，当温度上升趋势停止并恢复到常温后，说明钝化完成。

甲烷化催化剂可通过反应器底部的催化剂排放喷嘴进行排放。排放期间，应始终保持容器处于氮气正压力下，以防止空气进入。

羰基危险：如果催化剂在含一氧化碳的工艺气作用下冷却，则有可能产生挥发性羰基镍。因此，应趁催化剂发热的时候，用氮气对其进行置换。另外，即使经过置换，羰基镍也有可能仍然存在，因此需要采取适当的预防措施。

（4）废催化剂处理

为了确保使用过的催化剂不会对环境造成任何危害，使用过的废催化剂可出售给专业的催化剂回收厂，用于提取贵金属。

铝-镍催化剂回收工艺主要有三种：干法回收工艺、湿法回收工艺和硫化法回收工艺。其中湿法回收工艺较成熟，是目前的主流工艺；干法回收工艺因环境污染问题正在逐步转型为湿法回收工艺；硫化法国内企业未见应用实例，只在文献中有报道。

上述工艺简要介绍如下：

① 干法回收工艺 利用加热炉将废催化剂与还原剂及助熔剂一起加热，镍的熔点为 1453℃，低于其他氧化物熔融温度。因此，控制一定的温度即可将镍与其他金属氧化物分离，从而制得金属或金属合金，达到回收镍的目的。而载体及其他金属氧化物则与助熔剂形成炉渣排出。干法耗能较高，在熔融、熔炼过程中，会释放出大量废气、烟尘和炉渣，环境污染较重。因此，干法工艺正在逐步被淘汰。

② 湿法回收工艺

a. 催化剂中镍以单质形态存在。对于此种催化剂，通常采用硫酸焙烧法回收镍。将催化剂磨成粉后与一定量的浓硫酸混合，放入焙烧炉中焙烧。焙烧后，以固液比 1∶5 在水中浸出，浸出液在 90℃下，将 pH 值调至 4 左右，可使锆、铁、铝沉淀除去，再用氟化物除去 Ca、Mg 等，最后用 P507 萃取液富集镍。

b. 催化剂中镍以氧化物形态存在。废催化剂经 1000℃ 左右焙烧处理，使 γ-Al_2O_3 转化为难溶的 α-Al_2O_3。然后采用浓硫酸、盐酸混合液将催化剂中镍及其他金属的氧化物溶解，滤液除杂纯化后，经浓缩、结晶得到粗硫酸镍。粗硫酸镍再用纯水溶解，采用阴阳离子交换树脂吸附法，或采用萃取、反萃取的方法将溶液中不同组分分离、提纯，得到精制硫酸镍。由于载体以不溶残渣形式存在，如无适当的处理方法，这些固体废弃物会造成二次公害。目前，国内公司多采用填埋的方法处理。

相对于干法回收工艺，湿法回收工艺要经过酸溶解、选择性萃取、蒸发浓缩、硫酸回收、萃取液回收等过程。因此，湿法回收工艺成本较高，但贵金属回收率、产品纯度远高于干法工艺，并且在污染物排放方面，湿法工艺要远低于干法工艺。

③ 硫化法回收工艺　硫化法是利用盐酸对废催化剂进行处理，过滤得到氯化镍溶液，加入 5% 的硫化钠溶液，生成 NiS 沉淀，经过滤可除去 Mg，再用稀硫酸漂洗除去铝。NiS 经空气氧化后，生成 $NiSO_4$，水浸后用 Ni (OH)$_2$ 溶液中和后，即得到 $NiSO_4$ 母液。再经浓缩、结晶得到硫酸镍。此方法只见文献报道，国内未有应用实例。

4.4　合成气甲烷化催化剂性能评价和表征

4.4.1　评价方法的建立

图 4-26 显示了催化剂开发的一般过程。

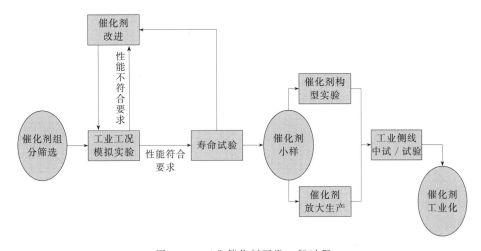

图 4-26　工业催化剂开发一般过程

催化剂实验室小试研究是整个催化剂研究系统中的基础性工作，针对工业合成气甲烷化催化剂的开发，小试研究需要设立基本的催化剂性能指标，至少应该包括如下方面：

① 低温起活性能　一般地，研制的甲烷化催化剂应该在 240～250℃ 左右时就能迅速起活。

② 高温水热稳定性　选用合适的催化剂研制方法和组成设计，催化剂需在高温水热条件下具备良好的稳定性。

③ 催化剂活性和选择性　选用合适的催化剂研制方法和组成设计，催化剂需具备良好的活性和宽泛的活性温度区间。一般地，相对于其他金属组分，Ni 基催化剂上产物比较单一，合成气基本转化为 CH_4。

因此，掌握科学、正确的催化剂性能评价方法对催化剂的顺利开发至关重要，如果从实验室小试研究开始建立的评价体系就能参考工业生产的工艺参数，对促进工业催化剂的开发进程大有裨益，例如：由煤气化或者生物质气化，合成气经耐硫变换、低温甲醇洗等单元操作后，净煤气中CO浓度高达20%左右，针对此情况，合成气甲烷化工艺一般采用多段串并联设计，因此工业工况模拟实验应该建立与多段串并联甲烷化工艺相一致的工艺条件，在接近工业生产参数条件下评价催化剂的性能，例如活性、选择性和稳定性。

基于多段串并联的工艺设计，应用Aspen Plus或者Pro Ⅱ软件模拟计算是建立模拟条件的有效途径。例如在某一工况下，Lurgi气化炉出口粗煤气组成经耐硫变换和低温甲醇洗后，净煤气组成为60.8% H_2、17.9% CO、1.5% CO_2、18.9% CH_4、0.3% N_2、0.2% C_2H_6，在四段反应器串并联的工艺设计中，基于理论计算的各段反应器入口的工艺条件计算值如表4-15所列。

催化剂研发过程中，实验室性能评价应该涵盖完整的主甲烷化和补充甲烷化工艺条件实验，主甲烷化工艺条件为高温、高水热条件，而在补充甲烷化工艺条件下催化剂上的甲烷化反应主要是CO_2甲烷化反应，确保天然气产品的质量符合管网输送要求，这样实验结果才能提供全面、合理、可靠的基础实验数据支持，判断所研发催化剂是否适于应用多段合成气天然气甲烷化生产工艺，并进一步开展工业侧线或者中试研究。

表4-15　四段串并联甲烷化反应工艺条件计算值

反应		p /MPa	T /℃	组分含量(H_2、CO、CH_4、CO_2组成为干基，H_2O组成为湿基)/%				
				H_2	CO	CH_4	CO_2	H_2O
第一、二主甲烷化	入口	3.01	319.4	34.3	7.4	41.2	3	13.5
	出口	2.99	618.9	20	1.6	52.8	3.9	21.3
第一补充甲烷化	入口	2.88	280	20	1.6	52.8	3.9	21.3
	出口	2.82	444.8	6.8	0	61.3	1.7	29.6
第二补充甲烷化	入口	2.56	250	9	0	82.1	2.3	5.8
	出口	2.5	323.6	1.4	0	87.5	0.4	10

4.4.2　催化剂老化方法的建立

行业标准HG/T 2510—2014约定了一种甲烷化催化剂耐热老化方法，如表4-16所列。但该标准明确适用于合成氨及制氢系统装置内使气体中少量碳氧化物和氢生成甲烷的甲烷化催化剂。

表4-16　甲烷化催化剂耐热条件（HG/T 2510—2014）

项　目	浸　渍　型	混　合　型
温度/℃	550±4	650±4
空速/h^{-1}	4500	8000
时间/h	1	
压力/Pa	常压	
气体成分	氢氮气（氢气和氮气的体积比为3:1）或原料气	

针对适用于合成气完全甲烷化高温水热反应条件下工作的催化剂开发，可以采用一种设置高温水热老化条件对催化剂加速老化的方法，比较不同催化剂的耐高温水热性能，加快催化剂活性组分和制备方法的筛选，例如老化参数设计如下：

① 老化温度：700~800℃；

② 气氛：H_2O+H_2，$n(H_2O)/n(H_2)=9/1$；

③ 体积空速：20000h^{-1}；

④ 压力：3.2MPa；

⑤ 老化时间：>10h。

经过实践验证，老化温度为 700℃时，短时间内高温水热条件对催化剂反应性能的影响很小，因此可以考虑将老化温度设定在 800℃左右。

4.4.3　催化剂分析与表征

合成气甲烷化催化剂制备、生产和使用过程中，一般应用硬度仪、比表面积和孔径分析（BET）、X 射线衍射（XRD）、透射电镜（TEM）、程序升温还原（TPR）等手段对催化剂进行表征研究。

（1）机械强度

完全甲烷化催化剂通常采用压缩成型方法，构型一般有圆柱状、多孔圆柱状、4 孔苜蓿叶状等。其强度可以采用图 4-27 所示的硬度仪检测。该仪器采用高速单片微电脑控制系统，有较强的数据处理能力，可自动测试催化剂的最大硬度、最小硬度、平均硬度以及标准差和离散系数，并可打印输出报告。在工业上，煤制天然气甲烷化催化剂的硬度指标通常为圆柱状>160N/颗催化剂，多孔异形状>120N/颗催化剂。

图 4-27　YPD-200C 型片剂硬度仪

（2）孔结构和比表面积（BET）

许光文等人应用共沉淀-水热合成法制备 19% NiO/8.4% MgO/ Al$_2$O$_3$ 甲烷化催化剂，利用 Tristar Ⅱ 3020 型比表面积和孔隙率分析仪（Micromeritics Instrument Corporation，美国），比较了在不同焙烧温度下催化剂的孔径和比表面积参数（表 4-17）。结果显示，随着焙烧温度的升高，催化剂比表面积 S_{BET} 减小，孔容 V_p 降低，平均孔径 D_p 增大，表明催化剂经过高温煅烧后孔结构部分坍塌，导致孔道的合并，物理结构参数的变化与催化剂的反应性能将发生直接的联系。

表 4-17　焙烧温度对催化剂物理结构的影响

焙烧温度/℃	S_{BET} /(m^2/g)	V_p /(cm^3/g)	D_p/nm
500	130.88	0.297	8.86
600	102.62	0.270	11.16
700	75.54	0.255	12.69
800	58.55	0.244	15.96
900	34.14	0.168	26.12

（3）晶向表征分析（XRD）

韩怡卓等人对 Zr 改性的 Ni/γ-Al$_2$O$_3$ 催化剂进行了 XRD 研究。XRD 衍射谱图（图 4-28）显示，Ni 担载在 γ-Al$_2$O$_3$ 上后图谱上的 NiO 衍射峰强度减弱，说明 Ni 在 γ-Al$_2$O$_3$ 表面得到分散，掺杂 Zr 改性后，Ni 分散得到进一步加强。

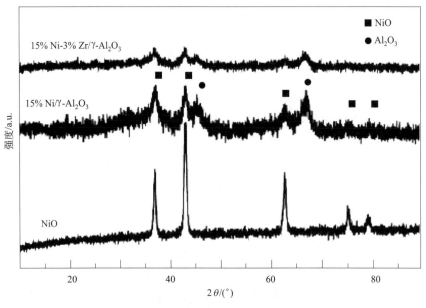

图 4-28　催化剂 XRD 谱图（一）

孙琦等采用共沉淀法制备了 CeO$_2$ 改性的 Al$_2$O$_3$ 载体，之后浸渍 Ni 活性组分获得 16% Ni/Al$_2$O$_3$ 催化剂。通过 X 射线衍射（XRD）分析了 Ni/Al$_2$O$_3$ 和 Ni/Al$_2$O$_3$-CeO$_2$ 的晶型结构（图 4-29）。表征结果说明：各催化剂约在衍射角 37.5°、45.9°和 66.9°附近存在较强的

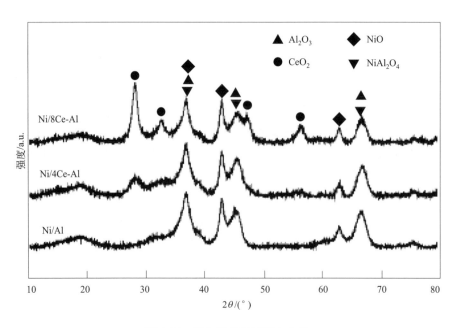

图 4-29　催化剂 XRD 谱图（二）

特征衍射峰，归属于 γ-Al$_2$O$_3$（JCPDS10-0425）和镍铝尖晶 NiAl$_2$O$_4$（JCPDS 10-0339）衍射峰的重叠；Ni/8Ce-Al 催化剂在衍射角 28.6°、33.1°、47.5°和 56.3°存在 CeO$_2$ 特征衍射峰（JCPDS 43-1002），在 43.2°和 62.9°均能检测到 NiO 特征衍射峰（JCPDS44-1159），说明部分 NiO 以聚集态的晶相形式存在，并且 CeO$_2$ 含量达到一定值后，部分 CeO$_2$ 开始在 Al$_2$O$_3$ 表面聚集。基于 XRD 结果，利用谢乐公式在 43.2°NiO 衍射峰处计算出 Ni/Al、Ni/4Ce-Al 和 Ni/8Ce-Al 催化剂中 NiO 的晶粒尺寸分别为 9.8nm、10.1nm 和 10.9nm，适量添加 CeO$_2$ 对 NiO 的晶粒尺寸影响不大。

郑华艳等采用等体积浸渍法制备 Mg、Zr、Co、Ce、Zn、La 改性 Ni/Al$_2$O$_3$ 甲烷化催化剂，比较了上述不同助剂对催化剂结构的影响（图 4-30）。550℃ 下还原后，催化剂的 XRD 分析表明，掺杂不同助剂后催化剂 Ni 衍射峰强度均出现不同程度的降低，说明助剂使 Ni 组分得到了分散。掺杂 Zr、La 还原后的催化剂单质 Ni 的衍射峰强度均明显降低，但掺杂 Co 和 Zn 还原后的催化剂在 $2\theta = 44.3°$ 处的衍射峰强度仍较强，说明 Co 和 Zn 未能很好地促进 Ni 的分散。掺杂 Mg 催化剂还原后的谱图上出现了 MgNiO$_2$ 固溶体的衍射峰。根据谢乐公式计算出的 Ni 晶粒大小，掺杂 Ce 和 La 后，Ni 晶体粒子尺寸最小。

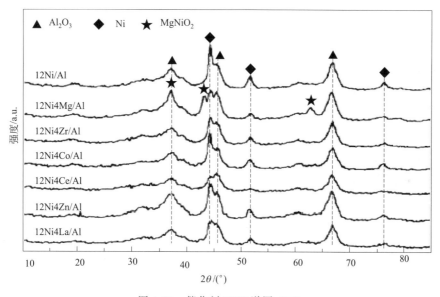

图 4-30　催化剂 XRD 谱图（三）

王辅臣等研究了镍基催化剂上的 CO 歧化和 CH$_4$ 裂解积炭时碳物质的类型，图 4-31 中 XRD 显示催化剂上的积炭为 Ni$_3$C 和石墨 C 两种形态。

（4）透射电镜表征分析（TEM）

韩怡卓等通过透射电镜，清晰地观察到了 Zr 助剂对活性组分镍的分散效果，如图 4-32 所示。

Zhao Yongxiang 等通过 TEM 发现，掺杂 Ce 明显改善了 7Ni/Si 甲烷化催化剂活性组分的分散度，而且掺杂 Ce 后，活性组分在载体表面分散得更加均匀（图 4-33）。7Ni/Si 活性组分晶体粒子大小为 10～13nm，而 7Ni-2Ce/Si 活性组分晶体粒子大小为 5～8nm。

（5）程序升温还原表征分析（TPR）

韩怡卓等对 Zr 改性的 Ni/γ-Al$_2$O$_3$ 催化剂进一步的 H$_2$-TPR 研究表明，与单一 NiO 还

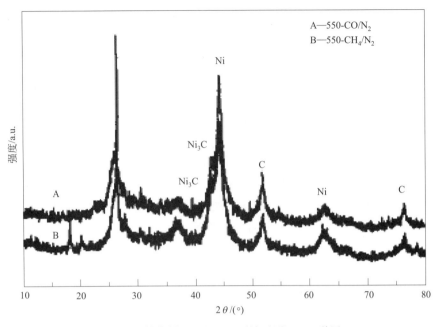

图 4-31　催化剂 CO 和 CH$_4$ 裂解积炭 XRD 谱图

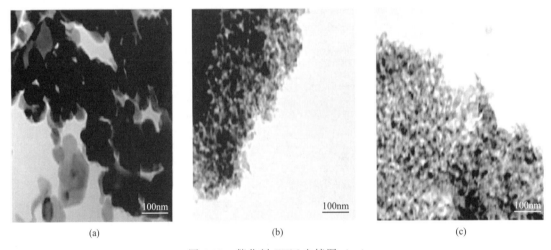

图 4-32　催化剂 TEM 电镜图（一）

原峰比较，Ni/Al$_2$O$_3$ 和 Ni-Zr/Al$_2$O$_3$ 催化剂均在 400℃处出现还原峰，表明催化剂表面仍有一定量的孤立 NiO 存在，它们未与载体发生相互作用，但 400℃处还原峰有明显的减弱，同时在约 568℃时出现了一个较大的还原峰，此还原峰是 Ni 与载体的相互作用所致。Zr 的添加会减弱 568℃处的还原峰，表明 Zr 的添加减弱部分 Ni 物质与载体的相互作用。从催化剂反应性能比较实验的结果进一步可以推导，Zr 掺杂减弱 Ni 活性组分与载体的相互作用，抑制 NiAl$_2$O$_4$ 尖晶石的形成，导致表面形成更多可还原 Ni 物种，从而提高了催化剂的催化活性。

对不同实验条件下（表 4-18）催化剂表面积炭实验研究的 TPR 表征结果显示，催化剂中积炭主要为石墨碳。CO 歧化反应是一个放热反应，因此反应温度升高对抑制 CO 歧化反应有利，例如图 4-34（b）中，750℃下 CO 歧化积炭对应的 570℃ TPR 还原峰面积小于 550℃下积炭对应的 570℃ TPR 还原峰面积。CH$_4$ 裂解反应是一个吸热反应，但是图 4-34（c）

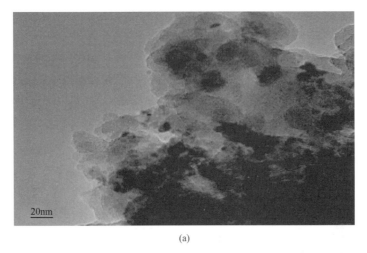

(a)

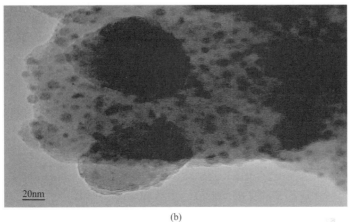

(b)

图 4-33　催化剂 TEM 电镜图（二）

中，750℃下 CH_4 裂解积炭对应的 TPR 还原峰面积小于 550℃下 CH_4 裂解积炭对应的 TPR 还原峰面积，说明 750℃时催化剂上发生的 CH_4 裂解程度轻，这是因为 750℃时催化剂发生烧结，活性下降，引起积炭速率降低。

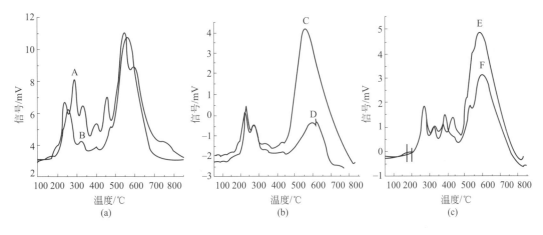

图 4-34　积炭实验催化剂 TPR 谱图

表 4-18　积炭实验条件

样品	A	B	C	D	E	F
反应温度/℃	400	650	550	750	550	750
原料气组成(体积比)	$H_2/CO=3$	$H_2/CO=3$	$N_2/CO=3$	$N_2/CO=3$	$N_2/CO=3$	$N_2/CO=3$
反应时间/h	10	10	2	2	2	2

◀ 参考文献 ▶

[1]　SABATIER P, SENDERENS J B. New synthesis of methane [J]. Journal of the Chemical Society, 1902, 82: 333.

[2]　VLASENKO V M, YUZEFOVICH G E. Mechanism of the catalytic hydrogenation of oxides of carbon to methane [J]. Russian Chemical Reviews, 1969, 38 (9): 728-739.

[3]　MILLS G A, STEFFGEN F W. Catalytic methanation [J]. Catalysis Review-Science and Engineering, 1973, 8: 159-210.

[4]　VANNICE M A. The catalytic synthesis of hydrocarbons from carbon monoxide and hydrogen [J]. Catalysis Review-Science and Engineering, 1976, 14: 153-191.

[5]　BURCH R, CHAPPELL R J. Support and additive effects in the synthesis of methanol over copper catalysts [J]. Applied Catalysis, 1988, 45: 281-290.

[6]　ALSTRUP I. On the kinetics of CO methanation on nickel surfaces [J]. Journal of Catalysis, 1995, 151: 216-225.

[7]　MIYAO T, SAKURABAYASHI S, SHEN Weihua, et al. Preparation and catalytic activity of a mesoporous silica coated Ni-alumina-based catalyst for selective CO methanation [J]. Catalysis Communications, 2015, 58: 93-96

[8]　PHAM T H, DUAN Xuezhi, QIAN Gang, et al. CO activation pathways of Fischer-Tropsch synthesis on χ-Fe_5C_2 (510): direct *versus* hydrogen-assisted CO dissociation [J]. The Journal of Physical Chemistry C, 2014, 118 (19): 10170-10176.

[9]　GOVENDER N S, BOTES F G, DE CROON M H J M, et al. Mechanistic pathway for methane formation over an iron-based catalyst [J]. Journal of Catalysis, 2008, 260 (2): 254-261.

[10]　FRØSETH V, STORSÆTER S, BORG Ø, et al. Steady state isotopic transient kinetic analysis (SSITKA) of CO hydrogenation on different Co catalysts [J]. Applied Catalysis A: General, 2005, 289 (1): 10-15.

[11]　RUSSAK M A. Deposition and characterization of $CdSe_{1-x}Te_x$ thin films [J]. Journal of Vacuum Science & Technology A, 1985, 3 (2): 433-434.

[12]　WENTRCEK R, WOOD B J, WISE H. The role of surface carbon in catalytic methanation [J]. Journal of Catalysis, 1976, 43 (1/2/3): 363-366.

[13]　PEEBLES D E, GOODMAN D W, WHITE J M. Methanation of carbon dioxide on nickel (100) and the effects of surface modifiers [J]. Journal of Physical Chemistry, 1983, 87 (22): 4378-4387.

[14]　MORI T, MASUDA H, IMAI H, et al. Kinetics isotope effects and mechanism for the hydrogenation of carbon monoxide on supported nickel catalysts [J]. Journal of Physical Chemistry, 1982, 86 (14): 2753-2760.

[15]　HAYES R E, THOMAS W J, HAYES K E. A study of the nickel-catalyzed methanation reaction [J]. Journal of Catalysis, 1985, 92 (2): 312-326.

[16]　COENEN J W E, VAN NISSELROOY P F M T, DE CROON M H J M, et al. The dynamics of methanation of carbon monoxide on nickel catalysts [J]. Applied Catalysis, 1986, 25 (1/2): 1-8.

[17]　COENEN J W E, VAN NISSELROOY P F M T, DE CROON M H J M, et al. The kinetics and mechanism of the methanation of carbon monoxide on a nickel-silica catalyst [J]. Applied Catalysis, 1982, 3 (1): 29-56.

[18]　GOODMAN D W, MADEY T E, ONO M, et al. Interaction of hydrogen, carbon monoxide, and formaldehyde with ruthenium [J]. Journal of Catalysis, 1977, 50 (2): 279-290.

[19]　GOODMAN D W, KELLEY R D, MADEY T E, et al. Kinetics of the hydrogenation of CO over a single crystal nickel catalyst [J]. Journal of Catalysis, 1980, 63 (1): 226-234.

［20］ POLIZZOTTI R S，SCHWARZ J A. Hydrogenation of CO to methane：kinetic studies on polycrystalline nickel foils ［J］. Journal of Catalysis，1982，77 (1)：1-15.

［21］ SEHESTED J，DAHL S，JACOBSEN J，et al. Methanation of CO over nickel：mechanism and kinetics at high H_2/CO ratios ［J］. The Journal of Physical Chemistry B，2005，109 (6)：2432-2438.

［22］ ENGBÆK J，LYTKEN O，NIELSEN J H，et al. CO dissociation on Ni：the effect of steps and of nickel carbonyl ［J］. Surface Science，2008，602 (3)：733-743.

［23］ UNDERWOOD R P，BENNETT C O. The CO/H_2 reaction over nickel-alumina studied by the transient method ［J］. Journal of Catalysis，1984，86 (2)：245-253.

［24］ YADAV R，RINKER R G. Step-response kinetics of methanation over a Ni/Al_2O_3 catalyst ［J］. Industrial & Engineering Chemistry Research，1992，31 (2)：502-508.

［25］ VAN HERWIJNEN T，VAN DOESBURG H，DE JONG W A. Kinetics of the methanation of CO and CO_2 on a nickel catalyst ［J］. Journal of Catalysis，1973，28 (3)：391-402.

［26］ THORNTON J A，HOFFMAN D W. Internal stresses in titanium，nickel，molybdenum，and tantalum films deposited by cylindrical magnetron sputtering ［J］. Journal of Vacuum Science and Technology，1977，14 (1)：416-418.

［27］ SCHILD C，WOKAUN A，BAIKER B. On the mechanism of CO and CO_2 hydrogenation reactions on zirconia-supported catalysts：a diffuse reflectance FTIR study (Ⅱ)：Surface species on copper/zirconia catalysts：implications for methanol synthesis selectivity ［J］. Journal of Molecular Catalysis，1990，63 (2)：243-254.

［28］ FALCONER J L，ZAĠLI A E. Adsorption and methanation of carbon dioxide on a nickel/silica catalyst ［J］. Journal of Catalysis，1980，62 (2)：280-285.

［29］ WEATHERBEE G D，BARTHOLOMEW C H. Hydrogenation of CO_2 on group Ⅷ metals (Ⅱ)：Kinetics and mechanism of CO_2 hydrogenation on nickel ［J］. Journal of Catalysis，1982，77 (2)：460-472.

［30］ MARWOOD M，DOEPPER R，RENKEN A. *In-situ* surface and gas phase analysis for kinetic studies under transient conditions the catalytic hydrogenation of CO_2 ［J］. Applied Catalysis A：General，1997，151 (1)：223-246.

［31］ MEDSFORTH S. CLXIX—Promotion of catalytic reactions. Part Ⅰ. ［J］. Journal of the Chemical Society，Transactions，1923，123：1452-1469.

［32］ CHOE S-J，KANG H-J，KIM S-J，et al. Adsorbed carbon formation and carbon hydrogenation for CO_2 methanation on the Ni(111) surface：ASED-MO study ［J］. Bulletin of the Korean Chemical Society，2005，26 (11)：1682-1688.

［33］ FISHER I A，BELL A T. A comparative study of CO and CO_2 hydrogenation over Rh/SiO_2 ［J］. Journal of Catalysis，1996，162 (1)：54-65.

［34］ PRAIRIE M R，RENKEN A，HIGHFIELD J G，et al. A Fourier transform infrared spectroscopic study of CO_2 methanation on supported ruthenium ［J］. Journal of Catalysis，1991，129 (1)：130-144.

［35］ LIOTTA L F，MARTIN G A，DEGANELLO G. The influence of alkali metal ions in the chemisorption of CO and CO_2 on supported palladium catalysts：a Fourier transform infrared spectroscopic study ［J］. Journal of Catalysis，1996，164 (2)：322-333.

［36］ YACCATO K，CARHART R，HAGEMEYER A，et al. Competitive CO and CO_2 methanation over supported noble metal catalysts in high throughput scanning mass spectrometer ［J］. Applied Catalysis A：General，2005，296 (1)：30-48.

［37］ PARK J-N，MCFARLAND E W. A highly dispersed $Pd-Mg/SiO_2$ catalyst active for methanation of CO_2 ［J］. Journal of Catalysis，2009，266 (1)：92-97.

［38］ KIM H Y，LEE H M，PARK J-N. Bifunctional mechanism of CO_2 methanation on $Pd-MgO/SiO_2$ catalyst：independent roles of MgO and Pd on CO_2 methanation ［J］. The Journal of Physical Chemistry C，2010，114 (15)：7128-7131.

［39］ SCIRÈ S，CRISAFULLI C，MAGGIORE R，et al. Influence of the support on CO_2 methanation over Ru catalysts：an FT-IR study ［J］. Catalysis Letters，1998，51 (1/2)：41-45.

［40］ HENDERSON M A，WORLEY S D. An infrared study of isotopic exchange during methanation over supported rhodium catalysts: an inverse spillover effect [J]. Surface Science, 1985, 149 (1): L1-L6.

[41] FUJITA S-I, NAKAMURA M, DOI T, et al. Mechanisms of methanation of carbon dioxide and carbon monoxide over nickel/alumina catalysts [J]. Applied Catalysis A: General, 1993, 104 (1): 87-100.

[42] REN Jun, GUO Hailong, YANG Jinzhou, et al. Insights into the mechanisms of CO_2 methanation on Ni (111) surfaces by density functional theory [J]. Applied Surface Science, 2015, 351: 504-516.

[43] WESTERMANN A, AZAMBRE B, BACARIZA M C, et al. Insight into CO_2 methanation mechanism over NiUSY zeolites: an *operando* IR study [J]. Applied Catalysis B: Environmental, 2015 (174/175): 120-125.

[44] SUGHRUE E L, BARTHOLOMEW C H. Kinetics of carbon monoxide methanation on nickel monolithic catalysts [J]. Applied Catalysis, 1982, 2 (4/5): 239-256.

[45] VANDERVELL H D, BOWKER M. The methanation reaction on a nickel catalyst: CO, H_2 competition for dissociated oxygen [J]. Applied Catalysis, 1987, 30 (1): 151-158.

[46] 徐超. 基于 J-103 催化剂合成气甲烷化研究 [D]. 上海:华东理工大学, 2011.

[47] 詹雪新. 合成气甲烷化反应器及其回路的模拟 [D]. 上海:华东理工大学, 2011.

[48] 张继炎, 霍夫曼 H. 在内循环式无梯度反应器中一氧化碳甲烷化反应动力学的研究 [J]. 化工学报, 1986, 37 (2): 252-257.

[49] PATNAIK P R. The effect of surface heterogeneity on kinetic oscillations in the mathanation of CO [J]. Chemical Engineering Communications, 1984, 25 (1/2/3/4/5/6): 31-46.

[50] 于建国, 雷浩, 王辅臣, 等. SDM-1 型耐硫催化剂甲烷化反应动力学 I. 本征动力学模型 [J]. 燃料化学学报, 1994 (3): 225-231.

[51] 周世忠, 林守如, 方一明, 等. 在 Ni-MgO-La_2O_3-Al_2O_3 催化剂上 CO_2、CO 加氢甲烷化反应动力学研究 [J]. 化学工程, 1991 (2): 463-466.

[52] 高锦春, 朱卓群, 陈霭璠. Ni 催化剂上 CO 甲烷化动力学的研究 [J]. 北京化工学院学报: 自然科学版, 1990 (1): 67-74.

[53] HO S V, HARRIOTT P. The kinetics of methanation on nickel catalysts [J]. Journal of Catalysis, 1980, 64 (2): 272-283.

第5章

合成气甲烷化工艺

5.1 合成气甲烷化工艺技术研究进展

煤制天然气是煤炭清洁转化的一种重要途径，是我国优化能源结构和保障能源安全的一种重要手段，是缓解局部大气污染的一种有效手段，并且煤制天然气具有一定的竞争力，这都促使了煤制天然气产业的蓬勃发展。国家发改委核准和给予启动前期工作的煤制天然气项目共13个，总产能共计933亿立方米/年，其中内蒙古大唐国际克什克腾煤制天然气工程一系列装置、新疆庆华煤制天然气一期工程、内蒙古汇能煤制天然气一期工程、新疆伊犁新天煤制天然气一期工程分别于2013年12月18日、12月30日、2014年11月17日、2017年3月19日投产。煤制天然气技术体系中，空分、气化、变换、净化等均是传统煤化工使用的技术，只有合成气完全甲烷化技术是煤制天然气特有的技术。

5.1.1 甲烷化技术分类

合成气甲烷化反应的原料气中主要包括 H_2、CO、CO_2、CH_4、H_2O、N_2 和 Ar 等气体，在甲烷化过程中可能发生的化学反应有 11 种，其中主要反应为 CO 甲烷化反应、CO_2 甲烷化反应和 CO 变换反应等。自 CO 甲烷化反应被发现以来，甲烷化反应广泛用于合成氨工业、微量 CO 脱除、燃料电池、部分煤气甲烷化和制取合成天然气等方面。CO 甲烷化反应和 CO_2 甲烷化反应均是强放热反应，并且反应温度越高，CO 转化率越低，对催化剂的要求也就越高。如何控制反应温度在合理范围内并充分利用甲烷化反应热是甲烷化工艺过程的关键所在。自 20 世纪 40 年代以来，人们先后开发了多种甲烷化工艺，按照反应器类型可以分为绝热固定床甲烷化、等温固定床甲烷化、流化床甲烷化和浆态床甲烷化几种工艺。

5.1.2 绝热固定床甲烷化工艺

在绝热固定床甲烷化过程中，合成气直接甲烷化反应的绝热温升高，反应器出口温度超过 900℃，这对反应器、废热锅炉、蒸汽过热器、管道的选材和催化剂的耐高温性能提出了很高的要求，并且高温下甲烷易发生裂解反应析炭，增大床层压降并缩短催化剂的寿命。为有效控制反应器温升，一般情况下通过稀释原料气来实现，可选方式有部分工艺气循环、部分工艺气循环并增加少量蒸汽、添加部分蒸汽等，设置级间冷却、"除水"，实现递减温度下的甲烷化反应平衡，最终通过多级甲烷化反应得到合成天然气。根据高温甲烷化反应器出口温度的不同，一般将高温甲烷化反应器出口温度低于500℃的甲烷化工艺称为中低温甲烷化工艺，将温度高于500℃的甲烷化工艺称为高温甲烷化工艺。不同高温甲烷化工艺的主要区别在于反应级数、原料气稀释方式与甲烷化反应热利用方式等。在高温甲烷化工艺中，为保护催化剂，一般采用以下方式：向原料气中注入微量水或者蒸汽，促进有机硫水解，通过ZnO脱硫剂（有时需增加CuO-ZnO脱硫剂脱除原料气中微量噻吩）将原料气中硫化物减少到 30×10^{-9} 以下；高温甲烷化反应器入口气在接触催化剂之前需要升温到300℃以上以避免羰基镍反应的发生；通过稀释原料气，控制高温甲烷化反应器出口温度，既抑制析炭反应的发生又有效减缓催化剂的高温烧结。

目前，已经工业化的绝热固定床甲烷化工艺包括 Lurgi 甲烷化工艺、Topsøe 甲烷化工艺和 Davy 甲烷化工艺等，此节简要介绍上述三家公司的甲烷化工艺技术。

（1）Lurgi 甲烷化工艺

20 世纪 60—70 年代，德国 Lurgi 公司开发了含有两个绝热固定床反应器和段间循环的甲烷化工艺，并分别在南非和奥地利维也纳建立了一套中试装置。采用 Lurgi 中低温甲烷化技术的世界上第一套商业化煤制天然气装置在美国大平原合成燃料厂（Great Plains Synfuels Plant，GPSP）于 1984 年建成，至今已成功稳定运行 30 多年。在传统中低温甲烷化工艺的基础上，Lurgi 公司基于 BASF 公司新开发的 G1-86HT 催化剂和在 GPSP 应用了 30 年的 G1-85 催化剂开发了高温甲烷化工艺，流程示意图如图 5-1 所示。Lurgi 高温甲烷化工艺包括 3 个绝热固定床反应器，其中第一、二反应器采用串联（或串并联）方式连接，采用第二反应器部分产品气作为循环气控制第一反应器床层温度，循环温度为 60～150℃。第一反应器出口温度 650℃左右，第二反应器出口温度 500～650℃。通过设置在第一反应器出口的蒸汽过热器和废锅、第二反应器出口的废锅回收热量生产中的高压过热蒸汽。Lurgi 高温甲

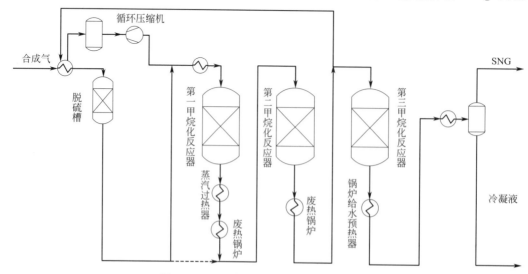

图 5-1　Lurgi 高温甲烷化工艺流程示意图

烷化工艺要求原料气模数略大于 3，总硫含量不超过 $0.1×10^{-6}$，设置单独的精脱硫反应器将原料气中总硫降至 $30×10^{-9}$ 以下。其中第一、二反应器中装填 G1-86HT 催化剂，第三反应器中装填 G1-85 催化剂。目前，Lurgi 高温甲烷化工艺正在进行市场化推广。

（2）Topsøe 甲烷化工艺

20 世纪 70～80 年代，丹麦 Topsøe 公司开发了 TREMP 甲烷化工艺，先后建立了 AD-AM Ⅰ 和 ADAM Ⅱ 装置，累计运行时间超过 11000h。Topsøe 公司在传统 TREMP 工艺的基础上，先后推出了两种甲烷化工艺，首段循环五段甲烷化工艺（图 5-2）和二段循环四段甲烷化工艺（图 5-3）。Topsøe 首段循环五段甲烷化工艺，共五个反应器。其中第一、二反应器采用串并联方式连接，采用第一反应器部分产品气作为循环气并增加部分蒸汽控制第一反应器温度，循环温度为 180～210℃；第一、二反应器中上层装填变换催化剂 GCC 以降低反应器的入口温度；第一、二反应器出口温度 675℃。Topsøe 二段循环四段甲烷化工艺，共 4 个反应器。其中第一、二反应器采用串并联方式连接，采用第二反应器部分产品气作为循环气控制第一反应器温度，循环温度为 190～210℃；第一反应器出口温度为 600～650℃，第二反应器出口温度为 550～600℃。与首段循环五段甲烷化工艺不同的是，GCC 催化剂单独装在一个变换反应器中。Topsøe 两种工艺要求原料气模数约等于 3，总硫含量不大于 $0.2×10^{-6}$，设置单独的精脱硫反应器将原料气中总硫降至 $30×10^{-9}$ 以下。Topsoe 首段循环五段甲烷化工艺为新疆庆华煤制天然气项目所采用，二段循环四段甲烷化工艺为内蒙古汇能煤制天然气项目和韩国浦项光阳煤制天然气项目所采用。

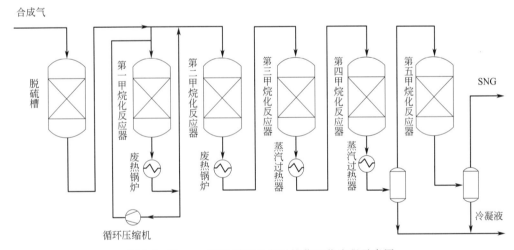

图 5-2　Topsøe 首段循环五段甲烷化工艺流程示意图

（3）Davy 甲烷化工艺

20 世纪 70～80 年代，英国煤气公司开发了 CRG 技术（包括 CRG 催化剂和 HICOM 甲烷化工艺）。英国 Davy 公司在 20 世纪 90 年代获得了 CRG 技术对外许可的专有权，并在 HICOM 工艺的基础上开发了 Davy 甲烷化工艺，目前已被庄信万丰收购。其流程示意图如图 5-4 所示。

Davy 甲烷化工艺一般有 4 个反应器，其中第一、二反应器采用串并联方式连接，采用第二反应器部分产品气作为循环气控制第一反应器温度，循环温度为 150～155℃，第一、二反应器出口温度为 620℃。进入界区的原料气中总硫含量要求不大于 $0.2×10^{-6}$，设置单

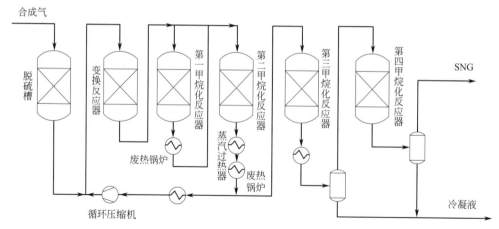

图 5-3　Topsøe 二段循环四段甲烷化工艺流程示意图

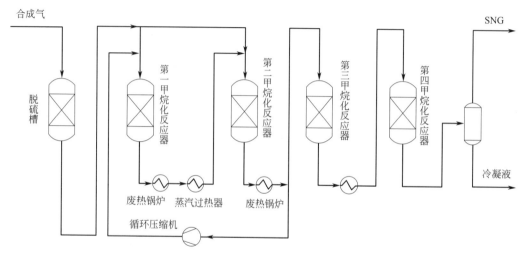

图 5-4　Davy 甲烷化工艺流程示意图

独的精脱硫反应器将原料气中总硫降至 20×10^{-9} 以下。Davy 甲烷化工艺为大唐克什克腾、大唐阜新、伊犁新天煤制天然气项目所采用。

（4）大唐化工研究院甲烷化工艺

依托 863 计划重点项目，大唐国际化工技术研究院有限公司基于自主开发的预还原甲烷化催化剂开发了绝热四段串并联甲烷化工艺。产品气质量可根据用户需求，通过向第三、四反应器中进入少量原料气进行调节，同时降低循环气量和装置能耗，其流程示意图如图 5-5 所示。

大唐化工院甲烷化工艺的 4 个反应器以串并联方式连接，第一、二反应器为高温反应器，采用第二反应器部分产品气作为循环气控制第一反应器的温度，循环温度为 170～190℃，第一、二反应器出口温度为 600～650℃，进入界区的原料气中总硫含量要求不大于 0.2×10^{-6}，设置单独的精脱硫反应器将原料气中总硫降至 20×10^{-9} 以下。根据副产蒸汽等级的不同，在第一反应器出口设置先废热锅炉、后蒸汽过热器的组合或先蒸汽过热器、后废热锅炉的组合回收热量，在第二反应器出口设置废热锅炉回收热量。按照工业化装置标准，大唐化工院建成了 $3000 m^3/d$ SNG 的合成气甲烷化装置，并实现了稳定运行超过

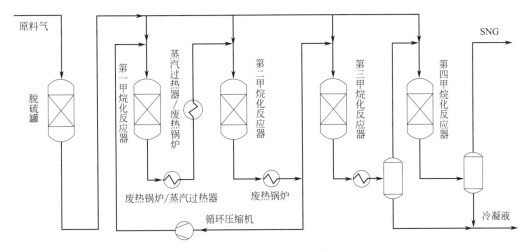

图 5-5　大唐化工院甲烷化工艺流程示意图

5000h，产品气达到了国家天然气标准（GB 17820—2018）一类气指标要求，高位发热量为 38.70MJ/m³，CO_2 平均含量为 0.87％，N_2 平均含量为 0.32％，总硫（以硫计）未检出，二氧化硫未检出。

（5）其他绝热甲烷化工艺

美国的 Ralph M. Parsons 公司开发了一种无气体循环、无单独变换单元的高温甲烷化工艺（RMP 工艺）。RMP 工艺采用 6 个反应器串联，级间冷却，反应器进口温度为 316～538℃，出口温度为 471～779℃。英国 ICI（Imperial Chemical Industries）公司开发了一种类似 RMP 工艺的高温甲烷化工艺，该工艺采用三个反应器串联，级间冷却，反应器出口温度不高于 750℃。RMP 工艺和 ICI 工艺均通过向第一反应器中添加蒸汽来控制出口温度。Foster Wheeler 公司基于南方化学的甲烷化催化剂开发了 Vesta 甲烷化工艺，通过二氧化碳和蒸汽来控制甲烷化反应温度不超过 550℃，不使用循环压缩机和高温蒸汽过热器。中国石油化工集团开发了三段串并联、循环气不分水高温甲烷化工艺，编制的"$13×10^8 m^3/a$ 煤制合成天然气工艺包"与"$20×10^8 m^3/a$ 煤制合成天然气工艺包"通过了技术审查。西南化工研究设计院与中海石油气电集团联合开发了合成气甲烷化工艺，建设的 2000m³/h 甲烷化中试装置已投料成功。北京华福工程公司牵头开发了无循环甲烷化技术，编制完成的"年产 $13×10^8 m^3$ 合成天然气无循环甲烷化工艺包"通过了专家评审。此外，中科院大连化学物理研究所、西北化工研究院等多家单位均在进行合成气甲烷化技术的研发。

（6）典型高温甲烷化工艺比较

已建和在建煤制天然气项目均采用国外甲烷化技术，因未查到中国石油化工集团和西南化工研究设计院较为详细的资料，在此采用大唐化工研究院甲烷化技术与国外高温甲烷化技术进行对比分析（表 5-1）。

表 5-1　Davy、Topsøe、Lurgi 和大唐化工院高温甲烷化技术对比

序号	参数/工艺	Davy	Topsøe(五段)	Topsøe(四段)	Lurgi(高温)	大唐
1	反应器段数	4	5	4	3	4
2	操作温度	250～620℃	250～675℃	250～650℃	230～650℃	240～650℃
3	原料气分流数	2	2	2	1 或 2	4

序号	参数/工艺	Davy	Topsøe(五段)	Topsøe(四段)	Lurgi(高温)	大唐
4	一反控温手段	部分二反产品气循环	部分一反产品气循环并添加部分蒸汽	部分二反产品气循环	部分二反产品气循环	部分二反产品气循环
5	循环气温度与流量	150·~155℃，相对较高	180~210℃，低	190~210℃，相对较低	60~150℃，相对较高	170~190℃，相对较低
6	催化剂型号、形态与适用温度	CRG-S2(250~700℃)，氧化态和预还原态	MCR-2X(250~700℃)、PK-7R(250~400℃)，氧化态	MCR-2X(250~700℃)、PK-7R(250~400℃)，氧化态	G1-85(230~510℃)和G1-86(230~650℃)，氧化态	DTC-M1S(250~700℃)，DTC-M1C(250~700℃)，预还原态
7	业绩	大唐克什克腾、大唐阜新、伊犁新天	新疆庆华	内蒙古汇能、韩国浦项光阳	工业化推广	工业化推广

为了降低第一反应器的体积和循环气量，原料气一般情况下分为两股或多股进入不同甲烷化反应器。如 Davy 工艺中原料气分成两股分别进入第一、二反应器；大唐化工院工艺中，原料气分成四股分别进入第一、二、三、四反应器。由于第一、二反应器产品气中水含量较高，一般情况下会选择部分第一或者第二反应器的产品气作为循环气来控制第一反应器的温度。如 Topsøe 首段循环工艺为第一反应器部分产品气循环，Davy、Lurgi、Topsøe 二段循环四段工艺和大唐化工院均选用第二反应器部分产品气作为循环气来控制第一反应器的温度。不同甲烷化工艺的循环气温度有所不同，在不超过循环气饱和温度的前提下，循环气中水含量随着循环气温度升高而增加，稀释原料气的能力增强，因此，同等情况下，循环气温度越高，循环气量就越小。当循环气温度高于饱和温度后，提高循环气温度不能降低循环气量，对装置换热网络有一定影响。采用氧化态催化剂的装置在正式开车前需将催化剂还原，而采用预还原催化剂的装置直接投料开车即可，无须单独建设催化剂还原装置，可显著缩短装置首次开车时间，有助于提高煤制天然气项目收益。

5.1.3 等温固定床甲烷化工艺

20 世纪 70 年代，德国 Linde 公司开发了一种固定床间接换热等温甲烷化反应器，移热冷管是嵌入催化剂床层中的，并以此等温甲烷化反应器为基础开发出了等温固定床甲烷化工艺，其反应器及典型的工艺流程如图 5-6 所示。等温甲烷化反应器借助甲烷化反应放出的热量可副产蒸汽。合成气经预热后与蒸汽混合后分成两股分别进入等温反应器和绝热反应器，两个反应器的产品气混合后冷却并进行气液分离得到合成天然气。通过将少量蒸汽加入到合成气中，以降低催化剂表面的积炭量，使催化剂能够稳定运行。

上海华西化工科技有限公司开发了焦炉煤气等温甲烷化技术，其基本流程如图 5-7 所示。净化后的焦炉煤气升温脱硫后在 250~300℃下进入等温甲烷化反应器进行反应，产品气经后续处理后得到合成天然气。等温甲烷化反应器产品气中 H_2 含量大于 5%时，一氧化碳转化率大于 99.95%，二氧化碳转化率大于 99.9%，反应器出口 $CO+CO_2 < 50 \times 10^{-6}$。此技术在曲靖市麒麟气体能源有限公司焦炉气制 LNG 项目上获得了成功应用。

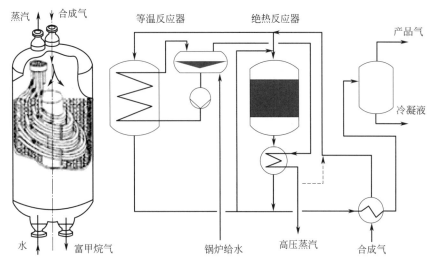

图 5-6　Linde 等温反应器及其工艺流程示意图

与绝热甲烷化技术相比，等温甲烷化工艺流程简单，但反应器制造复杂，成本高，且等温甲烷化反应器的温度不易控制。

图 5-7　上海华西公司等温甲烷化工艺流程图

5.1.4　流化床甲烷化工艺

与固定床反应器相比，流化床反应器中质量传递和热量传递具有较大优势，更加适合大规模强放热过程，特别是流化床催化剂容易移除、添加和再循环。

1952 年，美国矿业局（Bureau of Mines）开展了煤制天然气的试验，开发了两个不同的流化床反应器。第一个反应器器壁设有多个开口，便于热电偶测量催化剂的温度，第二个流化床反应器底部设有 3 个进气口。两个反应器均设置催化剂再生单元。采用镍基催化剂的第二个反应器累计运行了 1100 多小时，操作温度为 $370\sim390℃$，H_2 和 CO 的转化率达到了 $95\%\sim98\%$。运行过程中催化剂经过了两次再生，三次运行时间分别是 492h、470h 和 165h，并且在运行过程中该反应器的温度控制非常好。该反应器结构和温度分布如图 5-8 所示。该研究工程最大的工艺特点是使用了流化床甲烷化反应器和催化剂再生系统。

1963 年，美国烟煤研究公司（Bituminous Coal Research Inc.）为了生产煤制天然气而开展 Bi-Gas 项目。该项目开发了一种流化床反应器（图 5-9），直径为 150mm，反应区高 2.5m，内部换热面积约 $3m^2$。反应器包括 2 个进气口，2 个管内热交换管束，进气口是一个带冷却夹套的锥形体，采用导热油为冷却介质。该项目共进行了两次试验，流化床甲烷化系统运行时间累计超过 2200h，操作温度为 $430\sim530℃$，操作压力为 $69\sim87bar$（$1bar=10^5Pa$），催化剂进料为 $23\sim27kg$，CO 转化率为 $70\%\sim95\%$。催化剂经 Harshaw 化学公司改进后，CO 转化率提高到 $96\%\sim99.2\%$。

1975～1986 年，德国蒂森煤气公司和卡尔斯鲁厄大学开发了一套流化床甲烷化工艺（Comflux 工艺，流程如图 5-10 所示）进行煤制天然气试验，建立了一套反应器直径为 0.4m 的试验装置，1977～1981 年运行了几百小时，操作温度为 $300\sim500℃$，压力为 $20\sim60bar$。采用 Comflux 工艺的预商业化的装置于 1981 年建成，反应器直径为 1.0m，规模为

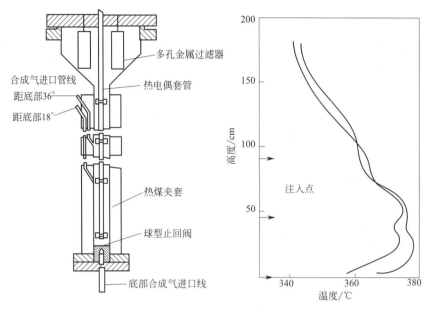

图 5-8 美国矿业局流化床反应器结构及其温度分布

2000m³/h（SNG），催化剂使用量为 1000～3000kg。在该装置上，通过调整洁净合成气 H_2/CO 的不同计量值，进行了特定规模的试验。但在 80 年代中期因石油价格下跌被迫停止运行。Comflux 工艺的最大特点是气体转换反应和甲烷化反应同时在流化床反应器中进行。

与美国矿务局流化床甲烷化技术和美国烟煤研究公司 Bi-Gas 流化床甲烷化技术相比，Comflux 技术经过了中试和预商业化运行，技术成熟度较高。

中国市政工程华北设计院在 20 世纪 80～90 年代进行了城市煤气流化床甲烷化的研究，建立了内径为 300mm、总高为 3850mm 的试验装置，水煤气经反应后 CO 含量从 33%～34% 降低至 3%～6%，CH_4 含量从 2%～5% 增加到 28%～32%，热值显著提高，流化床甲烷化工艺流程如图 5-11 所示。此外，中国科学院过程工程研究所、清华大学、华南理工大学、大唐化工研究院等正在进行流化床甲烷化技术的研究。

与传统固定床相比，流化床甲烷化反应器

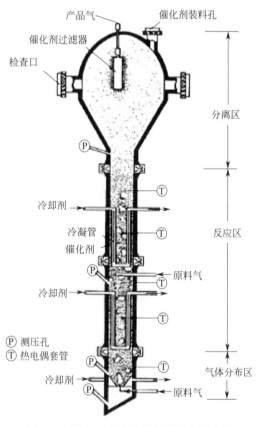

图 5-9 Bi-Gas 项目流化床甲烷化反应器

虽然具有反应效果好、操作简单且运行成本较低等优点，但也面临着一些问题，特别是工程化放大问题，如催化剂夹带和损耗严重、反应温度不易控制、装置操作压力低、反应器造价

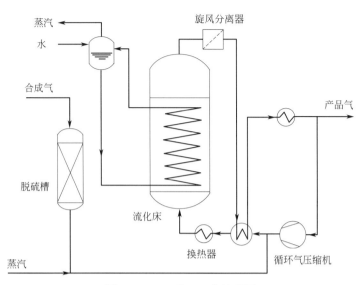

图 5-10　Comflux 工艺流程图

高等。随着研究工作的不断深入和半工业化试验装置的建设与运行，上述问题将得到有效解决。从长远看，流化床甲烷化技术具有较好的发展前景。

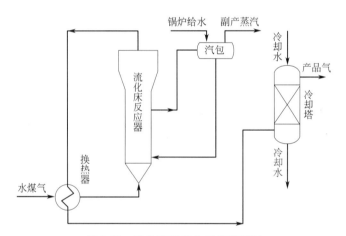

图 5-11　流化床甲烷化工艺流程图

5.1.5　浆态床甲烷化工艺

美国化学系统研究公司开发了液相甲烷化工艺，其流程如图 5-12 所示。合成气随着循环的导热油一起进入催化液相甲烷化反应器，导热油可以及时带走反应热。反应后的产品气在液相分离器和产品气分离器中进行分离。工艺液体经过循环泵和过滤器去除催化剂微粒，然后回到催化液相甲烷化反应器中。产品气中主要含有 CH_4 和 CO_2，未转化的 H_2 和 CO 经分离后送火炬，不需要气体循环。采用此技术建设了中试装置，反应器直径为 610mm，高为 4.5m，催化剂用量为 $390\sim1000$kg，原料气处理量为 $425\sim1534$m^3/h，H_2/CO 为 $2.2\sim9.5$。在中试装置中进行了 300 多小时的试验，结果显示，CO 转化率较低，且催化剂损失较大。

我国太原理工大学和赛鼎工程有限公司合作开发了浆态床甲烷化工艺，其流程如图 5-13 所示。浆态床反应器中生成的混合气体夹带催化剂和液相组分通过气液分离器分离，气相产物通

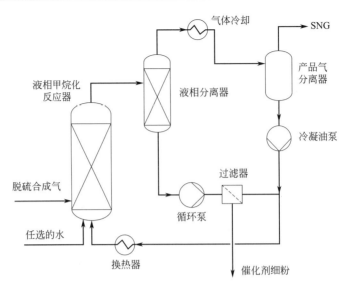

图 5-12　液相甲烷化工艺流程图

过冷凝、分离生产出合成天然气，液相产物与储罐里的新鲜催化剂混合加入浆态床甲烷化反应器中，对新鲜催化剂起到预热作用。目前此项研究正在进行中，尚未查阅到更多公开资料。此外，中国海洋石油总公司、中国科学院山西煤炭化学研究所也在进行浆态床甲烷化技术的研究。

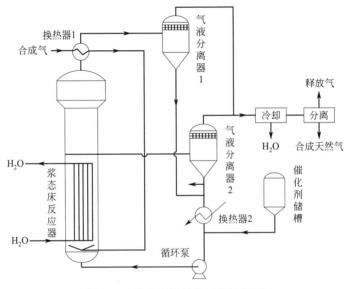

图 5-13　浆态床甲烷化工艺流程图

浆态床甲烷化工艺具有很好的传热性能，易实现低温操作，具有较高的选择性和较大的灵活性，但 CO 转化率较低，且催化剂损失较大。若能有效提高 CO 转化率，且降低催化剂消耗量，此项技术具有较好的前景。

5.1.6　合成气甲烷化技术展望

能源安全、煤炭清洁利用、环保需求、天然气涨价预期等多种因素促进了我国煤制天然气产业的发展。煤制天然气核心技术——合成气甲烷化技术，按照反应器类型可以分为绝热固定床甲烷化工艺、等温固定床甲烷化工艺、流化床甲烷化工艺和浆态床甲烷化工艺等。其中绝热固定床甲烷化工艺最为成熟并广泛应用于煤制天然气项目。随着国内绝热固定床甲烷化工艺研究的不断深入和工程实践，已经具备了工业化实施的条件。国内需要在绝热固定床甲烷化工艺节能降耗和提高催化剂寿命上加大研究力度。等温固定床工艺流程简单，在焦炉煤气甲烷化项目中获得了成功应用，距离大型工业化应用还有诸多工作需要做。随着研究工作的不断深入，有效解决制约流化床甲烷化技术工程化放大的问题，将促进流化床甲烷化工艺的工业化应用。浆态床甲烷化工艺需要继续深入研究，在提高 CO 转化率和降低催化剂消耗量上做工作。合成气甲烷化技术的进步将为我国煤制天然气产业的健康发展提供有力支持。

5.2　合成气甲烷化装置的工艺流程

5.2.1　工艺流程的配置原则

合成气甲烷化工艺中包括脱硫系统、反应系统以及热量回收系统。其中脱硫系统设置在工艺流程的最前端，以达到保护甲烷化催化剂的目的，同时针对不同气化煤种或合成气中的硫形态的不同（H_2S、COS、甲硫醇、噻吩等），可选择不同类型的脱硫剂，一般采用氧化锌类脱硫剂。反应系统一般通过多级反应、循环气稀释原料气以及冷却脱水等方式，控制甲烷化反应器的出口温度，同时提高产品气中甲烷的浓度。热量回收系统主要通过设置废热锅炉和蒸汽过热器，回收甲烷化过程中释放的热量，同时副产蒸汽。典型的甲烷化工艺流程如图 5-14 所示。

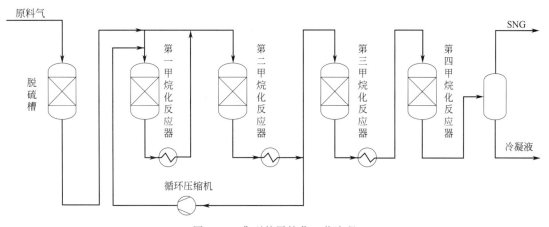

图 5-14　典型的甲烷化工艺流程

不同甲烷化工艺技术的共性主要是原料气精脱硫、多级反应、串并联进料、高温工艺气循环，主要的差异是反应级数不同、循环方式不同、循环温度不同以及专有催化剂不同。

5.2.2　Lurgi 甲烷化工艺

5.2.2.1　传统 Lurgi 甲烷化工艺

传统的 Lurgi 甲烷化工艺采用 3 个绝热固定床反应器，采用一、二反串并联，二段循环的方式（图 5-15）。

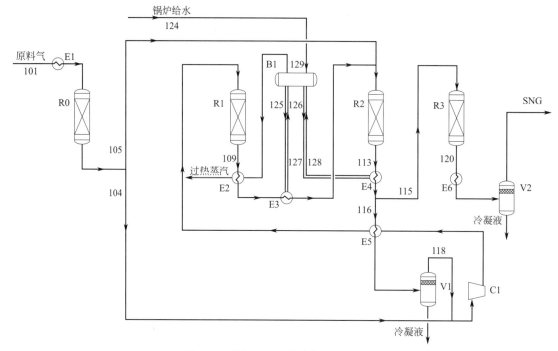

图 5-15　传统 Lurgi 甲烷化工艺流程图

B1—汽包；C1—循环压缩机；E1—原料气预热器；E2—蒸汽过热器；E3——反废锅；E4—二反废锅；

E5—循环气换热器；E6—三反出口换热器；R0—精脱硫反应器；R1—第一甲烷化反应器；

R2—第二甲烷化反应器；R3—第三甲烷化反应器；V1—循环气分液罐；V2—产品气分液罐

（1）工艺流程说明

如图 5-15 所示，由净化界区来的原料气 101 经原料气预热器 E1 升温至约 120℃后进入精脱硫反应器 R0，将原料气中的总硫降低至 30nL/L 以下，然后分成两股分别进入第一甲烷化反应器 R1 和第二甲烷化反应器 R2。第一股脱硫原料气 104 与循环气 118 混合后经循环压缩机 C1 增压，然后经循环气换热器 E5 升温至约 230℃后进入第一甲烷化反应器 R1 发生反应。温度约为 480℃的一反产品气 109 经蒸汽过热器 E2 和一反废锅 E3 回收热量，降温至约 260℃后与第二股原料气 105 混合后进入第二甲烷化反应器 R2 发生反应。温度约为 480℃的二反产品气 113 经二反废锅 E4 回收热量，降温至约 280℃后分成两股，第一股 115 送入第三甲烷化反应器 R3 发生反应，第二股 116 作为循环气。循环气 116 经循环气换热器 E5 降温至约 40℃后进入循环气分液罐 V1 进行气液分离，得到的循环气 118 与第一股原料气 104 混合送入循环压缩机 C1 进行增压。温度约为 330℃的三反产品气 120 经三反出口换热器 E6 降温后进入产品气分液罐 V2 进行气液分离，得到产品气 SNG。来自界区的锅炉给水 124 经预热后进入汽包 B1，汽包中的锅炉给水 125、127 经过汽包 B1 和一反废锅 E3、二反废锅 E4 之间的下降管进入废锅汽化，得到的中压饱和蒸汽 126、128 经汽包 B1 和一反废锅 E3、二反废锅 E4 之间的上升管进入汽包 B1，饱和蒸汽 129 经蒸汽过热器 E2 过热到 450℃左右送出界区。

（2）工艺特点

① 传统 Lurgi 甲烷化工艺共三个甲烷化反应器，其中前两个反应器采用串并联方式连接，采用循环气作为控制第一甲烷化反应器床层温度的主要手段；

② 循环采用冷循环，采用第二甲烷化反应器部分产品气作为循环气，循环温度在 40℃ 左右，第一、二反应器出口温度在 480℃ 左右；

③ 对进入界区的原料气中总硫含量要求不大于 $0.1\mu L/L$，设置单独的精脱硫反应器将原料气中总硫降至 30nL/L 以下；

④ 第一、二甲烷化反应器产品气的热量用来生产过热蒸汽，蒸汽过热器的位置可以根据项目需求设置；

⑤ 采用经二反废锅降温后的循环气对经气液分离、增压的循环气进行升温；

⑥ 第三甲烷化反应器产品气热量用来预热锅炉给水、除盐水等；

⑦ 部分低温余热使用除盐水予以回收，其余低温余热使用循环水移除。

（3）催化剂

传统 Lurgi 甲烷化工艺采用的催化剂包括脱硫催化剂 PuriStar R3-12 和甲烷化催化剂 G1-85。其中脱硫催化剂的主要活性组分是 CuO、ZnO，甲烷化催化剂的主要活性成分是 NiO。

5.2.2.2　高温 Lurgi 甲烷化工艺

在传统甲烷化工艺的基础上，根据 BASF 公司的新一代 G1-85 催化剂和 G1-86HT 催化剂，Lurgi 公司推出了一种高温甲烷化工艺（图 5-16）。

（1）工艺流程说明

如图 5-16 所示，由净化界区来的原料气 101 经原料气预热器 E1 升温至约 120℃后进入精脱硫反应器 R0，将原料气中的总硫降低至 30nL/L 以下，然后分成两股分别进入第一甲烷化反应器 R1 和第二甲烷化反应器 R2。第一股脱硫原料气 104 与增压后的循环气 120 混合后经一反入口换热器 E2 升温后进入第一甲烷化反应器 R1 进行反应，温度为 650℃左右的一反产品气 108 经蒸汽过热器 E3 和一反废锅 E4 回收热量。降温后的一反产品气 110 与第二股原料气 105 混合后进入第二甲烷化反应器 R2 进行反应，温度约 580～650℃的二反产品气 112 经二反废锅 E5 回收热量后分成两股，第一股 114 作为循环气，第二股 115 送入第三甲烷化反应器 R3 发生反应。循环气 114 经一反入口换热器 E2、原料气预热器 E1 降温至 60～150℃后经循环气分液罐 V1 进行气液分离，工艺气 118 经循环压缩机 C1 增压后与第一股原料气 104 混合。工艺气 115 进入第三甲烷化反应器 R3 进行反应，温度为 290～400℃的三反产品气 121 经锅炉给水预热器 E6 预热锅炉给水后，再经三反产品气换热器 E7 降温后进入产品气分液罐 V2，得到产品气 SNG 124。来自界区的锅炉给水 126 经锅炉给水预热器 E6 预热后进入汽包 B1，汽包中的锅炉给水 128、130 经过汽包 B1 和一反废锅 E4、二反废锅 E5 之间的下降管进入废锅汽化，得到的中压饱和蒸汽 129、131 经汽包 B1 和一反废锅 E4、二反废锅 E5 之间的上升管进入汽包 B1，饱和蒸汽 132 经蒸汽过热器 E3 过热后送出界区。

（2）工艺特点

① 高温 Lurgi 甲烷化工艺共三个甲烷化反应器，其中前两个反应器采用串并联方式连接，采用循环气作为控制第一甲烷化反应器床层温度的主要手段；

② 循环采用热循环，采用第二甲烷化反应器部分产品气作为循环气，循环温度为 60～150℃，第一甲烷化反应器出口温度 650℃左右，第二甲烷化反应器出口温度 500～650℃；

③ 要求原料气中总硫含量不超过 $0.1\mu L/L$，设置单独的精脱硫反应器将原料气中总硫

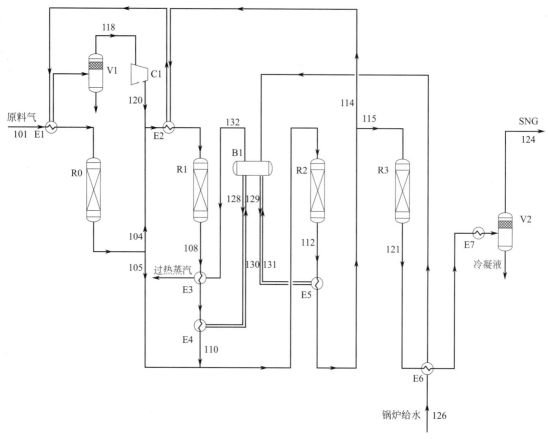

图 5-16　Lurgi 高温甲烷化工艺流程图

B1—汽包；C1—循环气压缩机；E1—原料气预热器；E2——反入口换热器；E3—蒸汽过热器；E4——反废锅；
E5—二反废锅；E6—锅炉给水预热器；E7—三反产品气换热器；R0—精脱硫反应器；R1—第一甲烷
化反应器；R2—第二甲烷化反应器；R3—第三甲烷化反应器；V1—循环气分液罐；V2—产品气分液罐

降至 30nL/L 以下；

④ 第一、二甲烷化反应器产品气的热量用来生产过热蒸汽；

⑤ 第三甲烷化反应器产品气热量用来预热锅炉给水、除盐水等；

⑥ 部分低温余热使用除盐水予以回收，其余低温余热使用循环水移除。

（3）催化剂

Lurgi 高温甲烷化工艺采用的催化剂包括脱硫催化剂和甲烷化催化剂 G1-85、G1-86HT，G1-85 分为环形和片型两种构型，其中第一、二甲烷化反应器装填 G1-85 片型催化剂和 G1-86HT 环形催化剂，第三甲烷化反应器装填 G1-85 环形催化剂。G1-85 和 G1-86HT催化剂的理化参数与使用条件说明见表 5-2。

表 5-2　G1-85 和 G1-86HT 催化剂的理化参数和使用条件

规格	G1-85 环形	G1-85 片型	G1-86HT
构型	环形	片型	环形
规格	7mm×7mm×3mm	5mm×5mm	7mm×7mm×3mm
堆密度/(kg/m³)	900	1050	900
径向平均挤压强度/kgf	—	—	—

规格	G1-85 环形	G1-85 片型	G1-86HT
主要活性成分含量	55%（质量分数）Ni	55%（质量分数）Ni	45%（质量分数）Ni
主要载体	Al_2O_3	Al_2O_3	Al_2O_3
使用温度/℃	230～510	230～650	230～650
使用压力/MPa	1～7	1～7	1～7
使用空速/h^{-1}	5000～30000	5000～30000	5000～30000
预期寿命/年	4～5	3	3
保证寿命/年	2	2	2

5.2.3 Davy 甲烷化工艺

目前 Davy 技术可分为两种工艺，即甲烷化前需调整 H/C 的甲烷化工艺和合成气不需要调整 H/C 的甲烷化工艺。不需要调整 H/C 的甲烷化工艺框图见图 5-17。需调整 H/C 的甲烷化工艺流程如图 5-18 所示。

图 5-17 不需要调整 H/C 的甲烷化工艺框图

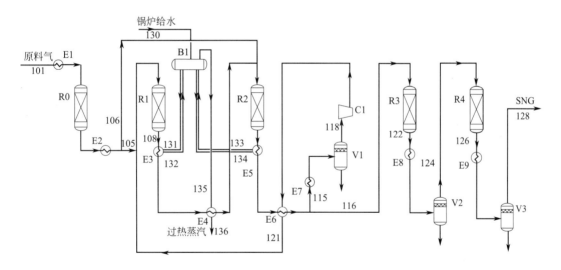

图 5-18 需调整 H/C 的甲烷化工艺流程图

B1—汽包；C1—循环压缩机；E1—原料气预热器；E2—脱硫气预热器；E3—一反废锅；E4—蒸汽过热器；
E5—二反废锅；E6—循环气换热器；E7—循环气冷却器；E8—三反出口换热器；E9—四反出口换热器；
R0—精脱硫反应器；R1—第一甲烷化反应器；R2—第二甲烷化反应器；R3—第三甲烷化反应器；
R4—第四甲烷化反应器；V1—循环气分液罐；V2—三反分液罐；V3—产品气分液罐

（1）工艺流程说明

由净化界区来的原料气 101 经原料气预热器 E1 升温至 180℃左右后进入精脱硫反应器 R0，将原料气中的总硫降低至 20nL/L 以下，再经过脱硫气预热器 E2 升温后分成两股分别送入第一甲烷化反应器 R1 和第二甲烷化反应器 R2。第一股脱硫原料气 105 与循环气 121 混合至 320℃ 左右进入 R1 进行反应，温度约为 620℃ 的 R1 出口气 108 经一反废锅 E3 和蒸汽过热器 E4 回收热量后与第二股脱硫原料气 106 混合进入第二甲烷化反应器 R2 进行反应。温度约为 620℃ 的 R2 出口气经二反废锅 E5 回收热量，然后进一步降温至 280℃ 左右后分成两股，其中一股作为循环气 115，另一股进入第三甲烷化反应器 R3。循环气 115 经循环气冷却器 E7 降温至 150℃ 左右后进入循环气分液罐 V1，工艺气 118 经循环压缩机 C1 增压后再经循环气换热器 E6 升温后与第一股脱硫原料气 105 混合。工艺气 116 进入第三甲烷化反应器 R3 发生反应，出口温度约为 450℃，三反产品气 122 经三反出口换热器 E8 降温至 100℃ 左右后进入三反分液罐 V2 进行气液分离。工艺气 124 升温至 250℃ 左右后进入第四甲烷化反应器 R4 进一步反应，出口温度约为 330℃，四反产品气 126 经四反出口换热器 E9 降温后进入产品气分液罐 V3 进行气液分离，得到的产品气 SNG 128 送出界区。来自界区的锅炉给水 130 经预热后进入汽包 B1，汽包中的锅炉给水 131、133 经过汽包 B1 和一反废锅 E3、二反废锅 E5 之间的下降管进入废锅汽化，得到的中压饱和蒸汽 132、134 经汽包 B1 和一反废锅 E3、二反废锅 E5 之间的上升管进入汽包 B1，饱和蒸汽 135 经蒸汽过热器 E4 过热到 450℃ 左右送出界区。

（2）工艺特点

① Davy 甲烷化工艺共四个甲烷化反应器，其中前两个反应器采用串并联方式连接，采用循环气作为控制第一甲烷化反应器床层温度的主要手段；

② 循环采用热循环，采用第二甲烷化反应器部分产品气作为循环气，循环温度在 150℃ 左右，第一、二反应器出口温度在 620℃ 左右；

③ 进入界区的原料气中总硫含量要求不大于 0.2μL/L，设置单独的精脱硫反应器将原料气中总硫降至 20nL/L 以下，同时向原料气中加入微量水，促进无机硫的水解，促进硫化物的脱除；

④ 在脱硫的同时，根据工艺要求也可将原料气中的少量的氧气脱除；

⑤ 第一、二甲烷化反应器产品气的热量用来生产过热蒸汽，蒸汽过热器的位置可以根据项目需求设置；

⑥ 采用经废锅降温后的二反产品气对循环气进行升温；

⑦ 第三、四甲烷化反应器产品气热量用来预热锅炉给水、原料气和四反入口气；

⑧ 部分低温余热可采用空冷器进行移除，以降低循环水的使用量，剩余的低温余热使用循环水移除。

（3）催化剂

甲烷化装置配套的催化剂主要是精脱硫催化剂和甲烷化催化剂，Davy 甲烷化工艺所使用的脱硫催化剂主要是氧化锌脱硫剂，型号有 Puraspec2020、2040、2088 等。所使用的甲烷化催化剂为 CRG-S2 系列，包括圆柱形和苜蓿叶形两种构型，有氧化态催化剂和预还原催化剂两种形态可选。第一、二甲烷化反应器内装填两种构型的催化剂以降低床层的压降，第三、四甲烷化反应器内装填圆柱形的催化剂。CRG-S2 催化剂的理化参数和使用条件见表 5-3。

表 5-3　CRG-S2 催化剂的理化参数和使用条件

规格	CRG-S2 圆柱形	CRG-S2 苜蓿叶形
直径/mm	3.4	8
长度/mm	3.5	5.4
堆密度/(kg/m³)	1450	930

续表

规格	CRG-S2 圆柱形	CRG-S2 苜蓿叶形
径向平均挤压强度/kgf	>16	>12
主要活性成分	NiO/Ni	NiO/Ni
主要载体	Al$_2$O$_3$	Al$_2$O$_3$
使用温度/℃	250~750	250~750
使用压力/MPa	1~7	1~7
使用空速/h^{-1}	5000~30000	5000~30000
预期寿命/年	3	3
保证寿命/年	2	2

5.2.4　Topsøe 甲烷化工艺

在传统 TREMP 工艺的基础上，Topsøe 公司推出了几种甲烷化工艺，包括首段循环五段甲烷化工艺、二段循环四段甲烷化工艺和水饱和五段甲烷化工艺等。

5.2.4.1　首段循环五段甲烷化工艺

Topsøe 首段循环五段甲烷化工艺流程见图 5-19。

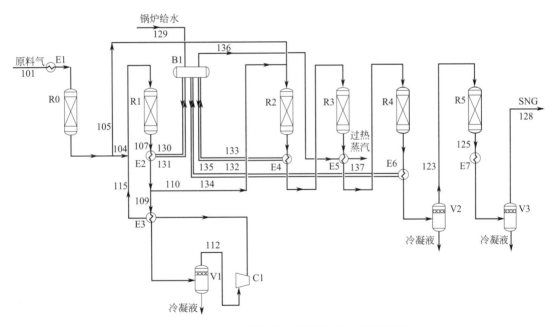

图 5-19　Topsøe 首段循环五段甲烷化工艺流程图

B1—汽包；C1—循环压缩机；E1—原料气预热器；E2—一反废锅；E3—循环气换热器；E4—二反废锅；
E5—蒸汽过热器；E6—四反废锅；E7—五反出口换热器；R0—精脱硫反应器；R1—第一甲烷化反应器；
R2—第二甲烷化反应器；R3—第三甲烷化反应器；R4—第四甲烷化反应器；R5—第五甲烷化反应器；
V1—循环气分液罐；V2—四反分液罐；V3—产品气分液罐

（1）工艺流程说明

如图 5-19 所示，由净化界区来的原料气 101 经原料气预热器 E1 升温至约 130~150℃后进入精脱硫反应器 R0，将原料气中的总硫降低至 30nL/L 以下，然后分成两股分别送入第一甲烷化反应器 R1 和第二甲烷化反应器 R2。第一股脱硫原料气 104 与循环气 115 混合至 280～300℃左右进入 R1 进行反应，温度约 675℃的 R1 出口气 107 经一反废锅 E2 降温至 320℃左右后分成两股，其中一股作为循环气，另一股进入第二甲烷化反应器 R2。循环气 109 经循环气换热器 E3 降温至 170～180℃左右后进入循环气分液罐 V1 进行气液分离，工艺气 112 经循环压缩机 C1 增压，再经循环气换热器 E3 升温后与第一股脱硫原料气 104 混合进入第一甲烷化反应器 R1 进行反应。工艺气 110 与第二股脱硫原料气 105 混合，在 280～300℃左右进入第二甲烷化反应器 R2 进行反应，出口温度约 675℃，R2 出口气经二反废锅 E4 回收热量后在 300～320℃进入第三甲烷化反应器 R3 进行反应。温度约为 510～530℃的 R3 出口气经蒸汽过热器 E5 回收热量后在 300～320℃左右送入第四甲烷化反应器 R4 进行反应。温度约为 360～380℃的 R4 出口气经四反废锅 E6 回收热量后进一步降温至 70℃左右进入四反分液罐 V2 进行气液分离。工艺气 123 升温至 230～250℃左右后进入第五甲烷化反应器 R5 进行反应，温度约 280～300℃的五反出口气 125 经五反出口换热器 E7 降温后进入产品气分液罐 V3 进行气液分离，得到产品气 SNG 128。来自界区的锅炉给水 129 经预热后进入汽包 B1，汽包中的锅炉给水 130、132、134 经过汽包 B1 和一反废锅 E2、二反废锅 E4、四反废锅 E6 之间的下降管进入相应的废锅中汽化，得到的中压饱和蒸汽 131、133、135 经汽包 B1 和一反废锅 E2、二反废锅 E4、四反废锅 E6 之间的上升管进入汽包 B1，饱和蒸汽 136 经蒸汽过热器 E5 过热到 450℃左右送出界区。

（2）工艺特点

① Topsøe 首段循环五段甲烷化工艺共五个甲烷化反应器，其中前两个反应器采用串并联方式连接，采用循环气作为控制第一甲烷化反应器床层温度的主要手段；

② 循环采用热循环，采用第一甲烷化反应器部分产品气作为循环气，循环温度为 170～180℃，第一、二反应器出口温度为 675℃左右；

③ 进入界区的原料气中总硫含量要求不大于 0.2μL/L，设置单独的精脱硫反应器将原料气中总硫降至 30nL/L 以下，同时向原料气中加入少量蒸汽，促进无机硫的水解，促进硫化物的脱除；

④ 在脱硫的同时，根据工艺要求可将原料气中的少量的氧气脱除；

⑤ 第一、二、四甲烷化反应器产品气的热量主要用来生产饱和蒸汽，第三甲烷化反应器产品气的热量用来生产过热蒸汽；

⑥ 采用经一反废锅降温后的循环气对经气液分离、增压的循环气进行升温；

⑦ 第四、五甲烷化反应器产品气的热量用来预热锅炉给水、原料气和五反入口气；

⑧ 部分低温余热可采用空冷器进行移除，以降低循环水的使用量，剩余的低温余热使用循环水移除。

（3）催化剂

甲烷化装置配套的催化剂主要是精脱硫催化剂、变换催化剂、甲烷化催化剂。Topsøe 所使用的脱硫催化剂是 ST-101，主要成分是氧化锌和铜；所使用的变换催化剂为 GCC，主要用于调整进入第一、二甲烷化反应器原料气中 CO 的含量，并通过变换反应放热提升原料气温度至 330℃左右；所使用的甲烷化催化剂有两种，即 MCR 和 PK-7R，PK-7R 之前被大量应用于合成氨装置。MCR 装填于第一～三甲烷化反应器，PK-7R 装填于第四、五甲烷化反应器。第一、二甲烷化反应器内从上到下装有 GCC 和 MCR 两种催化剂。MCR 和 PK-7R 的设计寿命均是 2 年。MCR 和 PK-7R 的理化参数与使用条件见表 5-4。

表 5-4　MCR 和 PK-7R 的理化参数和使用条件

规格	MCR	PK-7R
构型	七孔圆柱	挤压环形
直径/mm	9～10.5	5
长度/mm	4.5～5.7	—
主要活性成分	Ni	Ni
主要载体	陶瓷	Al_2O_3
使用温度/℃	250～750	230～750
使用压力/MPa	1～7	1～7
预期寿命/年	3	3
保证寿命/年	2	2

5.2.4.2　二段循环四段甲烷化工艺

Topsøe 二段循环四段甲烷化工艺流程见图 5-20。

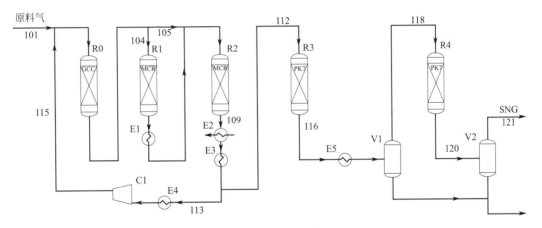

图 5-20　Topsøe 二段循环四段甲烷化工艺流程图

C1—循环压缩机；E1—一反高压废锅；E2—蒸汽过热器；E3—二反高压废锅；E4—循环气换热器；
E5—三反产品气换热器；R0—变换反应器；R1—第一甲烷化反应器；R2—第二甲烷化反应器；
R3—第三甲烷化反应器；R4—第四甲烷化反应器；V1—三反分液罐；V2—产品气分液罐

（1）工艺流程说明

如图 5-20 所示，由净化界区来的经脱硫后的原料气 101 与循环气 115 混合，在约 230～240℃的条件下经变换反应器 R0 发生反应升温至 320～350℃，然后分成两股 104 和 105 分别进入第一甲烷化反应器 R1 和第二甲烷化反应器 R2。工艺气 104 经第一甲烷化反应器升温至 620～700℃，经一反高压废锅 E1 回收热量后与工艺气 105 混合进入第二甲烷化反应器 R2 反应，产品气 109 温度约为 580℃。二反产品气 109 经蒸汽过热器 E2 和二反高压废锅 E3 回收热量后分成两股，一股作为循环气 113，另一股工艺气 112 在 280～300℃下进入第三甲烷化反应器 R3 发生反应。循环气 113 经循环气换热器 E4 降温至 180～220℃后，再经循环压缩机 C1 增压后与原料气 101 混合进入变换反应器 R0。温度约 400～420℃的三反产品气 116 经三反产品气换热器 E5 降温后进入三反分液罐 V1 进行气液分离，工艺气 118 升温至 230～250℃后进入第四甲烷化反应器 R4 发生反应。温度为 300～320℃的四反产品气 120 经降温后进入产品气分液罐 V2 进行气液分离，得到产品气 SNG 121。

（2）工艺特点

① Topsøe 二段循环四段甲烷化工艺共 4 个甲烷化反应器，其中前两个反应器采用串并联方式连接，采用循环气作为控制第一甲烷化反应器床层温度的主要手段；

② 采用第一甲烷化反应器部分产品气作为循环气，控制一反出口温度在 620～700℃ 左右；

③ 催化剂的最高操作温度为 700℃，可以降低循环气量；

④ 二段循环四段甲烷化工艺的 GCC 催化剂单独装在一个反应器中，不是与 MCR 催化剂装填在同一反应器中；

⑤ 进入界区的原料气中总硫含量要求不大于 $0.2\mu L/L$，设置单独的精脱硫反应器将原料气中总硫降至 30nL/L 以下，同时向原料气中加入少量蒸汽，促进无机硫的水解，促进硫化物的脱除；

⑥ 第一、二甲烷化反应器产品气的热量主要用来生产高压过热蒸汽；

⑦ 第三、四甲烷化反应器产品气的热量用来预热锅炉给水、原料气和四反入口气；

⑧ 部分低温余热可采用空冷器进行移除，以降低循环水的使用量，剩余的低温余热使用循环水移除。

（3）催化剂

Topsøe 二段循环四段甲烷化工艺采用的催化剂包括 GCC、MCR 和 PK-7R。变换反应器装填 GCC 催化剂，第一、二甲烷化反应器装填 MCR 催化剂，第三、四甲烷化反应器装填 PK-7R 催化剂。

5.2.4.3 水饱和五段甲烷化工艺

Topsøe 水饱和五段甲烷化工艺流程见图 5-21。

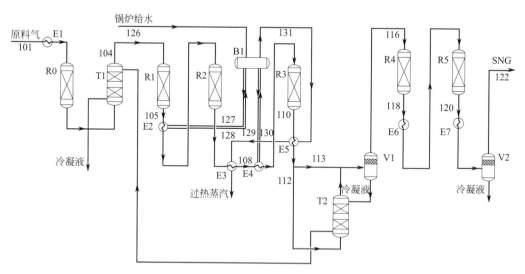

图 5-21 Topsøe 水饱和五段甲烷化工艺流程图

B1—汽包；C1—循环压缩机；E1—原料气预热器；E2—一反废锅；E3—二反蒸汽过热器；E4—二反废锅；E5—三反蒸汽过热器；E6—四反出口换热器；E7—五反出口换热器；R0—精脱硫反应器；R1—第一甲烷化反应器；R2—第二甲烷化反应器；R3—第三甲烷化反应器；R4—第四甲烷化反应器；R5—第五甲烷化反应器；T1—原料气饱和塔；T2—三反出口气水洗塔；V1—三反分液罐；V2—产品气分液罐

（1）工艺流程说明

如图 5-21 所示，由净化界区来的原料气 101 经原料气预热器 E1 升温至约 130～150℃ 后进入精脱硫反应器 R0，将原料气中的总硫降低至 30nL/L 以下，然后送入原料气饱和塔 T1 与 180～200℃ 的冷凝液接触增湿。增湿原料气 104 经进一步升温后在 200～220℃ 左右进入第一甲烷化反应器 R1 进行反应，温度约 700～730℃ 的一反产品气 105 经一反废锅 E2 回收热量后在 320～350℃ 左右进入第二甲烷化反应器 R2 进行反应。温度为 600～620℃ 左右的二反产品气 107 经二反蒸汽过热器 E3 和二反废锅 E4 回收热量后降温至 300～320℃ 左右，送入第三甲烷化反应器 R3 中进行反应。温度为 450～480℃ 左右的三反产品气 110 经三反蒸汽过热器 E5 回收热量后分成两股 112 和 113，工艺气 112 从底部进入三反出口气水洗塔 T2 与冷凝液接触降温，并与工艺气 113 混合后进入三反分液罐 V1 进行气液分离。离开三反分液罐的工艺气 116 升温至 280～300℃ 左右后送入第四甲烷化反应器 R4 发生反应，温度为 380～400℃ 左右的四反产品气 118 经过四反出口换热器 E6 回收热量，降温至 280～300℃ 左右后送入第五甲烷化反应器 R5 进行反应。温度为 300～320℃ 左右的五反产品气 120 经五反出口换热器 E7 升温后进入产品气分液罐 V2 进行气液分离，得到的产品气 SNG 122 送出界区。来自界区的锅炉给水 126 经预热后进入汽包 B1，汽包中的锅炉给水 127、129 经过汽包 B1 和一反废锅 E2、二反废锅 E4 之间的下降管进入相应的废锅中汽化，得到的中压饱和蒸汽 128、130 经汽包 B1 和一反废锅 E2、二反废锅 E4 之间的上升管进入汽包 B1，饱和蒸汽 131 经三反蒸汽过热器 E5 和二反蒸汽过热器 E3 过热到 450～480℃ 左右送出界区。

（2）工艺特点

① Topsøe 水饱和五段甲烷化工艺共五个甲烷化反应器，原料气依次通过五个反应器发生反应，通过向原料气中加入的水的量来控制第一甲烷化反应器床层温度；

② 第一甲烷化反应器出口温度高达 700～730℃，对催化剂要求严格；

③ 进入界区的原料气中总硫含量要求不大于 $0.2\mu L/L$，设置单独的精脱硫反应器将原料气中总硫降至 30nL/L 以下，同时向原料气中加入少量蒸汽，促进无机硫的水解，促进硫化物的脱除；

④ 在脱硫的同时，根据工艺要求可将原料气中的少量的氧气脱除；

⑤ 第一甲烷化反应器产品气的热量和第二甲烷化反应器产品气的部分热量主要用来生产饱和蒸汽，第三甲烷化反应器产品气的热量和第二反应器产品气的部分热量用来生产过热蒸汽；

⑥ 第四、五甲烷化反应器产品气的热量用来预热锅炉给水、原料气和五反入口气；

⑦ 采用三反出口冷凝液对原料气进行增湿；

⑧ 部分低温余热可采用空冷器进行移除，以降低循环水的使用量，剩余的低温余热使用循环水移除。

（3）催化剂

与首段循环五段甲烷化工艺相似，采用的催化剂包括 ST-101、GCC、MCR 和 PK-7R。脱硫反应器装填 ST-101 催化剂，第一甲烷化反应器装填 GCC 和 MCR 两种催化剂，第二甲烷化反应器装填 MCR 催化剂，第三～五甲烷化反应器装填 PK-7R 催化剂。

5.3　合成气甲烷化装置的工艺操作条件

在合成天然气生产过程中，选择适当的工艺操作条件，对于提高产品气中甲烷的含量，有效回收甲烷化反应放出的热量并降低生产过程中能耗，实现装置的节能减排具有重要的意义。

5.3.1 原料气精制处理

甲烷化反应的催化剂主要是镍基催化剂，硫、砷、卤素是其毒物，在低温甲醇洗的原料净化系统中最常见的甲烷化催化剂毒物是硫。进入甲烷化的硫主要以 H_2S 形式存在，部分煤种可能存在噻吩等硫化物。H_2S 具有未共用的电子对，可和过渡金属镍中 d 轨道电子形成配价键而强烈吸附在镍表面上，阻碍了反应分子吸附而使催化剂活性降低。以每个硫原子吸附在两个镍原子上，可计算出每平方米镍表面积相应的吸硫量为 0.442mg。工业催化剂的镍表面积一般为 $10 \sim 20m^2/g$，相应的最大吸硫量为 $0.4\% \sim 0.9\%$（质量分数），考虑到甲烷化反应受扩散控制，当 H_2S 吸附在催化剂孔口时，反应物分子必须扩散到孔内部未中毒表面处才能进行反应，更强化了硫毒害作用。

一般要求净化工艺气总硫体积分数小于 0.1×10^{-6} 就可以。但在戴维和托普索甲烷化工艺中，均在甲烷化反应器前设置了脱硫保护床（或脱硫槽），以进一步脱硫，脱硫后总硫含量小于 30×10^{-9}。

戴维原料脱硫精制工艺：来自低温甲醇洗装置的净化合成气预加热至 181℃，加入少量蒸汽以促进有机硫水解转化为 H_2S。戴维脱硫剂是一种多孔球状颗粒 ZnO 基吸收剂（PURASPEC 2020）。通常，其操作温度范围为 $160 \sim 200$℃，可在较高温度下使用。若主要用来脱除合成气中的噻吩，以防止甲烷化催化剂中毒失活，脱硫剂为 PURASPEC 2088。

托普索原料脱硫工艺：从低温甲醇洗来的合成气（压力 3.3MPa、温度 37℃）原料气首先进入第一硫吸收器，催化剂为 HTZ-5，发生如下反应：

$$H_2S + CO_2 \longrightarrow COS + H_2O \tag{5-1}$$
$$ZnO + H_2S \longrightarrow ZnS + H_2O \tag{5-2}$$

出硫保护床的气体温度为 37℃，经第一进出料换热器以温度 136℃进入第二硫吸收器，催化剂为 ST-101，加蒸汽发生水解反应：

$$COS + H_2O \longrightarrow H_2S + CO_2 \tag{5-3}$$
$$O_2 + 2H_2 \longrightarrow 2H_2O \tag{5-4}$$
$$C_2H_4 + H_2 \longrightarrow C_2H_6 \tag{5-5}$$

（1）脱硫反应及热力学数据

氧化锌与硫化物反应生成十分稳定的硫化锌，它与各种硫化物的反应为：

$$ZnO + H_2S \longrightarrow ZnS + H_2O \tag{5-6}$$
$$ZnO + COS \longrightarrow ZnS + CO_2 \tag{5-7}$$
$$ZnO + C_2H_5SH \longrightarrow ZnS + C_2H_4 + H_2O \tag{5-8}$$
$$ZnO + C_2H_5SH + H_2 \longrightarrow ZnS + C_2H_6 + H_2O \tag{5-9}$$
$$2ZnO + CS_2 \longrightarrow 2ZnS + CO_2 \tag{5-10}$$

ZnO 和 ZnS 均为固体，反应平衡常数仅与水分压和硫化物分压有关，如 $K_p = p_{H_2O}/p_{H_2S}$。

（2）动力学数据

硫化氢与氧化锌的反应动力学研究表明，反应对 H_2S 而言是一级反应，反应速率常数可按下式计算：

$$K = 9.46 \times 10^{-2} \exp\left(-\frac{7236}{RT}\right) \tag{5-11}$$

氧化锌脱硫可分如下五个步骤：

① 原料气中 H_2S 分子从气流主体扩散到脱硫剂外表面；

② H_2S 向脱硫剂颗粒孔内扩散；

③ 在脱硫剂表面 H_2S 与 ZnO 反应生成 ZnS；

④ 生成的水汽在脱硫剂颗粒内向外扩散；

⑤ 水分子由颗粒外表面扩散到气流主体中，硫离子必须扩散进入晶格，而氧离子则向固体表面扩散。

较大的硫离子占据原来氧离子的位置，使孔隙率明显下降。通常情况有利于硫化锌的生成，但总反应速率在表面未形成 ZnS 覆盖膜前受孔扩散控制，形成 ZnS 膜后受晶格扩散控制，在一定时间内不可能使全部氧化锌转化为硫化锌。较大的比表面积与合适的孔结构有利于氧化锌和硫化氢之间的反应，提高强度能降低床层阻力，但颗粒密实会使孔径和孔容下降。降低温度、增大空速、提高水汽比均会使硫容下降，工艺气中硫化物形态及浓度对硫容也有一定的影响。

5.3.2　操作温度控制

（1）反应温度对甲烷化反应的影响

温度是合成气甲烷化装置操作运行的关键工艺参数之一，决定着甲烷化反应平衡及整个装置的热量平衡和热回收利用等。

一氧化碳和二氧化碳生成甲烷化和水的反应均为可逆放热反应。对于没有副反应的单一可逆放热反应，可以通过反应动力学方程说明温度对反应速率常数的影响。根据一氧化碳（或二氧化碳）加氢生成甲烷化的动力学方程可写出以下公式：

$$r_{CO} = k_1 f_1(y) - k_2 f_2(y) = k_1 f_1(y)\left[1 - \frac{k_2 f_2(y)}{k_1 f_1(y)}\right] = k_1 f_1(y)\left[1 - \frac{f_2(y)}{K_y f_1(y)}\right] \tag{5-12}$$

式中　r_{CO}——CO 的反应速率；

　　　k_1——正反应生成甲烷化的反应常数；

　　　k_2——逆反应甲烷蒸汽转化的反应常数；

　　$f_i(y)$——各反应组分摩尔分数的函数；

　　　K_y——反应的平衡常数。

对于可逆放热反应，温度升高，反应速率常数增大，但反应的平衡常数 K_y 减小，从而造成上式中 $1 - \frac{f_2(y)}{K_y f_1(y)}$ 数值减小。当反应物系的组成不变而改变温度时，反应速率受两种相互矛盾的因素制约。反应温度较低时，K_y 数值较大，$1 - \frac{f_2(y)}{K_y f_1(y)}$ 接近 1，反应速率随温度的升高而增大。当温度升高时，可逆放热反应的平衡常数 K_y 逐渐减小，$1 - \frac{f_2(y)}{K_y f_1(y)}$ 的数值也相应减小，反应速率随温度升高的增加值逐渐减小。当温度升高到某一数值时，反应速率随温度升高的增加值为零。若再升高温度，温度对平衡常数的影响成为主要因素，反应速率随温度的升高而减小,而且减小量逐渐增大。

当反应物系的组成不变时,对于可逆放热反应:在较低的温度范围内,$(\Delta r_{CO}/\Delta T)y > 0$,$(\Delta r_{CO}/\Delta T)y$ 值随着温度的升高逐渐减小;当温度升高到某一数值时,$(\Delta r_{CO}/\Delta T)y = 0$,此时反应速率达到最大值;温度继续升高,$(\Delta r_{CO}/\Delta T)y < 0$,且 $(\Delta r_{CO}/\Delta T)y$ 的绝对值逐渐增大。对于一定的反应物系组成,具有最大的反应速率的温度称为相应于该组成的最佳温度。

单一可逆放热反应的最佳温度曲线,当反应为动力学控制时,可通过动力学方程用一般的求极值的方法求得。当反应物系组成不变,且处于最佳温度时,$(\Delta r_{CO}/\Delta T)y = 0$,可求得最佳温度 T_m 与平衡温度 T_e 和正逆反应活化能 E_1 和 E_2 的关系,如下式:

$$T_m = \frac{T_e}{1 + \frac{R_{T_e}}{(E_2 - E_1)\ln\left(\dfrac{E_2}{E_1}\right)}} \tag{5-13}$$

由式(5-13)可知,一定组成下的最佳温度可由该组成下相应的平衡温度以及正、逆反应的活化能求得,即只能求得同一转化率下最佳温度与平衡温度之间的关系,获得最佳温度曲线必须借助平衡温度与转化率之间的平衡曲线。

当反应压力、气体组成变化引起平衡曲线改变时,最佳温度曲线随平衡曲线改变而改变。不影响反应速率常数而又有利于反应平衡的操作,都会使同一反应速率下的最佳温度增大。

甲烷化反应包括两个反应过程,除一氧化碳加氢生成甲烷外,还包括二氧化碳加氢生成甲烷。两个反应的动力学方程分别为:

$$r_{CO} = k_1 f_1(y) - k_2 f_2(y) \tag{5-14}$$
$$r_{CO_2} = k_{11} f_{11}(y) - k_{21} f_{21}(y) \tag{5-15}$$

式中,r_{CO_2} 为 CO_2 的反应速率。

由于两个反应的速率常数和平衡常数不同,在同一组成下,两个反应的最佳温度不同。甲烷生成的总速率为 $r_m = r_{CO} + r_{CO_2}$,所以两个反应速率之和为最大时的温度才是该反应系统的最佳温度,即 $(\Delta r_m/\Delta T)y = 0$ 时的温度为最佳温度。

对于单一可逆放热反应,根据反应压力和原料气组成就可求出最佳温度曲线。对于有两个独立反应的过程来说,最佳温度曲线的求取需要已知各组分的摩尔分数,由反应动力学方程计算每一组分下的总反应速率 r_m 最大时的放热温度。

在实际指导生产或设计时,最佳温度分布曲线可采用分段计算的方法,由初始组成计算该组成下的最佳温度,在最佳温度下反应,流经一定的催化床体积(ΔV_R),由动力学方程求出反应后的气体组成,再在新的组成下求出最佳温度。从进口到出口可分 n 段计算,同时求出浓度分布以及相应的最佳温度分布。若某一最佳温度高于耐热温度,可指定某一合适的温度来代替理论上的最佳温度,在此合适温度下计算出经过(ΔV_R)催化床层体积反应后的组成,再在此组成下计算最佳温度。若此时 T_m 不超过耐热温度即可在此温度下反应,否则仍用合适的温度代替,直到向下计算到出口为止。这一最佳温度分布将作为催化剂床层内件的结构、传热面积大小设计的依据。由于工业生产中同一甲烷化反应器操作条件的变化,包括组成、催化剂活性、压力,会导致最佳温度线的变化,因此设计合成塔时不可能针对某一固定的工况,需遵循一条固定的最佳线,兼顾催化剂使用状况、组成波动范围和压力调节空间。对于指导生产，可在具体情况下，利用该方法制定适宜的工艺条件。

为实现最佳温度，甲烷化工业装置上采用多段反应器撤热方式，使催化剂尽可能沿最佳温度分布。

（2）甲烷化装置温度的设计原则及控制方式

CO 甲烷化反应和 CO_2 甲烷化反应都是强放热反应，低温有利于平衡向右移动。由于甲烷化反应受到热力学平衡限制，温度越高，CO 转化率越低，一般情况下需要通过多段甲烷化反应（甲烷化平衡曲线如图 5-22 所示），设置冷却、"除水"，实现递减温度下的甲烷化反应平衡，最终获得满足要求的 SNG，并且需要设置冷却、气液分离等步骤。在反应过程中，可通过废热锅炉和蒸汽过热器回收系统热量并副产过热蒸汽，提高装置整体能量利用率。目前工业化的绝热固定床甲烷化工艺的主要区别在于反应级数、高温甲烷化反应器温度的控制方式与甲烷化放热的利用方式。

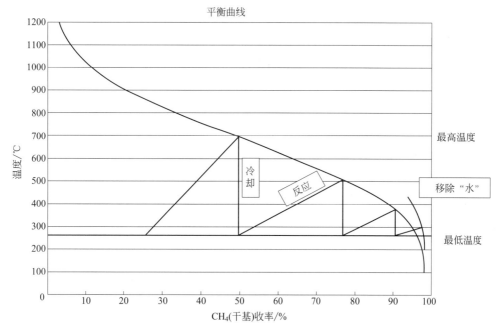

图 5-22　甲烷化平衡曲线

① 反应温度对甲烷化反应 CO 转化率和 CH_4 选择性的影响　CO 甲烷化反应和 CO_2 甲烷化反应均是强放热反应，当温度升高时，反应向左移动，出口气体中 CO 含量和 CH_4 含量均下降，CO 转化率和 CH_4 选择性均下降。贺安平等考察了反应条件对镍基甲烷化催化剂性能的影响，实验结果表明反应温度在 400℃ 以上，随着反应温度的升高，一氧化碳转化率下降（图 5-23）。

大唐化工研究院在 $3000m^3/d$ SNG 合成气完全甲烷化工业侧线试验中研究反应温度与 CO 转化率和 CH_4 选择性的影响时，也得到了类似的结论。当反应温度超过 450℃ 后，随着温度的升高，CO 转化率和 CH_4 选择性均呈现出下降的趋势。

温度是合成气甲烷化装置操作运行的关键工艺参数之一，决定着甲烷化反应平衡及整个装置的热量平衡和热回收利用等。在绝热四段固定床甲烷化工艺中，第一甲烷化反应的条件最为苛刻，因此，以第一甲烷化反应器为例论述温度对甲烷化反应的影响。

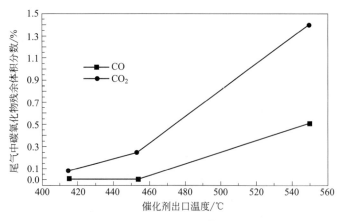

图 5-23　反应温度对出口气体组成的影响

如图 5-24～图 5-27 所示，在甲烷化工业试验中，提高一级反应器进口温度会造成一氧化碳的转化率降低，甲烷选择性也同步下降。提高一反进口温度，一反出口温度随之增高，而甲烷收率呈现下降的趋势。提高一反进口温度，一反出口工艺气中 CO 和 CO_2 浓度增大，增加了后续甲烷化反应器的负荷。

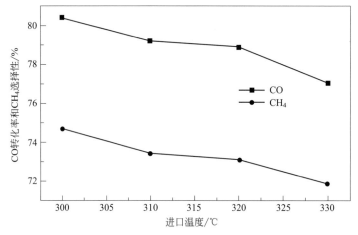

图 5-24　一级甲烷化进口温度对一反 CO 转化率和 CH_4 选择性的影响

因此，一反的进口温度尽可能降低，但是如果一反进口温度过低（低于 250℃），甲烷化催化剂中活性组分镍会与一氧化碳生成羰基镍从而导致催化剂失活。一级甲烷化进口温度的设置不仅要考虑转化率和选择性的影响，同时也要考虑整个装置的节能问题，这是因为一反进口温度太低，会导致整个系统热量利用率低，造成装置能耗较高。一般情况下，第一甲烷化反应器的进口温度设置在 300～330℃，出口温度设置在 600～650℃。

大唐国际化工技术研究院有限公司在克什克腾煤制气项目建成并运行了 10L 甲烷化工业侧线装置模拟 Davy 甲烷化装置，进一步开展了甲烷化工艺优化研究，研究发现各反应器运行效果受反应温度的影响。

如图 5-28～图 5-30 所示，在甲烷化工业试验中，提高一反（二反）进口温度会造成一氧化碳的转化率降低，甲烷选择性也同步下降。提高三反进口温度，三反出口 CO 转化率和 CO_2 转化率随之降低。提高四反进口温度，四反出口工艺气中 CO_2 浓度降低，CO_2 转化率

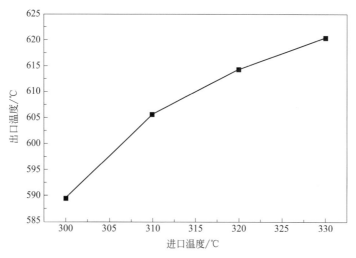

图 5-25　一反进口温度对一反出口温度的影响

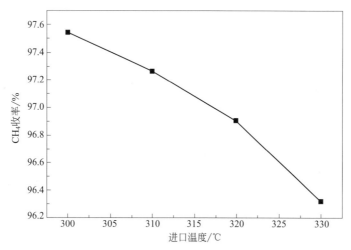

图 5-26　一反进口温度对产品气质量 CH_4 收率的影响

随之上升。

　　② 工业生产中反应温度的控制　在绝热甲烷化过程中，合成气直接甲烷化反应的绝热温升高，反应器出口温度最高可超过 900℃，这对反应器、废热锅炉、蒸汽过热器、管道的选材和催化剂的耐高温性能提出了很高的要求，并且高温下甲烷易发生裂解反应析炭，增大床层压降并缩短催化剂的寿命。为有效控制反应器温升，一般情况下通过稀释原料气来实现，可选方式有部分工艺气循环、部分工艺气循环并增加少量蒸汽、添加部分蒸汽等，设置级间冷却、"除水"，实现递减温度下的甲烷化反应平衡，最终通过多级甲烷化反应得到合成天然气。根据高温甲烷化反应器出口温度的不同，一般将高温甲烷化反应器出口温度低于 500℃ 的甲烷化工艺称为中低温甲烷化工艺，将高于 500℃ 的甲烷化工艺称为高温甲烷化工艺。不同高温甲烷化工艺的主要区别在于反应级数、原料气稀释方式与甲烷化反应热利用方式等。在高温甲烷化工艺中，为保护催化剂，一般采取以下方式：向原料气注入微量水或者蒸汽，促进有机硫水解，通过脱硫剂将原料气中总硫化物降到 30×10^{-9} 以下；高温甲烷化

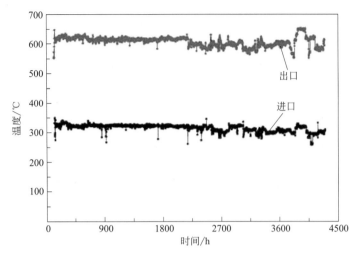

图 5-27　一反进出口温度变化情况

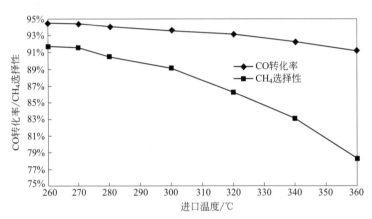

图 5-28　一反（二反）进口温度对一反（二反）出口 CO 转化率和 CH₄ 选择性的影响

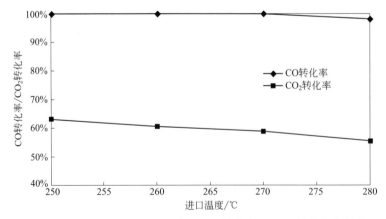

图 5-29　三反进口温度对三反出口 CO 转化率和 CO₂ 转化率的影响

反应器入口气在接触催化剂之前需要升温到 300℃以上以避免羰基镍反应的发生；通过稀释原料气，控制高温甲烷化反应器出口温度，既抑制析炭反应的发生又有效减缓催化剂的高温

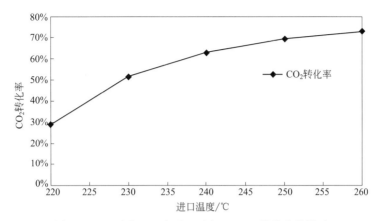

图 5-30　四反进口温度对四反出口 CO_2 转化率的影响

烧结。

图 5-31 和图 5-32 所示为进口温度与出口温度之间的关系及平衡温度与 CO 转化率之间的典型关系。当进口温度升高时，导致出口温度相应增加，CO 转化率逐渐下降，生产甲烷量相应减少。

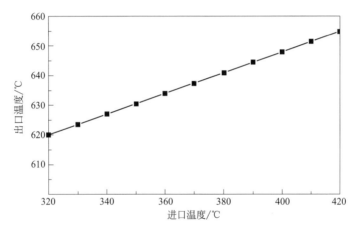

图 5-31　反应器进口温度与出口温度之间的关系（典型）

工业装置若原料气进口温度高或循环气量流率过低会造成平衡温度升高，并导致：a. 一氧化碳和氢反应生成的甲烷减少；b. 在较高温度下能减缓 CO 析炭反应的发生，CO/CO_2 相应增加反而会加剧催化剂上发生积炭的可能性；c. 在较高温度下操作，催化剂烧结和中毒的趋向加剧；d. 反应器出口中较高的 CO 和 H_2 含量将加大后续反应器负荷，升高其出口温度，并对其出口气组成产生影响；e. 出口温度升高，导致平衡转化率下降，可能会导致生成产品不达标。

5.3.3　操作压力控制

（1）压力对甲烷化反应的影响

操作压力也是影响甲烷化反应的关键因素之一。在甲烷化反应中，一氧化碳甲烷化和二氧化碳甲烷化反应均是体积缩小的反应，因此增加反应压力有利于反应向右移动。贺安平等

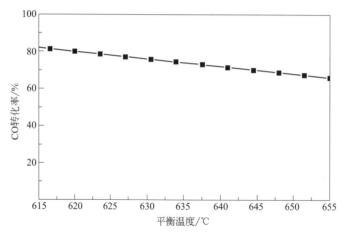

图 5-32　平衡温度与 CO 转化率之间的关系（典型）

考察了反应压力对 CO 转化率的影响，研究结果表明压力增加，转化率上升（图 5-33）。由于甲烷化反应是体积缩小的反应，因此提高反应压力对于增加平衡转化率是有利的。

现以第一甲烷化反应器为例论述压力对甲烷化反应的影响。从图 5-34 中可以看出，提高一级甲烷化进口压力可以加大甲烷化反应程度，CO 转化率和 CH_4 选择性相应提高。这是因为甲烷化反应是个体积缩小的反应，反应压力升高促使反应平衡向体积缩小的方向进行。因此，增大反应压力对甲烷化反应是有利的。

经过对克什克腾甲烷化装置数据整理分析，得出了出装置产品气压力对产品气中甲烷浓度的影响。从图 5-35 中可以看出，提高出装置产品气压力（即系统压力）可以加大甲

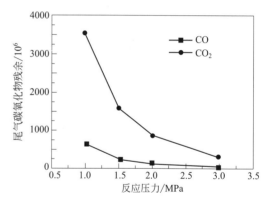

图 5-33　反应压力对出口气体组成的影响

化反应程度，产品气中 CH_4 浓度相应提高，但压力低于 2.5MPa 时 CH_4 浓度提高幅度较大，当压力大于 2.5MPa 后系统压力对产品气中 CH_4 浓度相应提高的相对幅度不明显。因此，增大反应压力对甲烷化反应是有利的，但当压力大于 2.5MPa 后压力对甲烷化反应影响幅度不大。

（2）甲烷化装置压力的设计原则

甲烷化操作压力的选择除了考虑反应平衡外，还受到催化剂的强度、气体组成、反应器热平衡及系统能量消耗等诸多方面因素的影响。尽管高压有利于甲烷化反应的进行，但压力过高会增加单位体积床层内的放热量，导致温度过高，同时也大大增加了设备投资与生产成本。

合成气甲烷化装置的原料气压力一般由上游的工艺装置所确定，而在煤制天然气装置中，合成气的压力主要由气化炉的操作压力决定，在进入甲烷化装置前不再设置压缩机增压。

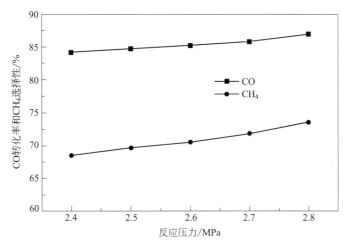

图 5-34　反应压力对一反 CO 转化率与 CH₄ 选择性的影响

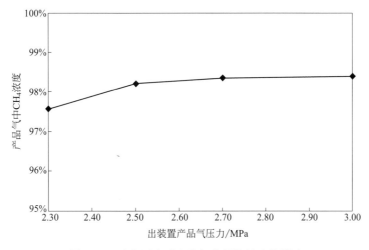

图 5-35　反应压力对产品气中甲烷浓度的影响

5.3.4　模值控制

（1）气体组成对甲烷化反应的影响

甲烷化反应是快速强放热反应，反应很快达到平衡。化学平衡决定反应器出口各组分含量，只有满足甲烷化反应化学计量比条件下的原料气组成，达到反应平衡后才能得到合成天然气的理想组分，合成天然气的组成决定了产品的热值、燃烧势等质量指标。为表示原料合成气组分氢碳比对最终产品组成的影响，基于原料气干基组成耗氢平衡定义一个参数——模值 M，表达式：

$$M = \frac{H_2 - CO_2}{CO + CO_2} \tag{5-16}$$

此外，对于含有 O_2、C_2H_4、C_2H_6 的原料气，模值 M 定义如下：

$$M = \frac{H_2 - CO_2 + O_2 + C_2H_4 + 2C_2H_6}{CO + CO_2 + O_2 + C_2H_4 + C_2H_6} \tag{5-17}$$

基于相同的产品气指标，对于不同的原料气的模值要求也不同。如要求产品气中 CH_4 大于 96% 并且 H_2 小于 1%，基于碎煤加压气化炉的原料气的模值要求为 2.92~3.00，基于气流床气化炉的原料气的模值要求为 2.96~3.00。

从图 5-36 中可以看出，模值的变化直接影响产品气质量（CH_4 收率），随着模值从 2.80 逐步升高到 3.20，产品气中的 CH_4 摩尔浓度先是随着模值的增大而升高，当模值超过 3.00 之后，模值的增大会导致产品气中的 CH_4 摩尔浓度迅速下降，尤其是当模值大于 3.00 后，甲烷在出口气中的摩尔浓度降低明显，出口产品气中氢气含量逐渐增高，甲烷含量降低。

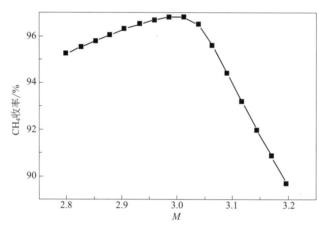

图 5-36 模值对产品气质量（CH_4 收率）的影响

大唐化工院在 $3000m^3/d$ SNG 合成气完全甲烷化工业侧线试验中，研究原料气模值对产品气质量的影响时，也得到了类似的结论（图 5-37）。

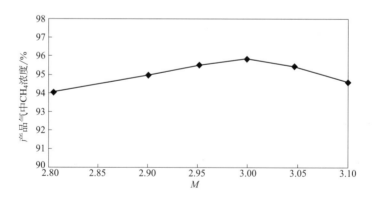

图 5-37 模值对产品气质量的影响

（2）气体组成的控制方式

合成气甲烷化的原料气模值一般通过上游的变换装置来进行调节（图 5-38）。变换反应为可逆的放热反应，反应前后气体体积不变。变换装置的变换炉将粗煤气中 CO 在变换催化剂的作用下，变换为 H_2。通过控制进变换炉的粗煤气量来控制合成气中的 H_2，从而实现对模值的调整，以满足甲烷化装置对合成气的模值要求。

然而由于变换装置多设置在低温甲醇洗装置前，因此合成气在变换装置中进行调节后还

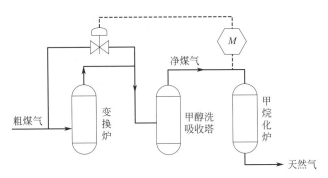

图 5-38　变换装置对模值的控制示意图

需要进入低温甲醇洗装置进行脱硫脱碳后才会进入甲烷化装置，整个系统流程长，这就导致了调节控制相对滞后。

吴彪提出了一种从低温甲醇洗装置 CO_2 吸收塔中部，直接引出一股未经贫甲醇彻底脱碳的工艺气，与 CO_2 吸收塔顶部脱碳工艺气混合，通过调整合成气中 CO_2 含量，来控制合成气模值，实现对模值的快速精细控制。补碳控制作为变换炉反应控制的补充，由于是在低温甲醇洗 CO_2 吸收塔出口（即甲烷化入口）直接补碳，使得净煤气模值调节速度明显提升，由原来通过变换反应调整需近 30min 响应时间缩短至 5min 以内。调节响应时间的加快，也使得模值控制精度进一步提升，主要体现在模值的波动范围由原来的最大 2.5 减小到现在的 1.0 以内。

5.3.5　空速控制

（1）空速对甲烷化反应的影响

空速是指单位反应体积所能处理的反应混合物的体积流量。由于反应过程中，气体混合物体积流量随操作状态的变化而改变，某些反应的总摩尔数也有变化，因此采用不含产物的反应混合物初态组成和标准状况来计算初态体积流量。空速是固定床反应器的重要设计参数，高空速有助于降低气膜传质阻力，从而改变反应行为。

允许空速越高表示催化剂活性越高，装置处理能力越大。但是，空速不能无限提高。对于给定的装置，进料量增加时空速增大，空速大意味着单位时间里通过催化剂的原料多，原料在催化剂上的停留时间短，反应深度浅。相反，空速小意味着反应时间长，降低空速对于提高反应的转化率是有利的。但是，较低的空速意味着在相同处理量的情况下需要的催化剂数量较多，反应器体积较大，在经济上是不合理的。所以，工业上空速的选择要根据催化剂的活性、原料性质、产品要求等各方面综合确定。

改变混合原料气流量以考察空速的影响，原料气组成不变，模拟结果见图 5-39。

原料气处理量的变化直接影响反应器内的气体流速，随空速增加，气速加大，热点位置明显向床层出口移动，需要更多的催化剂才能使反应进行完全。各组分浓度沿轴向的变化与温度相对应，达到完全反应时的轴向位置随原料气处理量加大而后移。通常，存在一个最佳反应空速。空速过低，反应受外扩散控制，组分难以到达催化剂表面进行吸附和反应；空速过高，停留时间过短，组分来不及反应即被气流带走，这也体现在选择性甲烷化脱除富氢气体中 CO 的应用过程中。

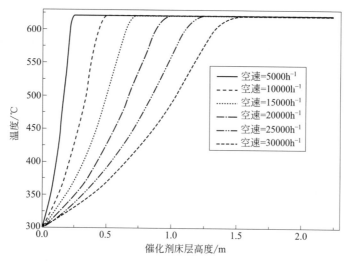

图 5-39　不同空速反应器内轴向温度分布

（2）甲烷化装置空速的设计原则

甲烷化装置空速的选择主要取决于催化剂的性能，装置规模、催化剂装填量及反应器一旦确定后，空速的变化就要体现在操作负荷的变化上。

以 $3000m^3/d$ SNG 的合成气甲烷化工业侧线装置（以下简称"工业侧线装置"）为例，考察运行负荷变化（即空速变化）对产品气质量的影响。

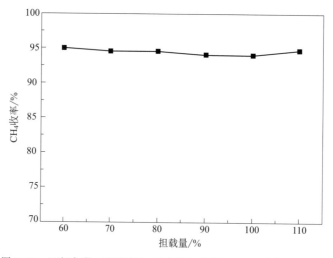

图 5-40　运行负荷（担载量）对产品气质量（CH_4 收率）的影响

由图 5-40 可以看出，在工业试验中，装置在 60%、70%、80%、90%、100%、110% 的负荷运行时，产品气中甲烷含量基本保持在 94% 以上，表明甲烷化装置的操作负荷弹性在 $60\%\sim110\%$ 之间，而不会对产品气质量产生影响。

5.3.6　循环比控制

（1）循环比对甲烷化反应的影响

甲烷化反应是强放热反应，在绝热反应器中会有较大幅度的床层温升。合成气一次全部通过甲烷化反应器反应放出的热量可能使反应器内绝热温升远远超过催化剂所能承受的温度（低于 700℃），这极易使催化剂烧结失活，也对设备材料和制造提出了苛刻的要求。因此，通常在甲烷化流程中，将甲烷化反应后的部分产品气作为循环气，与新鲜气混合以稀释原料气中 CO 和 CO_2 的浓度，从而在保证转化率的前提下，控制甲烷化反应器的出口温度。在此循环比定义为循环气与进入甲烷化装置的新鲜原料气的体积比。

在四段合成气甲烷化工艺中，一般设置第二甲烷化反应器出口气部分循环至第一甲烷化反应器入口，以达到控制反应温度的目的。

以工业侧线装置为例，考察循环比对产品气质量的影响。如图 5-41、图 5-42 所示，提高循环比对提高产品气质量以及一反一氧化碳转化率和甲烷选择性是有利的。而在合成气完全甲烷化工艺过程中，设置二级甲烷化出口气部分循环一方面是考虑到一级甲烷化反应是大量甲烷化反应，而甲烷化反应是快速放热反应，加入循环气以稀释一反入口工艺气，可以有效控制反应温度避免催化剂超温失活；另一方面可以提高一氧化碳转化率和甲烷的选择性，降低后续工段的负荷，有效提高产品气质量。

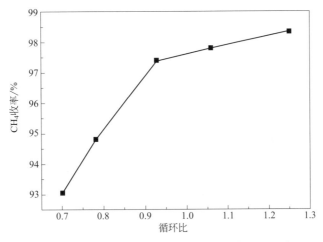

图 5-41　循环比对产品气质量（甲烷收率）的影响

（2）甲烷化装置循环比的设计原则

一般而言，综合考虑能耗和反应性能，对于采用碎煤加压气化炉的煤制天然气工程，合成气甲烷化工艺循环比应小于 1。当循环比大于 1 时，进口反应物中含有大量的 CH_4，容易造成催化剂积炭失活。另外，循环比越大需要消耗的压缩能量越多。

在甲烷化流程中，返回与新鲜气混合的循环气是通过压缩机做功实现的，压缩机的功耗是必需的。图 5-43 给出了不同循环比条件下，所需压缩机功耗大小。

由图 5-43 可知，随着循环比的增加，压缩机功耗在缓慢增加后出现拐点而急剧上升。综合考虑能耗要求，循环比应尽量控制在 0.85 以下。

5.3.7　产品质量控制

对于合成天然气，主要热值基本由甲烷贡献，因此在甲烷化过程中应尽可能通过多种手段提高产品气中甲烷含量，降低氢气和二氧化碳含量。一般可以通过如下几种手段来调节产品气质量。

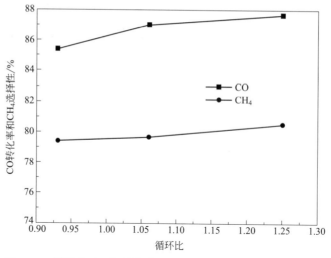

图 5-42 循环比对一级甲烷化 CO 转化率和 CH_4 选择性的影响

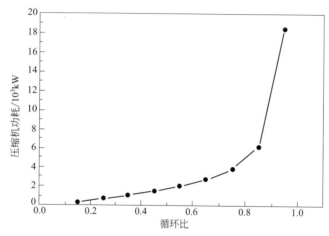

图 5-43 循环比与压缩机功耗的关系

（1）控制反应级数

合成气甲烷化为多级反应，为保证天然气质量，一般设置 3～5 级反应。为考察反应级数对产品气中氢气含量（H_2 转化率）及产品气热值的影响，分别选取了相同工艺操作参数时不同级数的反应器出口气体组成情况，具体如图 5-44 所示。通过图 5-44 可以看出，随着反应级数的增加，产品气中的氢气含量不断下降，产品气热值不断升高。但是反应级数的增加对于甲烷化装置而言，意味着投资费用及运行成本的增加，因此在实际工业装置中要综合考虑。

（2）控制反应过程中的水含量

水作为甲烷化反应的产物，其含量高低对甲烷化的平衡转化会产生一定的影响。甲烷化反应过程中，水在体系中具有多方面的作用，水的比热容较大，能够在一定程度上减小合成气的温升，同时能够起到稀释工艺气的效果。然而水作为反应的产物，水的存在会抑制反应平衡，不利于提高甲烷的收率。

甲烷化过程中一般通过冷却降温后进行气液分离来脱除反应过程中产生的水。气液分离

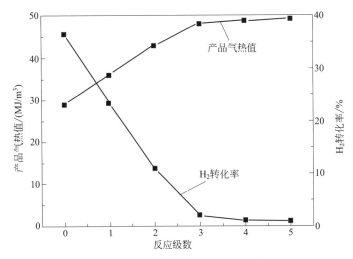

图 5-44　产品气热值及氢气含量随反应级数变化情况

时合成气中水蒸气已达到了饱和状态，分离温度的高低直接决定了合成气中水蒸气的含量。因此在反应体系不变的情况下，气液分离温度直接决定了工艺气中的水含量。

为进一步研究水蒸气含量对产品气组成的影响，分别考察了三反、四反入口不同气液分离温度下产品气组成的变化情况。

① 三反入口水含量对产品气质量的影响　通过调整循环水流量，控制三反入口前的工艺气的气液分离温度从 120℃降至 80℃，通过表 5-5 可以看出，随着温度的降低，产品气中氢气和二氧化碳含量呈现下降趋势，甲烷含量呈现上升趋势，产品气质量有所提高。通过降低第三反应器入口气中水含量虽能提高产品气质量，但效果不是很明显。

表 5-5　不同气液分离温度下的产品气组成（一）

温度/℃	H_2(摩尔分数)/%	CO(摩尔分数)/%	CO_2(摩尔分数)/%	CH_4(摩尔分数)/%
120	2.55	0.00	1.30	96.15
110	2.52	0.00	1.23	96.25
100	2.50	0.00	1.17	96.33
90	2.45	0.00	1.13	96.42
85	2.42	0.00	1.08	96.50
80	2.40	0.00	1.05	96.55

② 四反入口水含量对产品气质量的影响　通过调整循环水流量，控制四反入口前的工艺气的气液分离温度从 120℃降至 80℃，通过表 5-6 可以看出，随着温度的降低，产品气中氢气和二氧化碳含量不断下降，甲烷含量明显上升，产品气质量得到了提高。

表 5-6　不同气液分离温度下的产品气组成（二）

温度/℃	H_2(摩尔分数)/%	CO(摩尔分数)/%	CO_2(摩尔分数)/%	CH_4(摩尔分数)/%
120	1.80	0.00	0.52	97.68
110	1.77	0.00	0.51	97.72
100	1.73	0.00	0.48	97.79
90	1.67	0.00	0.46	97.91
85	1.15	0.00	0.38	98.47
80	1.09	0.00	0.30	98.61

通过上述数据可以看出，降低反应器入口工艺气中水含量有利于促进 CO_2 甲烷化，提高平衡转化率，使得产品气中 CH_4 含量得以提升。然而由于脱水完全依靠冷却降温的方式实现，脱除的水量越多，工艺气下降的温度越低，进入甲烷化反应器时复热所需要的热量就越多，系统能耗会相应增加。

5.3.8 催化剂床层温度控制

催化剂热点温度一般指催化剂床层最高温度点，即平衡温度。它在某种程度上反映整个反应的情况。热点温度的位置随生产负荷、催化剂性能和运行时间长短而变化，在催化剂床层轴向高度发生变化。由于绝热段物系上端，反应物浓度较高，在接触催化剂床层后即使在温度较低的情况下反应速率仍比较高，放热速率大于移热速率，物系温度和催化剂床层温度升高幅度较大。在反应物浓度减小对反应速率的影响超过温度升高对反应速率的影响之后，反应速率下降，放热速率与移热速率逐渐接近平衡，温度达到最高，而随着移热速率超过放热速率，物系温度不断下降。

根据催化剂性能和操作负荷的要求，热点温度的指标允许有一定幅度的波动。在正常操作时，热点温度应控制稳定，热点位置方面一般要求初始热点位置位于 1/3 床层附近，其余 2/3 床层是作为备用的。随着甲烷化催化剂热衰减和硫中毒，反应区逐步下移。床层热点位置也逐渐下移，直至出口指标超过控制要求而更换催化剂。热点位置下移速率反映了催化剂失活速度，可以作为预估催化剂寿命和更换催化剂的重要判断依据。图 5-45 为某一甲烷化催化剂的典型热点位置曲线。判断热点位置可对催化剂床层温度曲线作切线，切点位置可看作热点位置，温度差应不超过 5℃。根据试验数据，热点下移速度大概在 3%～4%/1000h，与使用工况和原料气脱硫情况有关。

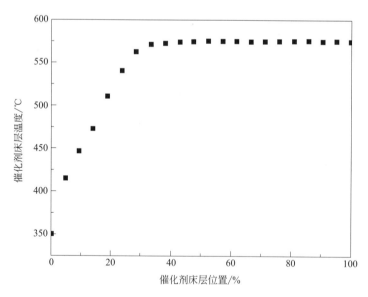

图 5-45　催化剂典型热点曲线

由于反应器出口温度即平衡温度与热点温度相一致，对出口气组成有很大影响，可根据实际情况通过调节入口温度和原料气组成或循环比等方式进行控制。

5.4　合成气甲烷化装置的操作要点

5.4.1　甲烷化新装置的开车准备

新建装置开车准备主要分为：系统检查及装置吹扫、单体试车、气密性试验、催化剂装填、气体置换、试漏、催化剂还原、投料试车等。

（1）系统检查及装置吹扫

系统检查包括项目安装、施工质量、技术文件和产品证明文件检查。装置吹扫包括设备内部的清扫和工艺管道的吹净。设备清扫包括新安装的动静设备，有内件的设备在安装前清洗干净，设备内部不能残留油、水及其他杂质。管线吹扫一般以清洁空气为吹扫介质，空气压力不超过 5MPa。

（2）单体试车

甲烷化装置单体试车主要包括：甲烷化反应器的气密性试验、循环压缩机试运转、没有合格证的压力容器的检查和强度试验。

（3）气密性试验

甲烷化合成系统内的 CO、CO_2、H_2、CH_3OH 均属有毒、有危险性的气体，为了确保正常操作，必须对有关设备、阀门、管线、仪表等进行气密性检查，相关试验必须严格按照操作规程进行并最终消除漏点，符合有关标准规定。气密性试验首先考虑高压气体的来源，一般需要设置临时管线；其次，气密性试验必须注意与生产系统隔绝，防止试压气体串入生产系统，必须辅以盲板。

（4）催化剂装填

甲烷化催化剂采用撒布法，催化剂落入反应器时不断改变落点，防止局部过松或过紧。装填时，必须防止铁锈、铁屑、油污或其他杂质混入催化剂中，以防止微量杂质影响催化剂的性能。催化剂装填过程中不可避免地会发生撞击和摩擦，必定会造成少量催化剂颗粒破损而产生粉末，需要吹净。

（5）气体置换

系统气体置换一般使用氮气或其他惰性气体，使系统中氧含量降至 4% 以下，然后引入原料气，逐步使氧含量降低到 0.5% 以下，则系统气体置换合格。

（6）系统试压

原料气置换合格后，将系统压力分级提升到 2MPa、5MPa，然后检查各设备、管路、阀门等有无泄漏，试压合格后，可将系统压力降至所需压力进行催化剂升温还原。

5.4.2　甲烷化装置开车程序

（1）开车主要步骤及顺序

甲烷化装置开车过程主要分为：系统确认→公用工程引入→系统升温→压缩机切换→原料气投入。其中系统确认和公用工程投入可根据上游系统准备情况提前进行，如 ESD 联试、仪表校对、盲板确认、脱盐水引入、锅炉给水引入等都可以在系统升温前着手完成。主要影响开车时间的步序为系统升温、压缩机切换和原料气投入。

（2）甲烷化装置升温

① 升温系统流程设置　升温系统用开工加热炉补充热源，通过开车压缩机提供气体循环动力。氮气或氢氮混合气通过开车压缩机提压，在开工加热炉内经辐射对流传热进行提温，提温后的高温气体被输送至各反应器，对催化剂床层进行加热升温后，气体回到开车系统的水冷器冷却。冷却后的气体经分离器分离出系统可能存在的水分（或还原生成的水）后，回到开车压缩机构成开车系统的闭路循环。

② 各反应器升温要求　甲烷化为固定床催化放热反应，各反应器催化剂床层引原料气前需要保证最低催化起活温度，因此在开车前首先需要对各反应器床层按操作规程要求升温。在催化剂床层升温过程中，要求载体的气体温度与床层最低温度的温差必须＜100℃，床层升温速率必须严格控制在50℃/h以内。

由于载体气体温度与床层最低温度的温差必须＜100℃，因此在一个反应器升温结束切换另一反应器时，需要开工加热炉先降温至130℃左右，再对另一反应器进行升温。

（3）循环压缩机切换

若系统升温已通过开车压缩机完成，此时应切换至循环压缩机，以满足装置引原料气的要求。需要具备以下条件：①系统升温结束，开车压缩机正常运转并维持系统温度；②循环压缩机已自循环启动，运行正常；③装置引原料气前的蒸汽暖管工作已结束。

压缩机切换分为两步：一是将循环压缩机倒入系统流程的同时退出开车压缩机，实现无痕过渡；二是开车压缩机低压系统隔离。其中第一步尤为关键和重要，涉及2台压缩机的安全运行和开工加热炉负荷的波动。一般切换到系统稳定需要约5h。

（4）原料气投入

在甲烷化反应器正式引入原料气之前，需要对脱硫槽进行硫验证，以验证脱硫槽的脱硫能力和效果，避免甲烷化催化剂硫中毒。

在硫验证完成后，投入开车蒸汽。根据反应器的温升情况，逐步引原料气进入系统。此过程应尽量缓慢进行，避免大幅操作造成反应器超温或循环压缩机工况变化过快而引起系统跳车。同时进行副产蒸汽并网、开工加热炉退出、工艺冷凝液外送等。

原料气投入后，根据前系统负荷，及时对装置工况进行调整，从实际开车情况分析，产品合格的时间主要受原料气投入时间和原料气模值影响较大。通常，在原料气模值稳定在3.0±0.1时，原料气引入结束后，产品甲烷合格率达94%以上。

装置开车时间主要集中在系统升温、反应器切换、压缩机切换和原料气引入等，并且前三者步序紧密相连，可以考虑进行优化，最大程度压缩开车时间。已有运行实践，采取：①循环压缩机代替开车压缩机进行全部反应器一步升温法。此方案的优点：所有反应器一步升温到位，不需要反应器切换，不需要压缩机切换；②优化原料气引入至产品合格工序，阀门开启、硫验证等可将开车时间压缩至20h以内。

5.4.3　催化剂的升温还原

工业使用的甲烷化催化剂一般为氧化态形式，首次使用前必须对催化剂进行还原使其活化，采用 H_2 或 CO 还原时，反应热效应很小，反应式如下：

$$NiO + H_2 \longrightarrow Ni + H_2O \tag{5-18}$$

$$NiO + CO \longrightarrow Ni + CO_2 \tag{5-19}$$

若用含甲烷的气体还原催化剂时会进行强吸热的还原反应：

$$3NiO + CH_4 \longrightarrow 3Ni + CO + 2H_2O \tag{5-20}$$

还原温度对反应式（5-18）、式（5-19）的反应平衡的影响较小，压力对反应式（5-18）和式（5-19）的平衡无影响。

还原温度对催化剂还原过程起主导作用，一般镍基催化剂 300℃即开始还原，350～400℃即可基本还原，为确保最大还原度，还原温度可升至 500～600℃。

（1）还原条件的确定

300℃以前为升温阶段，300～500℃为还原阶段。一般为避免温升过大和还原充分，选取 250℃作为还原起点，550℃作为还原终点。升温阶段系统压力为常压－0.5MPa，以提高气体线速度，缩小床层温差。还原时有条件尽可能选取高空速，以利于还原过程中生成的水及时带出，一般还原空速为操作空速的 10%～30%，大量甲烷化催化剂和补充甲烷化催化剂可根据实际使用空速确定，最好为 1000～3000h^{-1}。还原介质根据工厂实际情况可选择工艺气、N$_2$-H$_2$ 或纯 H$_2$，加热设备可根据实际情况选择电加热器、开工加热炉或蒸汽等；升温速率可根据加热设备能力适当提高，一般以不超过 50℃为宜。根据反应器出口水量和氢气消耗量判断每阶段还原程度，见表 5-7。

表 5-7 催化剂还原时出水量及耗氢量

反应器	大量甲烷化催化剂	补充甲烷化催化剂
出水量/(kg/m^3)	110～130	150～170
耗氢量/m^3	140～160	185～210

（2）快速还原过程的方法

甲烷化反应一般设计四段反应器，每段反应器 1～2 个，整套还原过程需要 20 天以上，可根据实际装置条件，选择不同组合方法加速实现还原进程，但需要设计时提前考虑还原方案。

为避免催化剂在装置上还原周期长的问题，也可借鉴化肥镍基催化剂进行预还原处理，缩短开车周期。

（3）还原催化剂隔离措施

还原后催化剂需做好隔离，最好采用氮气置换还原气，维持一定压力并以不高于 50℃/h 的降温速率降至使用温度下，系统保温保压等待开车。预还原态催化剂为避免运输、储运过程中发生自燃，还原后催化剂需要进行一定程度的钝化。工业使用前可进行还原或直接用工艺气进行还原。

大唐克什克腾煤制天然气项目甲烷化工艺技术从英国戴维公司（Davy）引进，催化剂由庄信万丰公司（Johnson Matthey）提供。2012 年 6 月 15 日完成一期甲烷化催化剂装填，7 月 26 日完成一期催化剂升温还原，7 月 28 日一期装置产出合格天然气，实现了项目一期全流程投料试车一次成功。甲烷化催化剂共两种，都由 JM 公司生产，型号为 CRG-S2S 和 CRG-S2C 高镍催化剂。初次装填的催化剂为氧化态，氧化态催化剂不具备反应活性，在使用前需用氢气还原，生成具有催化活性的金属镍。

两种甲烷化催化剂分别装在 6 台甲烷化反应器中。其中大量甲烷化反应器（C102A/B 和 C103A/B）上层装填 CRG-S2S 型，下层装填 CRG-S2C 型，补充甲烷化反应器（C104 和 C105）只装填 CRG-S2S 型。同时，各反应器上下都装填了不同规格的高铝瓷球。各反应器具体装填数量见表 5-8。

表 5-8　甲烷化反应器催化剂装填数量

反应器	C102	C103	C104	C105
数量/m³	14.2(CRG-S2S)	19.4(CRG-S2S)	29.5(CRG-S2S)	19.8(CRG-S2S)
	21.4(CRG-S2C)	29(CRG-S2C)		

（4）升温还原流程

催化剂升温还原采用闭路循环，由开车压缩机提供气体循环动力、开工加热炉作为热源补充点、PSA装置提供高纯氢来源。从PSA来的高纯氢进入升温还原系统后，与氮气混合通过开车压缩机提压输送至各反应器，在反应器内与氧化态催化剂发生还原反应后，出各反应器的混合气进入水冷器冷却并在分离器中分离出还原产生的水，氢氮混合气在进入开车压缩机构成升温还原的闭路循环。

（5）升温还原过程

按照设计，每台反应器单独进行升温还原。实际升温还原过程中，采用大量甲烷化反应器单独进行、补充甲烷化反应器并联进行。工艺上采用先升温干燥，再等温提氢，然后恒氢提温，最终还原完成后降温保护的程序。整体程序见图5-46。

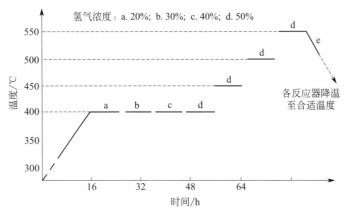

图 5-46　升温还原步序图

当催化剂还原完成后，用氮气逐渐置换系统中氢气，并以50℃/h的降温速率将催化剂床层温度降低，考虑到升温还原结束后紧接着系统投料生产，各反应器温度分别降至265℃、265℃、300℃、296℃。分析系统中氢气浓度小于1%时，置换合格。C102和C103催化剂还原床层温度曲线见图5-47和图5-48。

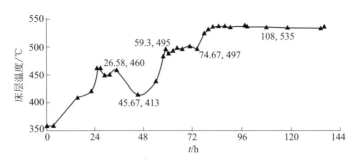

图 5-47　C102催化剂还原床层温度曲线

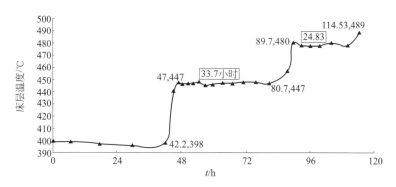

图 5-48　C103 催化剂还原床层温度曲线

5.4.4　甲烷化催化剂的钝化

还原的甲烷化催化剂与空气接触时其活性镍会被氧化，并放出大量热量，因此：甲烷化装置系统停车、操作人员入炉或需要更换催化剂时，必须对甲烷化催化剂进行钝化处理；当甲烷化装置发生故障时，为保护催化剂，防止积炭，通常都使催化剂处于水蒸气气流中，此时催化剂实际处于钝化状态；催化剂因析炭后用空气或蒸汽进行烧炭处理，也是催化剂的钝化过程；预还原态催化剂通常需要部分钝化处理后再运至现场。可见，甲烷化催化剂的钝化是常遇到的重要操作之一，对钝化的适应性也是其应具备的重要性能之一。

（1）钝化反应及反应热

当镍与水蒸气或氧气接触时，会发生下述氧化反应：

$$Ni + H_2O \longrightarrow NiO + H_2 \tag{5-21}$$

$$Ni + \frac{1}{2}O_2 \longrightarrow NiO \tag{5-22}$$

水蒸气为氧化剂时，反应是放热反应，但放热不大；当氧气为氧化剂时则是强放热反应。在水蒸气气流中每含 1％的氧气，可使催化剂产生约 130℃ 的温升；在氮气气流中则会导致约 165℃ 的温升。镍基催化剂的氧化钝化过程放出的巨大热量，足以使系统温度上升到使催化剂烧结甚至损坏的程度。因此，还原态的催化剂严禁温度高于 200℃ 时与空气接触，接触前必须进行钝化处理，使催化剂表面的镍晶粒表面氧化成已钝化的一层，防止镍进一步深度氧化。

（2）钝化操作

用水蒸气钝化甲烷化催化剂时不易超温，且水蒸气本身也是甲烷化反应过程的工艺物料之一，钝化操作较方便。在一定温度、压力下，当用水蒸气钝化时，催化剂开始会出现一定的温升，但温度很快就稳定并逐渐下降，直到出口的水蒸气中基本不含不凝性气体时可认为钝化已完成。然后用氮气吹除置换，并进一步降温。逐渐小心缓加低浓度的氧气（氮气与空气混合气），严格观察温度，温度稳定或下降后才能增加空气量，直至完成气体置换操作，停供蒸汽，钝化结束。

（3）钝化进程的判断

用蒸汽钝化时，会生成不冷凝性气体（氢气），根据不冷凝性气体含量的多少和变化可以判断钝化的进程，并且可以粗略估算被氧化的镍的数量，当出口蒸汽中基本不含不冷凝性气体时，可以认为钝化已结束。通常完成钝化操作需要 $12\sim24h$。

5.4.5 结炭

结炭是甲烷化反应过程中最可能发生的事故，对催化剂损害非常大。炭沉积覆盖在催化剂表面，堵塞微孔，致使甲烷化反应过程恶化，CO 转化率下降，导致催化剂破碎粉化而增加催化剂床层阻力，而且经常会迫使系统事故停车导致严重损失。任何积炭的产生都会使催化剂失效。在甲烷化反应中，事故条件下能够发生析炭反应：

$$2CO \Longleftrightarrow C + CO_2 \qquad (5\text{-}23)$$

$$CH_4 \Longleftrightarrow C + 2H_2 \qquad (5\text{-}24)$$

$$CO + H_2 \Longleftrightarrow C + H_2O \qquad (5\text{-}25)$$

在任何给定的条件下，都有 CO 与 CO_2 的临界比，超出了此比率可能会导致炭的形成，从而炭将积聚在甲烷化催化剂上。减少一氧化碳与二氧化碳的分压比，可降低形成炭的风险。这可通过蒸汽反应来实现（水煤气转化反应）：$CO + H_2O \Longleftrightarrow CO_2 + H_2$。开车时，直接将蒸汽注入第一甲烷化转化器的过程物料上游以向过程中引入蒸汽，而在正常操作期间，通过在压缩机吸入口处控制饱和循环物料的温度来引入蒸汽。

（1）CO 歧化反应

反应过程是否发生 CO 歧化反应，可以用反应器出口条件下计算的碳安全系数来判断：

$$CFS = \frac{K_C}{K_T} \qquad (5\text{-}26)$$

式中　K_C——反应器出口的反应速率；

　　　K_T——反应器出口条件下发生的歧化反应的平衡常数（图 5-49）。

其中：

$$K_C = \frac{p_{CO_2}}{(p_{CO})^2} = \frac{p_T y_{CO_2}}{(p_T y_{CO})^2} = \frac{y_{CO_2}}{p_T y_{CO}^2} \qquad (5\text{-}27)$$

式中　p_T——系统压力，Pa；

　　　p_{CO_2}——CO_2 的分压，Pa；

　　　p_{CO}——CO 的分压，Pa；

　　　K_C——反应器出口的反应速率，以分压表示的单位，Pa^{-1}。

若 CSF>1，CO_2 过量，CO 歧化反应向逆方向即生成 CO 的方向移动，不会发生歧化反应。

若 CSF<1，CO 过量，CO 歧化反应向正方向即生成 CO_2 和 C 的方向进行，发生歧化反应而积炭。

根据生产经验，当 CSF 不低于 1.25 时，认为催化剂不存在析炭的风险。

可能形成炭的工艺参数如下：

① 进料 H_2/CO　当上游过程产生波动，气化炉煤质变化或操作参数调整，变换工段发生问题时，会导致甲烷化装置模值（M）变化，实际上会导致 H_2/CO 变化。当 H_2/CO 下降时，CO 的分压增加，而 H_2 的分压可能会被视为过量。这将会导致更多的 CO 转化为 CH_4，从而增大甲烷转化器出口处的平衡温度。平衡温度的增大会改变反应物的平衡成分，从而在降低 CSF 的情况下，增大平衡混合物中 CO 的分压。因此，降低进料中的 H_2/CO 会

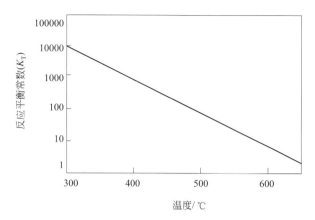

图 5-49　CO 歧化反应平衡常数与温度的关系

对 CSF 产生负面影响。

②循环压缩机入口处的循环物料温度　循环去矿物质水加热器出口处的较低温度会导致较大质量的水冷凝并在循环气液分离罐中去除。结果，循环物料中含有的大量生成的蒸汽减少。循环气体中蒸汽量的减少会增大 CO 与 CO_2 之比（根据水煤气转化平衡而预测），这会对 Boudouard 反应熵数造成负面影响，即增大炭在催化剂上形成的可能性。

循环温度的骤降也会增大甲烷转化器的出口温度，由于压缩机处循环气体流率的下降会进一步提高 CSF，这会混合影响，因此必要的温度设定点变化只应该有很小的增量。

③循环流率　由于反应器进料成分的变化，循环流率的减小将增大平衡温度。这会降低 CO 的转化率，由此降低 CSF。在过程条件下，此影响超过了 Boudouard 平衡常数的温度依赖性。增大循环流率会产生相反的效果。

相比于减小循环流率对一反出口温度造成的影响，CSF 的影响相对较小。反应器出口的高温跳车装置能适当防止反应器出口的高温带来的影响。

④进料流率　对于给定循环流量的设备，进料流率（假定每一个甲烷转化器的进料比例相同）增大产生的影响与以下所描述的在进料气体恒定流率下循环流率减小的影响相同。因此，提高设备的进料流率会对 CSF 造成负面影响。至于循环流率，此变化将对反应器出口温度产生较大影响，且存在可适当防止反应器出口高温的跳车情况。

⑤甲烷化反应未达到平衡　接近催化剂床使用寿命的终点时，反应可能未达到平衡。这会导致 CO 从反应器的底部溜走，因此会造成反应器出口的温度较低。出口的 CO 分压较高会降低 CSF。另外还产生了一种增加影响，即 CO 传到下游反应器中。这会提高下游反应器的反应率，从而增大平衡温度，增大平衡混合物中 CO 的分压，降低下游反应器中的 CSF。

如果甲烷化反应未达到平衡，则会对尚未达到平衡的反应器中的 CSF 造成负面影响，并且也会对下游反应器造成负面影响。

此参数的主要问题是，随着催化剂使用时间的增长，CO 的逃逸会逐渐增加，这意味着未遵守过程参数的阶跃变化。将遵守下列过程：①如果一反未达到平衡，则出口处的 CO 分压将增大且温度将下降；一反的温度控制器出口将降低循环流率，以提高床层的温度；由于循环流率较小而 CO 的分压较高，一反的平衡温度将上升。②二反出口处的温度控制器将减小至二反的新鲜进料的比例，这会增加至一反的新鲜进料，将会使一反出口温度升高；甲烷转化器三反和四反的出口温度会升高；产品气成分将偏离正常运行值或设计值。

（2）CH_4 热裂解

当反应温度超过 550℃ 时，有可能发生 CH_4 的热裂解反应产生积炭，引起催化剂失活，故必须确保反应体系中加入足够的蒸汽。运行过程中，调整负荷时必须按照氢气、净煤气和水蒸气的设计比例同步变化，不可中断水蒸气。在试验过程中，将系统中的水量逐渐降低，当水含量在 6% 时，催化剂活性很快下降，催化剂卸剂困难，发生积炭反应。

在工业运行中，应注意：

① 随温度提高，CO 歧化反应析炭可能性减小，而进行甲烷裂解析炭风险增大。

② 随反应压力提高，甲烷裂解析炭可能性减小，CO 歧化或加氢的析炭可能性增大。

③ 始终保持足够的水蒸气可有效防止析炭风险。

若发生轻微析炭，可采用降低负荷、增大水碳比操作的方法除去析出之炭，无须停车，同时找出导致轻微析炭的根源。应该注意，轻微析炭如不处理，极易进一步恶化。若发生析炭较严重，阻力已发生明显变化，应及时进行烧炭操作。烧炭对催化剂性能和反应器寿命都有较大影响，效果不一定明显，尽量避免使用。

5.4.6　正常操作要点

（1）循环压缩机

关键控制点包括压缩机排气压力、温度、吸入温度、压力、入口最低流量。为了防止循环压缩机入口温度降低后，其气体中饱和水蒸气含量减少，将可能造成第一甲烷化反应器催化剂上析炭，因此需要控制循环压缩机入口温度在设计温度左右。应加强轴承温度、轴振动、轴位移、油压、油温、油位、干气密封一级密封进气以及后置隔离气的压力、入口导叶和防喘振阀现场实际开度反馈值等的监控。

（2）模值控制

甲烷化装置一般在 40% 设计负荷以上，模值（M 值）在 2.97～3.06 范围之间时，产出合格产品气（$CH_4 > 94\%$）。满负荷生产时应密切关注在线分析仪原料气模值和总硫含量是否在正常操作范围内，当 M 值超出规定范围时应及时进行工艺调整。原料气组分被送入模块中进行计算，确定 M 值是否在规定的范围内：当 M 值低于 2.97 或高于 3.06 时，会报警；当 M 值低于 2.92 时，系统跳车。

M 值降低：在系统物料平衡中 H_2 是过量的，M 值降低则 H_2/CO 降低，CO 分压升高，从而导致 CO 相对转化率和热量释放增加。一般采取以下手段进行调整：

① 增加循环气流量；

② 增加进入第二甲烷化反应器的新鲜原料气流量；

③ 提高循环压缩机入口温度，来增加循环气中水蒸气含量；

④ 产品气中 H_2 微降，CO_2 增加。

M 值升高：系统中 M 值升高会造成 H_2/CO 升高，CO 分压降低，从而导致 CO 转换率和热量释放降低。由于工艺控制将产生以下连锁反应：

① 增加新鲜气与循环气的比值；

② 产品气中的氢气含量增加，甲烷含量降低；

③ 输出的低压蒸汽及过热蒸汽略微减少；

④ 由于氢气含量升高，产品气体积流量稍微增加；

⑤ 原料气中 CO_2 含量升高，可能会因原料气密度升高引起装置跳车；

⑥ 原料气中 CO_2 含量降低，将可能导致产品气不合格［产品气中 H_2 含量增加，低位热值（LCV）降低］。

（3）脱硫槽操作要点

脱硫槽入口温度控制在 180℃，用入口温控器通过原料气预热器的旁路自调阀进行调节。在气体进入脱硫槽前加入 1％（摩尔分数）的锅炉给水对原料气中的 COS、CS_2 等有机硫进行水解。加入锅炉给水前的原料气温度要求比加水后的温度高 10℃，通过温差表显示，如果温差下降，则表明锅炉给水汽化不足，会影响脱硫效果，并发出报警来提醒操作人员做出调整。

脱硫槽出口总硫含量指标要求低于 4×10^{-9}。操作人员通过在线分析仪和分析人员的分析结果进行比对，日平均量超过 10×10^{-9} 时，则表明脱硫剂的硫容已饱和，应立即更换。日常生产中通过取样点取样，对样品气中的总硫含量进行分析，从而预测脱硫剂的使用寿命。

（4）第一甲烷化反应器操作要点

第一甲烷化反应器是在入口温度 320℃、出口温度 620℃ 的条件下运行，入口温度由循环加热器旁路自调控制，出口温度由循环气流量控制。在开车调试期间系统的压降会减小，甲烷化反应器在稍微较高的压力下运行，若发现反应器在较低的压力下运行时应查明原因。

第一甲烷化反应器入口气为来自脱硫槽出口的脱硫原料气与来自循环换热器的循环气体混合物，其新鲜气量占总新鲜气量的 40％ 左右。温度和压力均能影响甲烷合成反应：压力升高有利于合成甲烷反应，但对平衡位置的影响较小，压力较低时可能会在催化剂上发生析炭反应，影响催化剂活性；温度对甲烷合成反应的影响较大，温度较高，可抑制 CO 的析炭反应，缺点是加快催化剂的烧结程度和增大催化剂对毒物的敏感程度，降低了合成甲烷的效率，使出口 CO 和 H_2 的含量升高，造成下游反应器出口温度升高。

如果 CO/CO_2 增高，所造成炭在催化剂上沉积的概率远大于因温度升高可抑制 CO 析炭反应的概率，故析炭反应可能会发生。CO/CO_2 是个较重要的指标，在操作中要引起重视。

（5）第二甲烷化反应器操作要点

第二甲烷化反应器是在入口温度 320℃、出口温度 620℃ 的条件下运行，其入口温度由蒸汽过热器旁路自调控制，出口温度是通过调节进入 C103A/B 的新鲜气流量控制的。第二甲烷化反应器入口气由脱硫槽出口的另一股新鲜原料气和第一甲烷化反应器出口气体混合组成，其新鲜气量占总新鲜气量的 60％ 左右。温度和压力的影响与第一甲烷化反应器相同。

（6）第一补充甲烷化反应器操作要点

第一补充甲烷化反应器是在较低温度下进行甲烷化反应，入口温度由第二废锅的内置旁路自调控制在 280℃，出口温度取决于第二甲烷化反应器出口气体成分。因此，它的出口温度可能稍有波动，约 449℃。第一补充甲烷化反应器进气量大小由循环气量决定。

（7）第二补充甲烷化反应器操作要点

第二补充甲烷化反应器位于第一补充甲烷化反应器的下游，在此，少量的 CO 在低温条件下进行甲烷合成反应，使甲烷含量达到产品气的要求。其入口温度通过第二补充甲烷化反应器换热器的旁路自调将温度控制在250℃，在开车启动过程中，通过第二补充甲烷化反应器开车加热器提供热量来维持入口温度在250℃。温度和压力的影响与第一甲烷化反应器相同。新鲜原料气绝对不能直接加入补充甲烷化反应器中，因为潜在高温会超过容器的设计条件并损坏催化剂。

（8）甲烷化合成装置加负荷

开车压缩机加负荷通过缓慢打开开车压缩机进口节流阀，关闭防喘振阀来实现。循环压缩机加负荷通过缓慢打开循环压缩机进口节流阀、进口导叶以及关闭防喘振阀来实现。装置运行正常后，以每次5％的递增比率逐渐将原料气量增至100％。在每次原料气量增加后应调整装置至运行稳定，再进一步增加原料气量，切忌连续增加原料气量，导致反应器超温等事故发生。每次增加气量后，应控制好汽包、各分离器液位和蒸汽压力。

（9）甲烷化合成装置减负荷

开车压缩机减负荷通过缓慢打开开车压缩机防喘振阀以及缓慢关闭进口节流阀来实现。循环压缩机减负荷通过缓慢打开循环压缩机防喘振阀以及缓慢关闭进口节流阀、进口导叶来实现。装置在运行中因各种原因需减负荷生产时，根据生产实际状况，逐渐将原料气量减至所需负荷，系统负荷不低于40％；避免反应器床层温度大幅波动等事故发生。每次减量后，应控制好汽包、各分离器液位和蒸汽压力。

（10）催化剂床层热点温度的控制

可根据甲烷化塔进口气体成分及生产负荷的变化及时进行相应调节，稳定催化剂热点温度在适宜范围内。当发现催化剂床层温度剧烈上升或剧烈下降时，应立即判明原因，采取相应措施进行调整。

（11）确保进、出塔气指标合格

随时掌握甲烷化反应器进口气体中CO、CO_2、H_2S的含量和出塔微量情况。如含量超过指标应及时与有关工段联系。同时，适当调整负荷和催化剂床层温度，确保反应器出口指标合格。确保进甲烷化合成反应器的工艺气体不含水或水蒸气浓度不超标。

5.4.7　不正常现象判断与处理

（1）催化剂床层飞温事故

甲烷化反应是剧烈的放热反应，由于上游系统或循环压缩机异常操作很容易造成催化剂床层瞬间温度急剧上升，最高可达700～800℃。

处理措施：

① 装置连锁跳车后，立即切断甲烷化装置入口气，打开放空阀将系统内压力卸掉；

② 通入冷却介质N_2，必要时可通入蒸汽降温；

③ 降低装置负荷，提高装置循环气量的冷却方法也可。

案例：在甲烷化工业侧线实际运行中，曾出现因脱硫系统飞温导致的大量甲烷化反应催化剂床层飞温。处理措施：反应器出现飞温连锁引起跳车后，原设计为原料气、氢气、蒸汽自动切断，二反出口分离罐顶部出口放空阀和四反出口分离罐顶部出口放空阀自动打开，当系统压力低于1.8MPa时，1.8MPa中压氮气阀自动打开，使氮气通入反应器进行降温。虽然进料已经切断，但系统压力的突然降低，使存在于常脱硫反应器和精脱硫反应器的原料大量进入反应器，更易造成超温。所以每次发生超温跳车后，需马上手动关闭二反出口分离罐顶部出口放空阀和四反出口分离罐顶部出口放空阀，并立即关闭精脱硫反应器出口至一级甲烷化反应器进料阀，这样才能有效避免反应器超过更高温度。

（2）催化剂热点下降速度加快

若催化剂热点下降速度明显高于设计值或其他反应器催化剂，可以初步判断催化剂处于加速失活状态，可能由脱硫剂失效导致硫穿透，进而导致上游高硫工艺气窜入。排查甲烷化反应器入口气中硫含量和种类，确定硫是否超标和脱硫剂中是否有不能脱除的有机硫存在。

处理措施：

① 更换部分或全部脱硫剂，更换新型脱硫剂；

② 更换甲烷化催化剂。

（3）产品管线发生冻堵

甲烷化产品气中含少量水，在极冷天气下可发生管线冻堵，导致压力降低。

处理措施：

① 提高产品气温度；

② 降低系统压力；

③ 降低装置负荷。

（4）原料气氢碳比低于正常值

按照设计标准，氢碳比应在 3 左右，若氢碳比低于 2.9，带来一定的积炭风险和产品气不达标问题。其可能原因：

① 上游变换催化剂失效；

② 原料气净化装置异常；

③ 气化炉煤种变化及操作异常。

处理措施：

① 调节变换系统操作参数，使其恢复正常，若变换催化剂活性严重下降，更换催化剂；短期内更换催化剂有困难，可对气化装置提要求尽量提高氢碳比，以缓解变换压力；

② 核查脱碳系统各项操作参数，并进行调整，使其恢复正常；

③ 气化炉参数调整。

（5）循环压缩机异常

作为工业甲烷化装置关键设备之一的循环气压缩机因异常停车，很容易导致催化剂床层飞温。

处理措施：

① 装置紧急停车；

② 立即切断装置入口气，打开放空阀将系统内压力卸掉。

案例：工业侧线装置因设备选型问题气体循环采用膜片式压缩机，出口排气孔运行一段时间后经常堵，并且排气阀也经常损坏，造成电流及热容升高，引起压缩机多次跳车。经分析，认为入口气体中存在催化剂粉尘，同时入口气体的湿度大，粉尘在压缩机膜片及排气阀上黏结、积累，最终造成排气孔堵塞及排气阀损坏。在压缩机入口处安装过滤器，增加过滤器后，堵塞问题基本解决。循环压缩机电流及热容高，固然有排气孔堵塞及排气阀损坏的原因，但也存在压缩机的飞轮小，不能很好地平衡往复压缩机电机的功率的原因。增加飞轮配重后问题得到解决，满足压缩机正常运行要求。

5.5 合成气甲烷化装置的主要设备

5.5.1 甲烷化反应器

甲烷化过程具有高温、高压、含易燃易爆有毒气体等特征，而甲烷化反应器则承担着甲烷化反应的全部过程，因此甲烷化反应器对于合成气甲烷化至关重要。甲烷化反应器通常与甲烷化工艺和催化剂配套，反应器设计与配套的工艺和催化剂密切相关。甲烷化反应器与甲烷化催化剂并列为甲烷化技术的两大核心。目前已经工业化应用的甲烷化技术普遍采用绝热多段固定床甲烷化反应器。

（1）甲烷化反应器的种类

① 固定床甲烷化反应器 固定床甲烷化反应器属于固定床反应器的一种，固定床反应器是气固催化反应中应用最广泛、最基础的一种反应器，具有催化剂不易磨损、可用较少量的催化剂和较小的反应器获得较大的生产量等优点。同时，固定床反应器也具有传热性能差、催化剂粒度不能过小、催化剂不易再生和更换等缺点。常见的固定床甲烷化反应器剖面图如图 5-50 所示。

进气分布器（图 5-51）实现进口气体的均匀分布，稳定气体，避免出现偏流、壁流及对催化剂的局部冲击。

图 5-50 固定床甲烷化反应器剖面图

图 5-51 进气分布器结构示意图

出气收集器（图 5-52）实现出口气体的收集排放，稳定气体后输送到下一级，避免出现气体的涡流而造成气流不畅。

原料气通过分布器后进入催化剂床层，在催化剂表面的活性位上发生化学反应，过程放出的大量热量经过催化剂内、催化剂与流体、床层与反应器器壁的传热，对于绝热固定床甲烷化反应器，热量的导出主要依靠气体携带，在反应器出口通过废热锅炉等设备对热量进行回收。固定床甲烷化反应器一般都采用金属壳体，但在高温临氢环境下，存在高温软化、强度降低等机械性能的劣化风险以及高温氢腐蚀、氢脆、Cr-Mo 钢的回火脆性、奥氏体不锈钢焊接氢致剥离等化学破坏风险，因此固定床甲烷化反应器目前均采取在金属壳体内部制作耐火材料炉衬的方式，以保护金属壳体。耐火衬里一般采用耐火砖、耐火混凝土、可塑料、

纤维材料和锚固件制成,这是目前此类型甲烷化反应器的主要制作难点。

目前固定床甲烷化反应器在国内煤制天然气项目上已实现国产化应用。

针对上述高温对甲烷化反应器的影响,国内研发出了一种等温甲烷化反应器,该技术的特点是反应器内部设有大量换热管,利用管内液体的相变将反应热量移出,以保持催化剂床层温度恒定,但此种换热器受到内置换热管的影响,体积较大,设备设计制作难度大,成本高,尚未有工业应用业绩。

图 5-52 出气收集器结构示意图

② 流化床甲烷化反应器 流化床反应器在质量和热量传递方面比绝热固定床反应器效果好,适合具有强放热特性的合成气甲烷化反应过程。开发流化床甲烷化技术的关键问题是流化床反应器内流体力学条件的确定、反应热量如何导出、反应温度控制及催化剂夹带等。由于流化床甲烷化技术复杂度较高,技术成熟度较低,目前国内外对流化床反应器的研究仅停留在实验室阶段,没有工业应用。

③ 其他类型甲烷化反应器 液相甲烷化反应器,最早由美国化学系统公司提出,并进行了一系列小试及扩大研究,此类反应器的优点在于可以轻松地控制反应温度(可将导热油循环),缺点在于催化剂的寿命较短,而且催化剂与产物(液固)分离较为困难。北京低碳清洁能源研究所公开了集成甲烷化反应器和吸附剂再生器的工艺、同轴闭合夹层结构反应器和独石通道结构的甲烷化反应器系统。清华大学公开了采用微通道反应器和气-固-固反应器的甲烷化工艺。万罗赛斯公司公开了使用微通道工艺技术将碳质材料转化为甲烷、甲醇和/或二甲醚的方法。上述技术的成熟度较低,目前尚未有工业化应用业绩。

(2)固定床甲烷化反应器的设计及应用

针对固定床反应器设计中的共性问题,陈尚伟等通过建立适合绝热固定床反应器参数灵敏性的数学模型,分析了反应温度对进料温度的参数灵敏性问题,提出了进料温度、绝热温升等对绝热固定床反应器床层温度分布和温度灵敏度分布影响的解析表达式。吴连弟等通过对外循环式甲烷化反应器建立数学模型,分别探索了床层直径、循环比、入口压力和温度对床层压降、催化剂用量及循环功的影响,认为提升入口温度和压力有利于降低催化剂用量、降低床层压降和循环功,而床层直径减小,使产热量和催化剂用量略微增加,但床层压降和循环功显著上升。宏存茂等估算催化剂外表面与气相间温度差和浓度差,认为通过适当增大反应器的高径比、提高空速、增大催化剂比表面积、减小催化剂粒度的方法,可降低催化剂的外部温度差和浓度差,从而提高反应速率和选择性。李浦等、刘良宏等对反应温度、床层最高温度、飞温避免和催化剂失活的工业控制系统设计进行了研究。宋鹏飞等针对甲烷化反应器的诸如热点穿出、床层超温和催化剂结构性破坏等问题进行了研究,甲烷化属于反应快、强放热的反应体系,这些问题对装置的安全稳定运行的影响更加突出。

丹麦托普索和英国 Davy 公司提供的 2 种工艺均采用中间换热式绝热多段固定床反应器,将部分甲烷化后的气体循环回去以稀释原料,从而稀释进口 CO 和 CO_2,达到控制反应速率和反应放热的目的。通常情况下第一、二甲烷化反应器的反应负荷最大。催化剂床层的温升由气体循环比、各反应器流量分配、工艺蒸汽量来控制。

工艺气与循环气、水蒸气混合后，CO、CO_2 被稀释，经各级反应器负荷分配进入反应器。位于反应器入口的分布器用以消除气流初动能，使合成气能相对均匀地流入反应器。床层和均布器之间留有一定的气态空间，用于流体缓冲和均匀混合。平铺于床层上部的填料（如瓷球）可进一步使合成气以更均匀的状态进入甲烷化催化剂床层。甲烷化催化剂一般直径小且外形均一，以尽量避免壁效应并保持床层中的各个部位密度均匀。催化剂床层各部分阻力应尽量相同，避免因可能造成的沟流和短路而影响反应效率。合成气在甲烷化催化剂颗粒之间的通道内经过收缩、扩大、与颗粒碰撞、变向、分流等一系列传质和传热过程，发生化学反应并释放大量热量后穿出床层，离开反应器。反应器内设置 1～2 个热电偶导管，用以实时监控床层各段的温度参数。甲烷化反应器的设计重点是反应热的及时移走和催化剂的保护。

甲烷化过程具有高温、高压、含易燃易爆有毒气体等特征，保证装置的安全稳定运行是重中之重。结合甲烷化试验及工业化装置的运行经验，总结运行过程中出现的主要问题有床层热点穿出、床层超温、催化剂结构性破坏、反应器热冷位移等，在甲烷化反应器设计中应尽量考虑到这些问题。

① 床层热点穿出　甲烷化工艺一般要求较高的空速，尤其是煤制天然气甲烷化工艺，空速为 10000～17000h^{-1} 甚至更高。高空速下一旦床层热点穿出，将造成反应不完全、后续反应器的负荷增大及工艺条件偏离设计值，严重时造成后续反应器因超温而停车等问题。设计中避免床层热点穿出需要综合考虑原料气的组分和工艺参数，催化剂的特性、用量及装填方式，床层高度、直径和线速度等因素。在运行过程中对床层轴向不同位置的温度和反应器出口温度进行实时监测，分析判断是否存在热点穿出现象。为避免可能的热点穿出，在设计中应注意的要点主要有以下几方面。

a. 为避免可能的热点穿出，保证催化剂的整体使用寿命，设计催化剂装填量时，除了考虑催化剂性能、入口工艺气的组分及温度压力参数外，还要考虑床层可能的沉降、催化剂高温收缩、运行中部分催化剂的意外失活等因素，在计算催化剂用量的基础上适当增加设计余量。催化剂理论装填量计算公式为：

$$V_R = \lambda(v_N / S_V) \tag{5-28}$$

式中　V_R——催化剂填充体积，m^3；

　　　v_N——标准状况下进反应器的气体流量，m^3/s；

　　　S_V——空间速度，s^{-1}；

　　　λ——催化剂装填系数。

其中催化剂装填系数是基于对催化剂各方面性能、特定组成及温度压力原料气条件下催化剂的表现，及对工业装置设计有深刻理解后的关键经验数据。取值过大会增加催化剂装填量，影响反应器尺寸设计，造成成本增加；取值过小易造成热点穿出。

b. 床层的高径比过小时，较小线速度不利于床层的传热，存在短路及热点穿出的风险，而高径比太大会导致操作气速、流体阻力增大。设计时应尽量考虑有利于设备加工制造、合适的床层高径比等因素。不同的催化剂、同一工艺的不同甲烷化反应器都有各自最佳的高径比。通常采用经验法计算出床层直径和高度后，再通过校验床层压降判断设计是否合理。床层直径的经验计算公式如下：

$$D = \kappa \sqrt[3]{\frac{4Q}{\pi S_V X}} \tag{5-29}$$

式中　D——反应器内径，m；

　　　Q——工况下进入反应器气体流量，m^3/s；

　　　X——床层高径比；

　　　κ——床层内径设计经验系数。

c. 床层直径确定后，催化剂装填量已知的情况下高度也随之确定。甲烷化反应器的床层压降核算通常采用厄根（Ergun）方程，其中甲烷化催化剂床层的空隙率和流体流速对计算结果影响较大，高空隙率、低流速条件下有利于降低床层压降。甲烷化催化剂一般为直径 3～5mm 的形状规则的圆柱形或蜂窝状固体，孔隙率和空速在合适的范围内时床层压降并不大。

② 床层超温与检测　甲烷化反应具有高放热、反应快的特点。原料气在催化剂表面的活性位上发生化学反应，过程放出的大量热量经过催化剂内、催化剂与流体、床层与反应器器壁的传热，过程中既包括气态流体之间和固态催化剂内部的传热，又包括物流和催化剂气-固相界面的传热。对于绝热固定床反应器，热量的导出主要依靠物流携带，物流在反应器内停留时间的设计对于床层温度的调控很重要。

甲烷化反应过程中床层温度过低可能导致重烃类物质的生成，温度过高致使催化剂活性位结焦失活，甚至造成安全事故。考虑到床层温度对原料温度具有高度敏感性，为避免床层超温致使催化剂活性金属融合甚至结焦失活，保证装置的安全稳定运行，设计中需要对催化剂床层、反应器进出口及反应器壁温度实时检测，并设置连锁控制，一旦出现床层超温须及时调整工艺的汽气比或循环比，调控甲烷化反应在合理的设计温度范围内。通常对反应负荷较大的反应器（如第一、二甲烷化反应器）需要最严密的温度检测，适当增加床层的温度检测点。安装耐火内衬有利于降低反应器材料等级、节省投资，但通常需要安装密集的壁温检测原件以掌握耐火内衬的实际工作状况。一般甲烷化反应器外部刷示温涂层（变色漆），变色漆为蓝色，150℃前颜色无变化，在 270℃左右 10min 的情况下变为淡紫色，为不可逆的变色。

③ 水侵入导致催化剂结构性破坏　当合成气流由于停车或其他原因温度降低或压力降低时，前端饱和蒸汽冷凝，液态水进入高温床层可能会造成催化剂因骤冷或浸泡基础结构被破坏，造成催化剂强度降低、碎裂甚至粉化。催化剂遭结构性破坏后，粉末堵塞流道致使床层压降骤增，进入催化剂承受更大压力更易被破坏的恶性循环。

解决问题的方法除提高催化剂强度、改进装填方法外，可以采用加强温度和压降监测的手段、分液和排液的预防手段等。工业装置中常通过测量甲烷化反应器进出口压差的合理性来判断催化剂是否碎裂，通过检测床层温度是否骤降判断是否有冷凝水侵入。一旦床层顶部温度骤降频率过高，或压降长时间高于设计值，则可能是水侵入造成催化剂结构性破坏，严重时需要停工检修甚至更换催化剂。从甲烷化反应器设计的系统性考虑，在反应器前设置气液分离器，或在入口管道的低位设置排净装置有利于避免此问题。

④ 反应器热冷位移　甲烷化反应过程放出的大量热量会引起反应器装置的热胀。热胀后反应器的空间状态与安装时有差别，可能会对进出口管道带来一定的拉伸应力，引起泄漏或管道变形。在反应器设计及安装时，考虑运行工况与停工工况甲烷化反应器可能的位移空间，在安装时留出一定余量或采用底部及径向弹簧式设计。

绝热多段固定床甲烷化反应器的设计中，合适的高径比和催化剂装填量有助于避免床层热点穿出；设置床层温度检测、超温连锁调整蒸汽量和循环量来避免床层超温；系统性考虑甲烷化反应器防水侵入的设计，在反应器前设置气液分离及排净装置，加强床层压降和温度的检测，有利于避免水侵入对催化剂的伤害；反应器安装时考虑位移余量或采用底部及径向弹簧式设计，有利于降低反应器冷热变形对上下游管道的应力危害。除了以上探讨的问题外，甲烷化反应器的设计中还有诸如分布器设计、设备材料选材、结构设计、反应器支撑、催化剂装填方案等一些值得进一步研究的问题。

（3）固定床甲烷化反应器衬里

甲烷化反应器采用金属壳体，在高温临氢环境下，存在高温软化、强度降低等力学性能的劣化风险以及高温氢腐蚀、氢脆、Cr-Mo钢的回火脆性、奥氏体不锈钢焊接氢致剥离等化学破坏风险。一旦发生金属壳体破坏泄漏，会造成起火爆炸、空气污染等严重后果。为此，需要在金属壳体内部制作耐火材料炉衬，一来保护金属壳体，钢外壳的温度不超过150℃，降低安全风险、改善作业环境，确保装置安全稳定长周期运行；二来降低能源损耗，提高经济效益。因此，对高温设备衬里一定要充分认识并重视。

① 耐火衬里质量的决定因素

耐火衬里一般用耐火砖、耐火混凝土（即浇注料）、可塑料、纤维材料及锚固件等做成，其质量的好坏取决于结构设计、材料设计、材料生产、材料施工、衬里烘炉和使用等因素。

衬里（结构）设计要考虑操作温度、操作压力、气氛、介质流速等，从而决定使用的衬里材料、结构形式、衬里厚度等。材料设计要根据温度、气氛、流速等决定使用的主材、结合剂等，确定体积密度、强度、线变化、传热系数等指标，再根据试验验证能否达到设计要求。材料生产即按照材料配方进行材料采购、计量、混合、包装、检验，保证达到材料设计的要求。材料施工即根据设计要求，将衬里材料按照设计的结构形式安装到指定位置。衬里烘炉就是将衬里施工中带入的水分干燥，以使结构稳定的过程。衬里使用过程中的温度波动、流速变化等工艺不稳定因素都会对耐火衬里产生极大影响。

② 对耐火炉衬里的要求

a. 耐火温度要高。甲烷化反应是放热反应，存在超温的可能性。其反应温度在700℃左右，因此要求耐火层的最高使用温度应该比设计温度高300℃左右，即在1000℃左右。最高使用温度是耐火材料一个重要的基础指标，但是很难测量。因为最高使用温度和气氛、结构、荷重、磨损等实际使用工况有密切关系，而实验室无法准确模拟现实情况。一般可认为，最高使用温度比耐火温度低300～400℃左右。

b. 化学纯度高，抗化学侵蚀性强。耐火材料按照化学成分可分成硅酸铝质、硅质、镁钙质、锆质等氧化物材料以及碳化硅、氮化硅等非氧化物材料。最常用的为硅酸铝质耐火材料，具有原料广泛、耐火温度高、呈中性等特点。硅酸铝系材料中的刚玉质材料，由于杂质少、耐火温度高、化学性质稳定，成为首选材料。材料中的氧化硅、氧化铁等杂质在还原气氛中会发生还原反应，造成炉衬体积变化，发生破坏。

c. 强度高。甲烷化装置属于中压设备，耐火炉衬在使用过程中必须能够承受3～4MPa的径向压力。因此，耐火层材料的耐压强度一定要高。而隔热层承受耐火层传递过来的压力，其耐压强度必须大于4MPa。

d. 耐磨性好。耐火层材料长期工作在高压介质流作用下，其耐磨性要好。一旦磨损严重，外壁就会超温，而破碎的颗粒会堵塞余热系统炉管，造成效率降低，影响正常操作。

e. 体积稳定性高。为了保证炉衬整体性和气密性，需要制作整体浇注的浇注料炉衬。炉衬材料的烧后线变化率越小，说明其体积稳定性越好，在高温下越稳定。

f. 致密度好，抗渗透性优。介质中 H_2、CO 均属于小分子物质，其渗透能力很强，如果渗透到耐火层内部会造成金属锚固件的氢脆及炭沉积，破坏炉衬。因此，炉衬耐火层必须致密度高，气孔率低，具有优良的抗气体分子渗透性。

g. 抗热震稳定性好。甲烷化反应是强烈的放热反应，存在超温的可能性，且停工开工也会造成温度的剧烈变化，产生热震。因此，炉衬必须具有较好的热震稳定性。

h. 传热系数低。在 H_2 环境中，气体渗透性强，热传导较空气中高很多。因此，炉衬的整体热阻必须大，传热系数低，尤其是隔热层必须具有较低的体积密度和传热系数，以降低壳体温度，节能环保。

③ 甲烷化反应器衬里的主要结构方式

甲烷化反应器衬里的主要结构方式有金属框架衬里和拱型砖衬里。对于反应器，耐火材料衬里应该综合使用连续浇注和喷涂，减少施工缝，无干接缝，必要时应使用振捣器确保耐火材料密实。对于管道和设备通道，耐火衬里应该连续浇注，干接头应该限于现场施工缝，必要时应使用振捣器确保耐火材料密实。全部容器、设备通道（适用时）和管道的内表面应该做两层耐火材料衬里。

容器耐火衬里的整个内表面一般采用两层衬里，热面材料中氧化铝最低含量 94%，硅含量低于 0.25%，氯含量低于 $500×10^{-6}$。衬里材料为自由流动型，具有良好的排气功能。保温衬里垫层最低含有 40% 的氧化铝，其中铁含量、硫含量及氯含量均低。用于混合衬里材料的水要达到饮用水标准，清洁，氯含量低于 $10×10^{-6}$。保温衬里烘干后不能有任何超过 6mm 宽的裂缝，衬里不能脱松，衬里表面必须一致。

5.5.2　废热锅炉和蒸汽过热器

废热锅炉和蒸汽过热器是甲烷化系统中的关键设备，其作用是保证工艺气满足生产过程要求，同时回收大量高温工艺气余热，产生中高压蒸汽，用于发电或本装置动力。由于工作条件苛刻（高温、高压、临氢），技术要求高，其运行的可靠性与整套甲烷化装置的安全息息相关。甲烷化余热回收装置具有较强的专业性、综合技术性能。

5.5.2.1　废热锅炉系统

（1）工作原理

废热锅炉系统（图 5-53）由废热锅炉、汽包及蒸汽过热器组成，是甲烷化关键设备，通过系统中水汽的循环对甲烷化反应气进行冷却，实现反应热的转移回收，同时汽包内产生的蒸汽通过蒸汽过热器的加热形成过热蒸汽输送到界外，期间不断向汽包补水实现系统平衡。

（2）总体布置

两台废锅平行布置。在两台废锅上面的中间位置（高差大约 10m）处，设置一台汽包。废锅和汽包之间通过许多上升管及下降管进行连接。它们一起组成了水力、热力循环系统。当然，如果设计需要，蒸汽过热器或省煤器也是可以考虑的。

其主要的流程如下。①工艺气侧：工艺气体进入进气管嘴、进气管箱后进入换热管束内与锅炉水进行换热。换热后的工艺气体进入出气管箱、出气管嘴后流出系统。②水/汽侧：锅炉水进入汽包后，通过下降管进入废锅本体，在与废锅管束中的高温工艺气体进行换热后，变为水汽混合体，而后通过上升管进入汽包进行水汽分离。③合格的蒸汽走出系统；分离水与锅炉水一起，再进入下降管完成循环。

整个工艺气及水汽循环均依靠自身的重力进行，不需要额外的辅助动力。

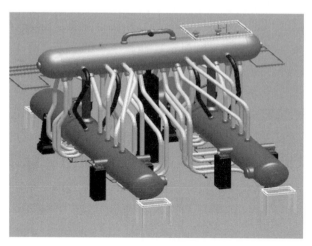

图 5-53　废热锅炉系统示意图

（3）废热锅炉系统组成

废热锅炉采用挠性薄管板式废热锅炉，成熟可靠，主要应用于温度不太高、压力不太大、产量不太高的工况中，作为装置中的关键设备，其可靠性影响到全厂的蒸汽平衡，进口管箱内壁及管板装有耐火衬里，换热进口设置保护套管，中间设置热旁通管以调节出口温度。

废热锅炉主要由进气管嘴、进气管箱、进气管板、管束（含旁通管）、出气管板、出气管箱、旁通阀、出气管嘴及外壳组成（图 5-54）。其中最关键的是：

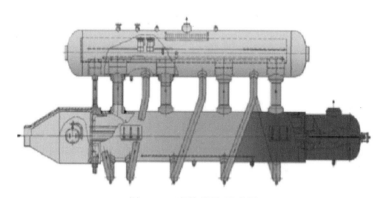

图 5-54　废热锅炉示意图

① 管束不能过长，理论上应短于 7m。否则很可能导致管板变形过大，而使得管束与管板之间的焊接断裂甚至撕裂管板。

② 由于系统承压及换热最严重的地方是管束与管板的焊接处，因此必须采用全熔透自动焊接。

③ 旁通阀门采用自动控制蝶阀，通过调节气流量，实现出口温度的控制。

④ 通过选材解决金属粉化腐蚀问题。

汽包由圆柱形外壳加上两端半球形封头组成,内含汽包内件。水蒸气通过折流水挡板及除雾器将水汽分离后,蒸汽产品送至系统外,分离后的水与锅炉水一起进入下降管。

上升管及下降管作为废锅及汽包之间的水汽循环通路,本身是三维设计,考虑到了各个方向的应力载荷计算。

废锅设计难点:

① 工艺气成分中含有引起渗碳及氢腐蚀的介质,对金属材料和衬里材料选材要求高;

② 负荷调节范围大,工艺气进出口温度高、出口温度要求精确,对旁通阀结构设计要求高;

③ 壳体和换热管热膨胀差值大,对管板柔性要求高;

④ 管板两侧压力及温度载荷大,管板及连接结构设计制造难度大。

废热锅炉结构特点及关键技术:

① 由于来自甲烷化反应器的温度高达 620℃,出口温度为 487℃,汽水侧压力为 5.32MPa(绝对压力),为了减小废热锅炉在操作过程中的温差应力,提高设备运行的可靠性,在结构设计上采用了挠性薄管板结构,带中心调温管和自动调节阀调节工艺气出口温度,从工艺上保证使温度由 620℃降到 (487±10)℃,保证出口参数稳定并运行可靠。

② 换热管入口温度场数值计算及热防护设计

在管侧的高温气流入口端,管口采用热保护技术,为了保证结构的合理性,运用数值分析方法,对管口保护结构的温度场进行分析,从而保证管口保护的合理结构和提高了管板和换热管的材质选用的合理性。

在高温侧气流入口端,管板采用耐火材料层进行热保护,换热管采用保护管进行热保护。管板的最高温度不超过 370℃,考虑工艺气的氢分压相对较高,管板和换热管均选用中温抗氢钢 14Cr1MoR、12Cr1MoVG 材质。

③ 高温管板侧特殊给水分配器设计

在第一蒸发段下降管入口处,设有特殊的径向、轴向分流器,其轴向分流有效地冷却热端管板,径向分流有效地冷却热端管束,以增加设备运行可靠性和耐用性。

④ 换热管与管板的焊接结构设计

管子和管板连接形式采用全焊透结构,此种焊接结构既保证了强度的可靠性,又从根本上解决了水侧的间隙腐蚀问题。

⑤ 高温调节阀设计

废热锅炉高温调节阀选用球面阀形式,调节机构选用气动薄膜执行机构,阀体的上阀盖散热片以上部分,包括配套的上阀盖垫片、定位器、空气过滤减压阀和垫片等,并配带旁式手轮操作机构,带电气阀门定位器和阀位回讯指示。

5.5.2.2　废热锅炉的主要设备材质及重点参数

由于工艺气中含 H_2、CH_4、CO 等成分,且工艺气压力、温度都比较高,容易发生金属粉化腐蚀及氢腐蚀,因此在废热锅炉设计过程中应了解两种腐蚀发生的机理,并合理选择金属材料。

(1)金属粉化腐蚀应对措施

① 环境的温度、组分、总压都影响发生金属尘化的温度范围,因此合理结构设计,避

免金属部分在敏化温度范围内同过程气体相接触。

② 在可能的部位及条件下使用耐火材料。

③ 在敏化温度范围内时，应选用镍基合金，如 600、601H 和 602CA（钢号为 6025HT），而避免采用 800H 等铁基合金或未经酸洗的冷轧奥氏体不锈钢。

（2）氢腐蚀

氢腐蚀是指钢暴露在高温、高压的氢气环境中，氢原子在设备表面或渗入钢内部与不稳定的碳化物发生反应生成甲烷，使钢脱碳，机械强度受到永久性的破坏。在钢内部生成的甲烷无法外溢而集聚在钢内部形成巨大的局部压力，从而发展为严重的鼓包开裂。

氢腐蚀应对措施：遇到氢腐蚀环境（临氢环境）的设备一般按纳尔逊曲线进行选材。

金属材料的选用原则如下。

① 为避免金属粉化（恶性渗碳）腐蚀，直接与工艺气接触的、工作温度较高的元件（如换热管内套管、调节阀、管板上的金属屏蔽板等）均采用镍基合金或奥氏体不锈钢，换热管套管、旁通管内套管采用 ASME 标准 SB 167 中 N06025，进口管板上的金属屏蔽板材质为 310，出口管板上的金属屏蔽板材质为 304。

② 为避免氢腐蚀，非直接与工艺气接触但有直接接触可能的元件（如管板、管箱等）按纳尔逊曲线选用 1.25Cr0.25Mo，钢板为 ASME 标准中 SA-387 牌号中的 Gr11，国内标准与其相对应的材料为 14Cr1MoR（GB 713）。

③ 为避免氢腐蚀，直接与工艺气接触但有介质冷却的元件（如换热管），由于金属壁温较低（根据 FLUENT 软件计算结果，最高壁温在 330℃左右），按纳尔逊曲线可选用材料较多，Davy 建议选用 1.25Cr0.25Mo，钢管为 SA-213 牌号中的 T11 或 SA-335 牌号中的 P11。根据国内类似产品使用经验，换热管材料可选 GB 5310 标准中 12Cr1MoVG 或 15CrMoG；不与工艺气接触的元件（如壳程筒体）根据结构及强度计算结果综合考虑。

（3）主体受压件材料

① 工艺气侧　主要考虑设计压力、设计温度、氢腐蚀及金属粉化腐蚀等。在现有的甲烷化工艺工况下，废锅工艺气侧主要受压件材料为：ASME 牌号板材 SA387 Gr11 CL2；ASME 牌号锻件 SA336F11CL3 和 SA182F11CL2；ASME 牌号换热管 SA213T11；国标牌号板材 14Cr1MoR、15CrMoR；国标牌号锻件 14Cr1Mo、15CrMo；国标牌号换热管 15CrMo。

② 水侧　主要考虑设计压力和设计温度。在现有的甲烷化工艺工况下，废锅水侧主要受压件材料为：ASME 牌号板材 SA387 Gr11 CL2 和 SA516 Gr70；ASME 牌号锻件 SA182 F11 CL2 和 SA105；国标牌号板材 14Cr1MoR、15CrMoR、Q345R；国标牌号锻件 14Cr1Mo、15CrMo、16Mn。

（4）耐火衬里材料

由于废锅主要受压件选材为低合金钢材料，低合金钢材料难以适应甲烷化工艺气的温度、压力和腐蚀性，因此需要浇注耐热保温衬里以避免低合金在如此恶劣的工况下运行。根据甲烷化工艺气体高还原性和腐蚀性等特性，耐火材料面层需要高硬度且不易被还原，因此面层耐磨料中 Al_2O_3 含量至少需要达到 94% 以上，FeO 含量低于 0.25%，保温层中 Al_2O_3 含量至少需要达到 40% 以上。由于工艺气压力较高，衬里的施工必须保证衬里结构的整体性及气密性，对施工要求较高，施工难度较大。与工艺气接触侧选用耐高温高铝低硅低铁浇注料，内侧选用热导率较低的隔热高铝中硅低铁浇注料。

（5）耐热金属材料

耐热金属主要用于入口保护套管、中心通道衬管、出口调节阀体。上述部分金属直接接触 620℃ 以上高温甲烷化工艺气，存在氢腐蚀和金属粉化腐蚀的风险，根据现有材料研究成果，Alloy602CA 的抗腐蚀能力较好，Alloy693 的抗腐蚀性能优于其他材料。

甲烷化废锅管板的设计主要采用有限元应力分析的方法，采用柔性薄管板的理念进行设计，主要是为了避免换热管和壳程筒体受热膨胀差异导致局部应力集中问题。国内现有的甲烷化废锅管板有两种结构形式，但设计理念、方法及最后产生的效果是一致的。

（6）工艺气入口管子-管板焊接

由于换热管入口热通量高，如采用普通的管子-管板焊接结构形式容易发生间隙腐蚀，因此选择内孔深孔焊能有效地避免上述风险的出现。内孔深孔焊主要有两种形式：内孔深孔角接焊；内孔深孔对接焊。

① 管子-管板采用内孔深孔对接焊结构（图 5-55）

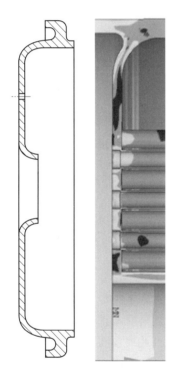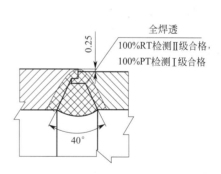

图 5-55　内孔深孔对接焊结构

优点：a. 焊缝强度高，焊缝抗拉强度不低于母材；b. 焊缝能够进行 RT、PT 检测，焊接质量较好；c. 管子与管板上凸台进行焊接，焊缝位置不在管板表面，管板受焊接热影响变形风险较小；d. 管板与壳体连接处连续性好，管板变形应力较小。

缺点：a. 管板加工难度大；b. 制造成本较高；c. 焊缝深度较深，可视性较差；d. 焊接难度大。

② 管子-管板采用内孔深孔角接焊结构（图 5-56）

优点：a. 焊缝强度能够满足使用要求，焊缝抗拉强度不低于母材 70%；b. 管板加工难度较对接焊形式管板小；c. 制造成本较对接焊形式管板低；d. 焊缝深度较浅，可视性较好；e. 焊接较对接焊形式难度小。

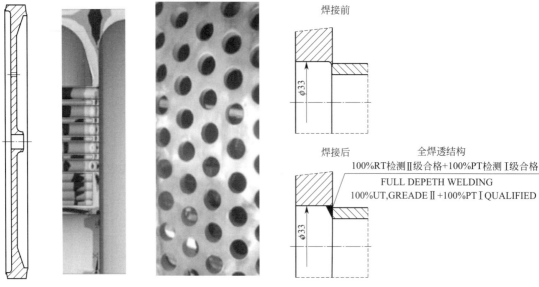

焊接前

焊接后

全焊透结构
100%RT检测Ⅱ级合格+100%PT检测Ⅰ级合格
FULL DEPETH WELDING
100%UT,GREADEⅡ+100%PTⅠQUALIFIED

图 5-56　内孔深孔角接焊结构

缺点：a. 焊缝进行 PT 检测，焊缝深处缺陷难以检查；b. 管子与管板在管板表面进行焊接，管板受焊接热影响变形风险较大；c. 管板与壳体连接处连续性较对接焊形式管板差，管板变形应力较大。

由于甲烷化工艺气入口温度较高，在入口管板处的热通量最大，但壳侧管板表面水的流动性较差，容易产生膜状沸腾，导致水侧导热性能差，管板受到热冲击产生局部热应力。入口绝热保护套管能有效保护管板免受热冲击的影响，高温工艺气与换热管接触时已与管板有一定距离，此处水流动性较好，产生气泡能够迅速被水带走脱离换热管表面，产生膜状沸腾风险较小，对管板和换热器起到了显著的保护效果，同时保护套管选用高合金材料避免了金属粉化腐蚀风险。

（7）中心通道旁路调节

甲烷化废锅的目的是回收上一级反应释放的化学热能，控制进入下一级甲烷化反应器的工艺气温度，因此废锅出口工艺气的温度控制精度对下一级甲烷化反应有重要意义。在正常生产过程中，由于生产负荷的变化导致废锅出口的温度不稳定，因此需要在废锅内设置中心通道调节废锅的换热量，最终使废锅出口工艺气温度稳定在一定的范围内，调节方式为在废锅内增加中心通道调节阀，通过调节阀控制流过换热管的工艺气流量，以达到控制换热量的目的。

国内采用一个气动调节执行机构，一杆三阀，中心通道调节阀与换热管侧调节阀互成90°，当换热负荷变化时，此类型的调节阀反应速度较快，但由于信号反馈的滞后因素，造成调节精度较低，适合负荷变化大的工况。此调节系统成本较低，控制简单。

阀体结构说明：废锅调节阀为一轴三阀结构，安装在废锅端部，同时调节出口气冷、热流气体流量，以控制废锅出口温度。废锅调节阀主要由阀体部分、执行机构和手动机构等组成。执行机构由气缸、拨叉传动机构和控制部分组成。控制部分定位器接收控制室 4～20mA 调节信号，通过气缸、拨叉传动机构调节阀门开度，使阀位与输入信号对应。实际阀位由阀位变送器输出。

阀体结构要求如下。

① 阀体采用钢板组焊结构，一轴三阀。

② 与废锅热流管和冷流隔板采用法兰连接，螺栓等紧固件需与阀门配套。

③ 阀门与废锅采用法兰连接，连接螺栓、螺母和垫片等需与之配套。

④ 与中心热流管连接处应设置吸收中心管热胀冷缩变形的机构。

⑤ 阀杆与阀板应采用组装式结构。

⑥ 阀杆为多段分轴结构，并采用万向节相连。

⑦ 传动端阀杆与执行机构连接，采用填料密封结构。

⑧ 应设置热流体分流机构。

国外采用两个气动调节执行机构，中心通道调节阀与换热管侧调节阀独立控制，当换热负荷变化时，此类型的调节阀反应速度较慢，但调节精度较高，适合负荷变化小的工况。此调节系统成本较高，控制复杂。

为了防止设备在运行过程中内部耐火衬里的脱落造成受压件超温失效，在内壁涂有耐火衬里的筒体外表面喷涂示温涂料，示温涂料在不同温度下需要进行两次变色，第一次为预警色，第二次为超温报警色，且每次颜色应有显著变化。

5.5.2.3　甲烷化汽包设计、制造

（1）汽包选材

根据汽包的设计温度和压力，汽包选用碳钢可满足强度要求。ASME 牌号：板材为 SA516 Gr70；锻件为 SA105。国产牌号：板材为 Q345R；锻件为 16Mn。

（2）汽包设计、制造

根据甲烷化反应工艺要求，一台汽包需承担两台废锅的汽水分离负荷，但两台废锅的蒸发量不一致导致汽包内件设计不对称，设计难度大。且由于蒸发量不平衡导致废锅上升管、下降管的数量和规格差异引起管道阻力不一致，水动力循环计算难度大。上述因素导致管道推力不对称，汽包鞍座设计难度大，汽包内件复杂，安装难度大。

5.5.3　循环气压缩机

目前具有工业化应用业绩的甲烷化技术均采用了工艺气循环的方式控制大量甲烷化反应器的反应温度，避免出现温度过高导致设备选材变化、催化剂烧结等问题，因此循环气压缩机就成为甲烷化工艺中的重要设备。

根据甲烷化工艺的特点，循环气压缩机的工况特点主要是高温（一般在 $140 \sim 190℃$）、临氢，针对这些特点，国内外厂商在大型煤制天然气项目上均选择采用离心式压缩机（图 5-57）。

（1）工作原理

离心式压缩机通过高速旋转的叶轮对气体做功，将能量传递给气体，使其动能和静压能升高。然后，气体进入扩压器，在扩压器中，气体的动能降低转化为静压能，使气体的压力进一步得到提高。弯道和回流器主要起引导作用，以使气体能顺利进入下一级继续压缩。

（2）循环气压缩机组主要部件材料选择

① 叶轮　叶轮需选用耐高温耐腐蚀材料，在 $200℃$ 高温下具有高的强度及高的耐蚀性能。

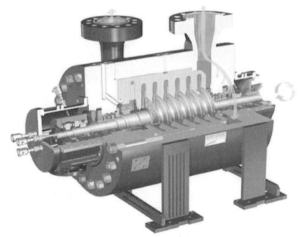

图 5-57　离心式压缩机结构示意图

② 机壳及定子过流元件　根据煤气甲烷化流程要求，定子过流元件材料需在－16.8℃下进行冲击试验，冲击吸收功≥41J，国内碳钢材料无法满足这一要求。另外，介质中含水量非常高，因而在机壳及定子过流元件材料的选择上，一般选取铸钢加喷涂耐蚀涂层的方法。该涂层具有很高的耐腐蚀性和耐冲刷性。

③ 轮轴　轮轴材料选用 40NiCrMo7，40CrNiMo7 是合结钢的一种，也称合金钢，它是在优质碳素结构钢的基础上，适当地加入一种或数种合金元素而制成的钢种。该材料主要用于制作要求高强度、高韧性、截面尺寸较大的和较重要的调质零件。

④ 干气密封的选择　压缩机可能出现反转情况，因而干气密封需选择双旋向。机组实际运行中水蒸气含量比较高，因而干气密封系统中必须有除水系统。

（3）应用介绍

内蒙古大唐国际克什克腾 40 亿立方米/年煤制天然气项目一期采用的甲烷化循环压缩机是 ATLAS COPCO 公司的异步电动机驱动、一段一级压缩的离心式压缩机。离心式压缩机由增速齿轮组驱动，齿轮组采用低噪声的单螺旋正齿轮。异步电动机通过齿轮箱大齿轮轴来驱动各级叶轮旋转。

甲烷化循环压缩机通过入口导叶和冷旁路调节负荷，采用出口压力控制的控制模式。负荷调节范围满足工艺各工况的要求。压缩机安装在钢制底架上，异步电动机坐落在同一钢制底架上。独立式润滑油系统位于驱动机机旁，为离心式压缩机和异步电动机提供润滑油。密封气分离罐、密封气加热器和密封气增压机在主机底架上或位于机旁的单独底架上。离心式压缩机采用串级干气密封，工艺气体无外泄漏，确保机组安全可靠地运行。每台甲烷化循环压缩机配备一台 ITCC 控制柜，为整个机组包括离心式压缩机和异步电动机提供独立的保护和控制功能，并具有与工厂中央控制系统通信的功能。

（4）主要技术参数

离心式压缩机主要参数如表 5-9 所示。

表 5-9　离心式压缩机主要参数

名称	数值	单位	注释
离心式压缩机总轴功率	2550	kW	
异步电动机额定功率	2920	kW	

名称	数值	单位	注释
低速轴转速	2960	r/min	电机驱动轴
第一高速轴转速	10014	r/min	
离心式压缩机边界入口压力变化范围(绝对压力)	2.78～2.85	MPa	
离心式压缩机边界入口温度变化范围	约 152	℃	
离心式压缩机边界出口压力变化范围(绝对压力)	约 3.17	MPa	

（5）工艺流程

循环压缩机工艺流程：第二甲烷化反应器反应后的气体温度在 620℃ 左右，用于在第二甲烷化锅炉生产蒸汽并在循环换热器中预热循环气体。离开循环换热器的气体分成两股：一股进入第一补充甲烷化反应器；另一股压力为 2.88MPa，温度为 280℃，进入循环锅炉给水换热器进行换热，换热后气体压力为 2.83MPa，温度为 180℃，进入脱盐水加热器进一步进行冷却，冷却后的气体进入循环气液分离器进行气液分离，液体经过自调阀进入工艺冷凝液冷却器进行换热后进入工艺冷凝液闪蒸罐最后送往界外，分离后的气体压力为 2.78MPa，温度为 152℃，进入循环气压缩机经过一级叶轮压缩后的气体压力为 3.17 MPa，温度为 168℃，一部分气体进入循环气压缩机，保证压缩机的入口流量防止喘振，大部分进入循环气换热器进行换热，换热后的气体压力为 3.14 MPa，温度为 331℃，进入第一甲烷化反应器，调节反应器入口温度。

（6）循环压缩机开停车流程

① 干气密封流程

a. 一级密封的投用：压缩机开、停车时一级密封气采用低压氮气通过密封气增压机增压后，经截止阀进入密封气分离罐，进行气液分离后，氮气经过密封气加热器进入过滤器，过滤后的氮气进入变速机箱高速小齿轮轴两端的一级密封腔，必须保证一级密封腔体压力大于平衡管压力 0.15MPa 以上，方可启动压缩机组。

一级密封气的主要作用：防止压缩机内不洁净气体污染一级密封端面，同时伴随着压缩机的高速旋转，通过一级密封端面螺旋槽泵送到一级密封放空火炬腔体，并在密封端面间形成气膜，对端面起润滑、冷却等作用。该气体绝大部分通过压缩机的轴端迷宫进入机内，只有极少部分通过一级密封端面进入一级密封放空火炬腔体。

b. 隔离气和二级密封气的投用：采用从管网来的经过滤后的低压氮气，通过自调阀调节后的氮气分为两路，一路作为二级密封气进入变速机箱高速小齿轮轴两端二级密封腔，另一路进入压缩机入口导叶。后置隔离气采用从管网来的仪表空气，通过自调阀调节后的仪表空气分为三路，一路作为后置隔离气进入变速机箱高速小齿轮轴两端后置隔离气密封腔，另一路进入压缩机入口导叶，还有一路进入干气密封系统就地仪表控制柜。

二级密封气的主要作用：阻止从一级密封端面泄漏的少量介质气体进入二级密封端面，并保证二级密封安全可靠运行，其大部分气体与一级密封端面泄漏的少量介质气通过一级密封排放腔体进入放空火炬管线，只有少部分气体通过二级密封端面进入二级密封放空腔体后，与部分后置隔离气高点放空。后置隔离气的主要作用是保证二级密封端面不受压缩机轴承润滑油气的污染。该气体一部分与二级密封端面泄漏的少部分氮气高点放空，另一部分通过后置密封梳齿经轴承呼吸帽口放空。

② 油路工艺流程　循环气压缩机采用透平润滑油。设置有主、辅油泵：主油泵结构为螺杆式，由齿轮箱驱动；辅油泵结构为齿轮式，由电机驱动（循环气压缩机开车或停车时使

用）。从油箱出来的透平机油经油泵加压，由冷却器冷却到 43～49℃后，进入油过滤器。出油过滤器的油，一路作为润滑油，大部分去轴承各个润滑点润滑，回油回到油箱，小部分经限流孔板流经高位油箱然后溢流回油箱。油箱内设有油加热器开关和低油位开关：当温度低于 21℃时，需开加热器加热；当温度高于 24℃时，关闭油加热器。

（7）国产化进展

国内的大型离心式压缩机产业近些年取得了巨大进步，与国外的差距主要表现在压缩机的效率与能耗指标上。如大流量机组，比国外机组效率差 1%～1.5%左右，流量越大，效率相差越小。就高压小流量机组来说，效率差在 1%～2%之间。这一指标比 10 年前的 5%～6%有了非常大的提高。

甲烷化装置循环气压缩机技术参数如介质组成、入口温度、压缩比等，与国内 Shell 气化激冷气压缩机相近，且国内已有多台 Shell 气化国产化激冷气循环压缩机的成功运行业绩。大唐阜新煤制天然气公司在经过系统调研、专家论证的基础上，与国内压缩机行业的领头羊——沈阳鼓风机集团有限公司强强联合，开展国产化甲烷化循环压缩机的科技攻关，据悉，循环压缩机已经完成制造和现场安装，将实现工业化应用。

◆参考文献◆

[1] 逄进,徐智渝. 耐硫甲烷化的开发研究 [J]. 煤气与热力,1991 (4)：4-11.

[2] 王玮涵,李振花,王保伟,等. 耐硫甲烷化的研究进展 [J]. 化工学报,2015,66 (9)：3357-3366.

[3] 孙琦,孙守理,秦绍东,等. 新型耐硫直接甲烷化过程及催化剂开发 [J]. 化工进展,2012,31 (s)：226-228.

[4] KOPYSCINSKI J, SCHILDHAUER T J, BIOLLAZ S M A. Production of synthetic natural gas（SNG）from coal and dry biomass-a technology review from 1950 to 2009 [J]. Fuel, 2010, 89 (8)：1763-1783.

[5] KOPYSCINSKI J, SCHILDHAUER T J, BIOLLAZ S M A. Methanation in a fluidized bed reactor with high initial CO partial pressure（Ⅰ）：Experimental investigation of hydrodynamics, mass transfer effects, and carbon deposition [J]. Chemical Engineering Science, 2011, 66 (5)：924-934.

[6] 姚辉超,宋鹏飞,侯建国,等. 新型煤制气甲烷化无循环工艺探究 [J]. 现代化工,2016,36 (3)：153-155.

[7] 于孟林. 中国首创无循环甲烷化新工艺 [J]. 化工管理,2016 (7)：65.

[8] 张天开,张永发,丁晓阔,等. 煤直接加氢制甲烷研究进展 [J]. 化工进展,2015,34 (2)：349-359.

[9] 王占英. 煤加氢直接甲烷化产业化进展研究 [J]. 中国新技术新产品,2015 (2)：50-52.

[10] 张济宇,陈颜,林驹. 催化气化工业化进程展望 [J]. 炭转化,2010,33 (4)：90-97.

[11] 孟磊,周敏,王芬. 煤催化气化催化剂研究进展 [J]. 煤气与热力,2010,30 (4)：18-22.

[12] YEBOAH Y D, XU Yong, SHETH A, et al. Catalytic gasification of coal using eutectic salts：identification of eutectics [J]. Carbon, 2003, 41 (2)：203-214.

[13] LI Weiwei, LI Kezhong, QU Xuan, et al. Simulation of catalytic coal gasification in a pressurized jetting fluidized bed：effects of operating conditions [J]. Fuel Processing Technology, 2014, 126：504-512.

[14] 陈绍谦. 一氧化碳甲烷化反应研究 [J]. 化学研究与应用,1998,10 (2)：154-158.

[15] YADAV R, RINKER R G. Steady-state methanation kinetics over a Ni/Al$_2$O$_3$ catalyst [J]. The Canadian Journal of Chemical Engineering, 1993, 71 (2)：202-208.

[16] SEHESTED J, DAHL S, JACOBSEN J, et al. Methanation of CO over nickel：mechanism and kinetics at high H$_2$/CO ratios [J]. The Journal of Physical Chemistry B, 2005, 109 (6)：2432-2438.

[17] LÖWE A, TANGER U. Kinetic studies on catalytic methanation by means of a concentration-controlled recycle reactor [J]. Chemical Engineering and Technology, 1987, 10 (1)：361-367.

［18］　AKSOYLU A E，ÖNSAN Zi. Kinetics of CO hydrogenation over Ni-Mo/Al$_2$O$_3$ catalysts with and without K pro-
motion ［J］. Industrial & Engineering Chemistry Research，1998，37（6）：2397-2403.

［19］　KOPYSCINSKI J. Production of synthetic natural gas in a fluidized bed reactor. understanding the hydrodynamic，
mass transfer，and kinetic effects ［D］. Eidgenössische Technische Hochschule Zürich，2010.

［20］　SHASHIDHARA G M，RAVINDRAM M. A kinetics study of methanetion of CO$_2$ over Ni-Al$_2$O$_3$ catalyst
［J］. Reaction Kinetics，Mechanisms and Catalysis，1988，37（2）：451-456.

［21］　VAN HERWIJNEN T，VAN DOESBURG H，DE JONG W A. Kinetics of the methanation of CO and CO$_2$ on a
nickel catalyst ［J］. Journal of Catalysis，1973，28（3）：391-402.

［22］　VLASENKO V M，YUZEFOVICH G E. Mechanism of the catalytic hydrogenation of oxides of carbon to methane
［J］. Uspekhi Khimii，1969，9：1622-1634.

［23］　COGNION J M，MARGARIN J. Kinetics of methanation of carbon oxides ［J］. Kinetika i Kataliz，1976，16
（6）：1552-1559.

［24］　IBRAEVA Z A，NEKRASOV N V，YAKERSON V I，et al. Kinetics of methanetion of carbon monoxide on a
nickel catalyst ［J］. Kinetics and Catalysis，1987，28（2）：339-344.

［25］　HAYES R E，THOMAS W J，HAYES K E. A study of the nickel-catalyzed methanation reaction ［J］. Journal
of Catalysis，1985，92（2）：312-326

第6章
合成气甲烷化反应器的数学模拟

6.1 合成气甲烷化反应器模拟研究进展

随着化学反应工程学的飞速发展和计算机技术的普及使用，运用数值方法求解数学模型来模拟化工过程已成为可能。在掌握合成器甲烷化反应热力学和动力学数据的基础上，通过分析合成气甲烷化反应器的性能，运用化学反应工程理论建立合成气甲烷化数学模型，继而进行模拟计算，一方面根据给定的进料组成及反应器尺寸可以计算反应器出口组成和温度，并可以计算出催化剂床层中温度分布、压力分布和各成分的浓度分布。另一方面，还可以用于设计合成气甲烷化反应器的结构形式和尺寸，进行反应器条件和操作条件的优化计算。国内外一些学者对合成气甲烷化反应器数学模型进行了大量研究工作，主要涉及列管式固定床甲烷化反应器、绝热固定床甲烷化反应器、流化床甲烷化反应器等。

黄永利建立了富氢体系中的甲烷化反应器模型，选择 CO 甲烷化反应作为独立反应，在富氢体系下以 CO 甲烷化为主要反应建立了一维拟均相数学模型，并采用龙格-库塔法（Runge-Kutta）对方程求解，获得了富氢体系下甲烷化反应器内各组分的摩尔分数和床层温度随轴向的分布，计算结果与实际生产值吻合良好。但此模型仅适用于富氢体系下微量 CO 的脱除。

于广锁等建立了耐硫甲烷化列管式反应器的数学模型，运用隐式差分法求解，对甲烷化反应器的设备参数和操作参数的灵敏度进行了模拟分析。结果表明，管径对温度分布影响很大，选取合适的管径非常必要。管数选取应兼顾反应工程和机械工程，气体入口温度及熔盐流量的影响不显著，体现操作弹性大。吴连弟等建立了耐硫甲烷化列管式反应器的拟均相二维模型，考察了设备参数和操作条件对反应床层的影响。

Er-Rbib 等选取了 CO 甲烷化反应和 CO_2 甲烷化反应作为独立反应，根据文献所提供的宏观动力学方程，建立了适用于低温、低压条件下的甲烷化反应器模型，计算的浓度分布曲线与实验值吻合较好。Doesburg 分析了拟均相反应器和非均相反应模型的特点，并建立了低温甲烷化反应器模型，同时对反应器的传递行为进行了研究。

詹雪新选择了 CO 甲烷化反应和 CO 变换反应作为独立反应，根据文献中的双曲线动力学模型，建立了合成气甲烷化反应器数学模型，可以预测反应器内轴向浓度分布和温度分布。谭雷选择 CO 甲烷化反应和 CO 变换反应作为独立反应，以 CH_4 和 CO_2 为关键组分，建立了绝热固定床甲烷化反应器拟均相一维模型，获得了反应器内轴向浓度分布和温度分布等。白晓波等建立了甲烷化固定床反应器拟均相二维模型，模拟数据与实验数据吻合较好，同时研究了反应器高径比、进料温度、空速、原料气组成对高温甲烷化反应器内部温度和浓度分布的影响。王兆东等建立了高温甲烷化绝热固定床反应器的一维数学模型，采用 Runge-Kutta 法求解数学模型，对合成气甲烷化反应动力学模型中的甲烷化反应平衡常数进行了计算分析和调整，采用 Matlab 计算了第一甲烷化反应器中浓度和温度分布。

　　张亚新课题组利用 ANSYS CFX 有限元数值模拟方法，以新疆庆华煤制天然气项目高温甲烷化反应器为对象，建立了多孔介质内化学反应、热交换与质量传递的气-固两相反应器模型，对反应器内部流场、温度场及组分浓度的分布进行了计算，但计算结果与实际数据有一定偏差。

　　Kopyscinski 等考虑了 CO 甲烷化反应和水煤气变换反应，采用浓相-气泡相流化床模型，建立了流化床甲烷化反应器数学模型，模拟结果与实验结果吻合较好。

6.2　绝热甲烷化反应器数学模型

6.2.1　绝热甲烷化反应器数学模型建立

（1）　基本假设

　　绝热固定床甲烷化反应器的基本特点有：催化剂床层直径远大于催化剂颗粒的直径；催化剂床层高度与催化剂颗粒直径之比一般大于 100；反应器与外界没有热量交换。因此，绝热式固定床反应器可以不考虑轴向返混和径向温度梯度与浓度梯度，甲烷化反应器可简化为一维拟均相平推流模型，对于合成气甲烷化快速放热反应体系，采用拟均相反应器模型可以得到满意的结果。其基本假定如下：

① 原料气在反应器中以活塞流流过，不存在轴向返混；

② 催化剂床层同一径向截面不存在浓度、温度、速度及压力差；

③ 反应速率按气流主体浓度、温度、压力计算；

④ 忽略反应物料在轴向和径向的扩散传导作用及径向的对流作用。

（2）　物料衡算

甲烷化反应器中可能发生的化学反应有多种，主要反应有以下三种：

$$3H_2 + CO \rightleftharpoons CH_4 + H_2O \tag{6-1}$$

$$4H_2 + CO_2 \rightleftharpoons CH_4 + 2H_2O \tag{6-2}$$

$$CO + H_2O \rightleftharpoons CO_2 + H_2 \tag{6-3}$$

　　其中，式（6-1）为 CO 甲烷化反应，式（6-2）为 CO_2 甲烷化反应，式（6-3）为变换反应。合成气甲烷化反应体系共有 6 种主要组分，分别为 CO、CO_2、H_2、H_2O、CH_4、N_2，包含了 C、H、O、N 四种元素，利用原子矩阵法得出反应体系的独立反应数为 2。因此，在高温甲烷化反应器中，主要发生的化学反应是式（6-1）和式（6-3），因此选择反应式（6-1）和式（6-3）作为独立反应。在中低温甲烷化反应器中主要发生的反应是式（6-1）和式（6-2），因此选择式（6-1）和式（6-2）作为独立反应。合成器甲烷化反应体系的关键组分选择为 CO_2 和 CH_4。根据独立反应式（6-1）和式（6-3）列出的物料衡算表见表 6-1。

表 6-1 物料衡算表

组分	起始时刻		反应某一时刻	
	y_i^0	N_i^0	y_i	N_i
CO	y_{CO}^0	N_{CO}^0		$N_T^0(y_{CO}^0+y_{CH_4}^0+y_{CO_2}^0)-N_T(y_{CH_4}+y_{CO_2})$
CO_2	$y_{CO_2}^0$	$N_{CO_2}^0$	y_{CO_2}	$N_T y_{CO_2}$
H_2	$y_{H_2}^0$	$N_{H_2}^0$		$N_T^0(y_{H_2}^0-y_{CO_2}^0+3y_{CH_4}^0)+N_T(y_{CO_2}-3y_{CH_4})$
H_2O	$y_{H_2O}^0$	$N_{H_2O}^0$		$N_T^0(y_{H_2O}^0+y_{CO_2}^0-y_{CH_4}^0)-N_T(y_{CO_2}-y_{CH_4})$
CH_4	$y_{CH_4}^0$	$N_{CH_4}^0$	y_{CH_4}	$N_T y_{CH_4}$
N_2	$y_{N_2}^0$	$N_{N_2}^0$		$N_T^0 y_{N_2}^0$
总计	1	N_T^0	1	N_T

采用独立反应式（6-1）和式（6-2）将得到同样的物料衡算结果。

根据表 6-1 的衡算结果，可得到 CO、H_2、H_2O、N_2 等组分在任意反应时刻的摩尔分数：

$$y_{CO}=\frac{N_T^0}{N_T}(y_{CO}^0+y_{CH_4}^0+y_{CO_2}^0)-(y_{CO_2}+y_{CH_4}) \tag{6-4}$$

$$y_{H_2}=\frac{N_T^0}{N_T}(y_{H_2}^0-y_{CO_2}^0+3y_{CH_4}^0)+(y_{CO_2}-3y_{CH_4}) \tag{6-5}$$

$$y_{H_2O}=\frac{N_T^0}{N_T}(y_{H_2O}^0+y_{CO_2}^0-y_{CH_4}^0)-(y_{CO_2}-y_{CH_4}) \tag{6-6}$$

$$y_{N_2}=\frac{N_T^0}{N_T}y_{N_2}^0 \tag{6-7}$$

此外，由摩尔分数的归一化，可推出起始总摩尔流量和反应任意时刻的总摩尔流量之间具有以下的数学关系：

$$\frac{N_T^0}{N_T}=\frac{1+2y_{CH_4}}{1+2y_{CH_4}^0} \tag{6-8}$$

（3）守恒方程组的建立

在化工质量和能量传递过程中，存在着下述的普遍守恒关系：

$$\left\{\begin{array}{c}进入微元体\\的热能速率\end{array}\right\}-\left\{\begin{array}{c}流出微元体\\的热能速率\end{array}\right\}+\left\{\begin{array}{c}微元体内热\\能的生成速率\end{array}\right\}+\left\{\begin{array}{c}微元体与环境\\的热量交换\end{array}\right\}=0 \tag{6-9}$$

$$\left\{\begin{array}{c}进入微元体的\\组分质量流率\end{array}\right\}-\left\{\begin{array}{c}流出微元体的\\组分质量流率\end{array}\right\}+\left\{\begin{array}{c}微元体内组\\分生成速率\end{array}\right\}=0 \tag{6-10}$$

现以高温甲烷化反应器为研究对象，利用壳体平衡法详细推导关键组分的质量守恒方程和反应系统的能量守恒方程。如图 6-1 所示，反应器催化剂床层的横截面积为 A，取床层高度为 dl 的微元圆柱体，则微元控制体的体积为 $A dl$。

根据微元控制体内的守恒关系，列出关键组分 CH_4 的质量守恒方程：

$$N_{CH_4}-\left(N_{CH_4}+\frac{\partial N_{CH_4}}{\partial l}dl\right)+\rho_B r_1 A dl=0 \tag{6-11}$$

进一步简化式（6-11）可得：

$$\frac{\partial N_{CH_4}}{\partial l}=\rho_B r_1 A \tag{6-12}$$

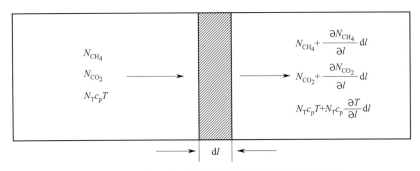

图 6-1 甲烷化反应器催化剂床层微元控制体示意图

由于是一维模型，因此上式可转化为微分方程形式：

$$\frac{dN_{CH_4}}{dl} = \rho_B r_1 A \tag{6-13}$$

将式 (6-13) 转化为摩尔分数的微分方程形式：

$$\frac{d(N_T y_{CH_4})}{dl} = \rho_B r_1 A \tag{6-14}$$

由式 (6-8) 可得：

$$N_T = \frac{N_T^0 (1 + 2y_{CH_4}^0)}{1 + 2y_{CH_4}} \tag{6-15}$$

将式 (6-15) 代入式 (6-14)，进行微分：

$$\frac{N_T^0 (1 + 2y_{CH_4}^0)}{(1 + 2y_{CH_4})^2} \times \frac{dy_{CH_4}}{dl} = \rho_B r_1 A \tag{6-16}$$

将上式进行整理，可获得 CH_4 组分的最终质量守恒方程：

$$\frac{dy_{CH_4}}{dl} = \frac{\rho_B A (1 + 2y_{CH_4})^2}{N_T^0 (1 + 2y_{CH_4}^0)} r_1 \tag{6-17}$$

同样，对 CO_2 组分建立质量守恒方程如下：

$$N_{CO_2} - \left(N_{CO_2} + \frac{\partial N_{CO_2}}{\partial l} dl\right) + \rho_B r_3 A \, dl = 0 \tag{6-18}$$

整理可得：

$$\frac{dN_{CO_2}}{dl} = \rho_B r_3 A \tag{6-19}$$

转化为摩尔分数微分方程形式：

$$\frac{d(N_T y_{CO_2})}{dl} = \rho_B r_3 A \tag{6-20}$$

将式 (6-15) 代入上式进行微分：

$$N_T^0 (1 + 2y_{CH_4}^0) \frac{\dfrac{(1 + 2y_{CH_4}) dy_{CO_2} - 2y_{CO_2} dy_{CH_4}}{(1 + 2y_{CH_4})^2}}{dl} = \rho_B r_3 A \tag{6-21}$$

对式 (6-21) 整理可得：

$$\frac{1}{(1+2y_{CH_4})} \times \frac{dy_{CO_2}}{dl} = \frac{\rho_B r_3 A}{N_T^0 (1+2y_{CH_4}^0)} + \frac{2y_{CO_2}}{(1+2y_{CH_4})^2} \times \frac{dy_{CH_4}}{dl} \tag{6-22}$$

将 CH_4 的质量守恒方程式（6-17）代入式（6-22）有：

$$\frac{1}{(1+2y_{CH_4})} \times \frac{dy_{CO_2}}{dl} = \frac{\rho_B r_3 A}{N_T^0 (1+2y_{CH_4}^0)} + \frac{2y_{CO_2}}{(1+2y_{CH_4})^2} \times \frac{\rho_B A (1+2y_{CH_4})^2}{N_T^0 (1+2y_{CH_4}^0)} r_1 \tag{6-23}$$

对式（6-23）整理可得 CO_2 组分的最终质量守恒方程式：

$$\frac{dy_{CO_2}}{dl} = \frac{\rho_B A (1+2y_{CH_4})}{N_T^0 (1+2y_{CH_4}^0)} (r_3 + 2y_{CO_2} r_1) \tag{6-24}$$

一维拟均相绝热固定床的能量守恒关系式如下：

$$N_T C_p T - \left(N_T C_p T + N_T C_p \frac{\partial T}{\partial l} dl \right) + \rho_B \left[r_1 (-\Delta H_1) + r_3 (-\Delta H_3) \right] A dl = 0 \tag{6-25}$$

进一步可得：

$$\frac{dT}{dl} = \frac{\rho_B A \left[r_1 (-\Delta H_1) + r_3 (-\Delta H_3) \right]}{N_T C_p} \tag{6-26}$$

将式（6-15）代入上式得到能量守恒方程的最终形式：

$$\frac{dT}{dl} = \frac{\rho_B A (1+2y_{CH_4}) \left[r_1 (-\Delta H_1) + r_3 (-\Delta H_3) \right]}{N_T^0 C_p (1+2y_{CH_4}^0)} \tag{6-27}$$

此外，利用式（6-17）和式（6-24）约去上式中的 r_1 和 r_3，可推出能量守恒方程的另一种形式：

$$\frac{dT}{dl} = \frac{(-\Delta H_1) - 2y_{CO_2}(-\Delta H_3)}{(1+2y_{CH_4}) C_p} \times \frac{dy_{CH_4}}{dl} + \frac{(-\Delta H_3)}{C_p} \times \frac{dy_{CO_2}}{dl} \tag{6-28}$$

同理，可推出中低温甲烷化反应器的 CH_4、CO_2 的质量守恒方程及体系的能量守恒方程，具体方程如下：

CH_4 的质量守恒方程：

$$\frac{dy_{CH_4}}{dl} = \frac{\rho_B A (1+2y_{CH_4})^2}{N_T^0 (1+2y_{CH_4}^0)} (r_1 + r_2) \tag{6-29}$$

CO_2 的质量守恒方程：

$$\frac{dy_{CO_2}}{dl} = \frac{\rho_B A (1+2y_{CH_4})}{N_T^0 (1+2y_{CH_4}^0)} \left[2y_{CO_2}(r_1 + r_2) - r_2 \right] \tag{6-30}$$

能量守恒方程：

$$\frac{dT}{dl} = \frac{\rho_B A (1+2y_{CH_4}) \left[r_1 (-\Delta H_1) + r_2 (-\Delta H_2) \right]}{N_T^0 C_p (1+2y_{CH_4}^0)} \tag{6-31}$$

忽略床层内流动引起的动量变化及流体内部速度梯度的作用，床层内的动量守恒关系可用下式表示：

$$\frac{dp}{dl} = -F_D u \tag{6-32}$$

式中，F_D 为床层曳力，具体表达式可采用 Ergun 方程描述：

$$F_D = \frac{150\mu(1-\varepsilon)^2}{d_p^2 \varepsilon^3} + \frac{1.75\rho(1-\varepsilon)}{d_p \varepsilon^3} u \tag{6-33}$$

将式（6-33）代入式（6-32），可得动量守恒方程的最终表达式：

$$\frac{\mathrm{d}p}{\mathrm{d}l} = -\left[\frac{150\mu(1-\varepsilon)^2}{d_{\mathrm{p}}^2\varepsilon^3}u + \frac{1.75\rho(1-\varepsilon)}{d_{\mathrm{p}}\varepsilon^3}u^2\right] \tag{6-34}$$

对上述的高温甲烷化反应器和中低温甲烷化反应器的一维拟均相数学模型进行汇总整理，如表 6-2 所示。

表 6-2　绝热甲烷化反应器一维拟均相数学模型汇总

高温甲烷化反应器	$\dfrac{\mathrm{d}y_{CH_4}}{\mathrm{d}l} = \dfrac{\rho_{\mathrm{B}}A(1+2y_{CH_4})^2}{N_{\mathrm{T}}^0(1+2y_{CH_4}^0)}r_1$	(6-35)
	$\dfrac{\mathrm{d}y_{CO_2}}{\mathrm{d}l} = \dfrac{\rho_{\mathrm{B}}A(1+2y_{CH_4})}{N_{\mathrm{T}}^0(1+2y_{CH_4}^0)}(r_3 + 2y_{CO_2}r_1)$	(6-36)
	$\dfrac{\mathrm{d}T}{\mathrm{d}l} = \dfrac{\rho_{\mathrm{B}}A(1+2y_{CH_4})\left[r_1(-\Delta H_1)+r_3(-\Delta H_3)\right]}{N_{\mathrm{T}}^0 C_p(1+2y_{CH_4}^0)}$	(6-37)
中低温甲烷化反应器	$\dfrac{\mathrm{d}y_{CH_4}}{\mathrm{d}l} = \dfrac{\rho_{\mathrm{B}}A(1+2y_{CH_4})^2}{N_{\mathrm{T}}^0(1+2y_{CH_4}^0)}(r_1+r_2)$	(6-38)
	$\dfrac{\mathrm{d}y_{CO_2}}{\mathrm{d}l} = \dfrac{\rho_{\mathrm{B}}A(1+2y_{CH_4})}{N_{\mathrm{T}}^0(1+2y_{CH_4}^0)}\left[2y_{CO_2}(r_1+r_2)-r_2\right]$	(6-39)
	$\dfrac{\mathrm{d}T}{\mathrm{d}l} = \dfrac{\rho_{\mathrm{B}}A(1+2y_{CH_4})\left[r_1(-\Delta H_1)+r_2(-\Delta H_2)\right]}{N_{\mathrm{T}}^0 C_p(1+2y_{CH_4}^0)}$	(6-40)
动量守恒方程	$\dfrac{\mathrm{d}p}{\mathrm{d}l} = -\left[\dfrac{150\mu(1-\varepsilon)^2}{d_{\mathrm{p}}^2\varepsilon^3}u + \dfrac{1.75\rho(1-\varepsilon)}{d_{\mathrm{p}}\varepsilon^3}u^2\right]$	(6-41)
其他关联式	$y_{CO} = \dfrac{N_{\mathrm{T}}^0}{N_{\mathrm{T}}}(y_{CO}^0 + y_{CH_4}^0 + y_{CO_2}^0) - (y_{CO_2}+y_{CH_4})$	(6-42)
	$y_{H_2} = \dfrac{N_{\mathrm{T}}^0}{N_{\mathrm{T}}}(y_{H_2}^0 - y_{CO_2}^0 + 3y_{CH_4}^0) + (y_{CO_2}-3y_{CH_4})$	(6-43)
	$y_{H_2O} = \dfrac{N_{\mathrm{T}}^0}{N_{\mathrm{T}}}(y_{H_2O}^0 + y_{CO_2}^0 - y_{CH_4}^0) - (y_{CO_2}-y_{CH_4})$	(6-44)
	$y_{N_2} = \dfrac{N_{\mathrm{T}}^0}{N_{\mathrm{T}}}y_{N_2}^0$	(6-45)
	$N_{\mathrm{T}} = \dfrac{N_{\mathrm{T}}^0(1+2y_{CH_4}^0)}{1+2y_{CH_4}}$	(6-46)

由表 6-2 所列的守恒方程组及关联式，可对绝热甲烷化反应器进行数学描述，获得床层内沿轴向的浓度、温度、压力分布。

（4）模型参数的确定

① 气体混合物密度　气体混合物的密度 ρ 可采用下式进行计算：

$$\rho = \frac{pM}{ZRT} \qquad (6\text{-}47)$$

式中　p——压力；

M——平均分子量；

Z——压缩因子；

R——气体常数；

T——温度。

压缩因子 Z 可利用混合物的 RK 方程计算：

$$Z = \frac{1}{1-h} - \frac{a_M}{b_M RT^{1.5}} \left(\frac{h}{1+h} \right) \qquad (6\text{-}48)$$

$$h = \frac{b_M p}{ZRT} \qquad (6\text{-}49)$$

纯物质 RK 方程参数为：

$$a_i = 0.42748 R^2 T_{ci}^{2.5} / p_{ci} \qquad (6\text{-}50)$$

$$b_i = 0.08664 RT_{ci} / p_{ci} \qquad (6\text{-}51)$$

混合物 RK 方程参数利用混合规则可得：

$$a_M = \sum_i \sum_j y_i y_j a_{ij} \qquad (6\text{-}52)$$

$$b_M = \sum_i y_i b_i \qquad (6\text{-}53)$$

交叉项 a_{ij} 利用 Prausnitz 等建议的关联式计算：

$$a_{ij} = \frac{0.42748 R^2 T_{cij}^{2.5}}{p_{cij}} \qquad (6\text{-}54)$$

由上述方程计算密度所需的临界参数如表 6-3 所示。

表 6-3　纯组分临界参数

组分	T_c/K	p_c/MPa	$V_c/(\text{mL/mol})$	ω
CO	132.9	3.50	93.2	0.066
CO_2	304.2	7.37	93.9	0.239
H_2	33.2	1.30	65.1	-0.218
H_2O	647.3	22.05	57.1	0.344
CH_4	190.6	4.604	99.0	0.012
N_2	126.2	3.39	89.8	0.039

② 气体混合物比热容及反应热　真实纯组分气体的比热容可利用 Lee-Kesler 普遍化计算法计算：

$$C_{p,i} - C_{p,i}^{ig} = (\Delta C_{p,i})^{(0)} + \omega_i (\Delta C_{p,i})^{(1)} \qquad (6\text{-}55)$$

式中　$(\Delta C_{p,i})^{(0)}$——简单流体贡献项；

$(\Delta C_{p,i})^{(1)}$——偏差项。

理想气体纯组分的比热容 $C_{p,i}^{ig}$ 与温度的关联式见表 6-4。

气体混合物的比热容 C_p 可通过下式计算：

$$C_p = \sum_i y_i C_{p,i} \tag{6-56}$$

气体纯组分的焓可通过下式进行计算：

$$H_i = \Delta H_{f,298.15,i}^{\ominus} + \int_{298.15}^{T} C_{p,i}^{ig} \mathrm{d}T + H_i^{R} \tag{6-57}$$

式中，纯组分的标准生成焓 $\Delta H_{f,298.15,i}^{\ominus}$ 列于表 6-4，剩余焓 H_i^{R} 可通过 RK 方程推导的下述公式计算：

$$\frac{H_i^{R}}{RT} = Z_i - 1 - \frac{3}{2} \times \frac{A_i}{B_i} \ln(1 + \frac{B_i}{Z_i}) \tag{6-58}$$

$$A_i = \frac{a_i p}{R^2 T^{2.5}} \tag{6-59}$$

$$B_i = \frac{b_i p}{RT} \tag{6-60}$$

因此，CO 甲烷化、CO_2 甲烷化及变换反应的反应热计算通式可表示为：

$$\Delta H_k = \sum_i \sum_k v_{ik} H_i \tag{6-61}$$

表 6-4　定压比热容及标准生成焓

组分	$\Delta H_{f,298.15}^{\ominus}$ /(kJ/mol)	$C_p^{ig} = A + BT + CT^2 + DT^{-2}/[\mathrm{J/(mol \cdot K)}]$				
		A	$10^3 B$	$10^6 C$	$10^{-5} D$	温度范围/K
CO	−110.525	3.376	0.557	0	−0.031	298～2500
CO_2	−393.509	5.457	1.045	0	−1.157	298～2000
H_2	0	3.249	0.422	0	0.083	298～3000
H_2O	−241.818	3.470	1.450	0	0.121	298～2000
CH_4	−74.520	1.702	9.081	−2.164	0	298～1500
N_2	0	3.280	0.593	0	0.040	298～2000

③ 气体混合物黏度　模型中混合气体的黏度 μ 可采用对比状态法计算：

$$\mu = \mu_{rm} \mu_{cm} \tag{6-62}$$

式中　μ_{rm}——混合气体对比黏度；

μ_{cm}——混合气体临界黏度。

二者可以通过下列公式计算：

$$\mu_{cm} = \sum_i y_i \mu_{ci} \tag{6-63}$$

当 $p_{rm} \leqslant 1$ 时：

$$\mu_{rm} = 0.64 T_{rm}^{0.6} + 1.43 T_{rm}^{-3.98} p_{rm} \tag{6-64}$$

当 $p_{rm} > 1$ 时：

$$\mu_{rm} = 0.64 T_{rm}^{0.6} + 1.43 T_{rm}^{-3.98} + 0.275 T_{rm}^{-1.54} (p_{rm} - 1) \tag{6-65}$$

式（6-63）～式（6-65）中，μ_{ci} 为各组分的临界黏度，T_{rm} 为混合气体对比温度，p_{rm} 为混合气体对比压力。各组分的摩尔质量及临界黏度列于表 6-5。

表 6-5　各组分摩尔质量及临界黏度

组分	$M/(\mathrm{g/mol})$	$\mu_c/\mathrm{Pa \cdot s}$
CO	28.010	0.0685
CO_2	44.010	0.1235

组分	$M/(g/mol)$	$\mu_c/Pa \cdot s$
H_2	2.016	0.0125
H_2O	18.015	0.1786
CH_4	16.043	0.0580
N_2	28.013	0.0655

④ 反应动力学方程　根据实验数据拟合得到的 CO 甲烷化反应、CO_2 甲烷化反应及变换反应的本征动力学方程为：

$$r_{1,本}=1.0802\times10^{-7}\exp(-\frac{14412}{RT})p_{CO}^{1.9127}p_{H_2}^{0.1489}(1-\frac{y_{CH_4}y_{H_2O}}{K_{eq1}y_{CO}y_{H_2}^3}) \tag{6-66}$$

$$r_{2,本}=6.7492\times10^{-12}\exp(-\frac{23785}{RT})p_{CO_2}^{0.5958}p_{H_2}^{1.4526}(1-\frac{y_{CH_4}y_{H_2O}^2}{K_{eq2}y_{CO_2}y_{H_2}^4}) \tag{6-67}$$

$$r_{3,本}=2.2761\times10^{-9}\exp(-\frac{42900}{RT})p_{CO}^{0.5741}p_{H_2O}^{1.0038}(1-\frac{y_{CO_2}y_{H_2}}{K_{eq3}y_{CO}y_{H_2O}}) \tag{6-68}$$

考虑到甲烷合成反应中存在着催化剂颗粒内传递过程的影响，以及催化剂还原、中毒和衰老等问题，反应的宏观速率应为本征速率与活性校正系数（COR）的乘积。

$$r_1=COR_1 r_{1,本} \tag{6-69}$$

$$r_2=COR_2 r_{2,本} \tag{6-70}$$

$$r_3=COR_3 r_{3,本} \tag{6-71}$$

6.2.2　高温甲烷化反应器模拟结果分析

（1）基础工况

高温甲烷化反应器中装填镍基催化剂，不同的甲烷化工艺中高温甲烷化反应器中装填催化剂也不同。Davy 高温甲烷化反应器中装填组成一样、两种构型的催化剂 CRG-S2S 和 CRG-S2C。Topsoe 高温甲烷化反应器中装有 MCR-2X 甲烷化催化剂。Lurgi 高温甲烷化反应器中装填 G1-86HT 催化剂。结合 863 计划课题研究情况，本书高温反应器内部装填 DTC-M1S 催化剂。DTC-M1S 催化剂性能指标如表 6-6 所示。基准高温甲烷化反应器参数见表 6-7，原料气组成条件见表 6-8。

表 6-6　DTC-M1S 性能指标

指标名称	指标
外观	灰色，圆柱状
规格/mm	$\phi3.4\times3.5$
侧压强度/（N/颗粒）	$\geqslant160$
装填密度/（kg/m³）	1400 ± 50
操作温度/℃	$230\sim750$
操作压力/MPa	$\leqslant6$
操作空速/h⁻¹	$3000\sim30000$

表 6-7　基准高温甲烷化反应器参数表

指标名称	指标
反应器内径/m	4.488
催化剂床层高度/m	2.244
催化剂床层高径比	0.5

表 6-8　高温甲烷化反应器原料气组成条件

项目		指标
温度/℃		300
压力/MPa		3.00
流量/(kmol/h)		23786
组成(体积分数)/%	H_2	35.94
	CO	8.27
	CO_2	2.78
	CH_4	37.63
	N_2	0.27
	H_2O	15.11

　　基准高温甲烷化反应器内温度分布、浓度分布和压力分布曲线如图 6-2～图 6-4 所示（反应器垂直设置，催化剂上表面高度设置为 0m，下表面高度设置为 2.244m）。

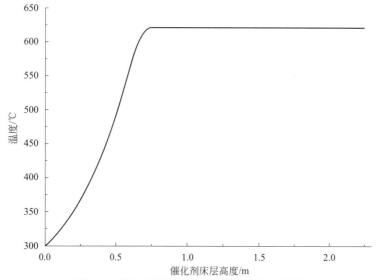

图 6-2　基准高温甲烷化反应器温度分布曲线

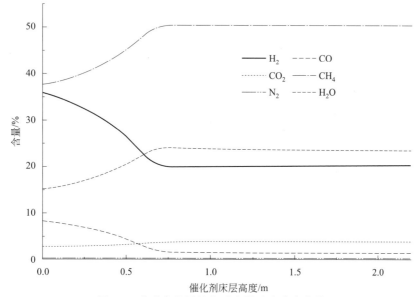

图 6-3　基准高温甲烷化反应器浓度分布曲线

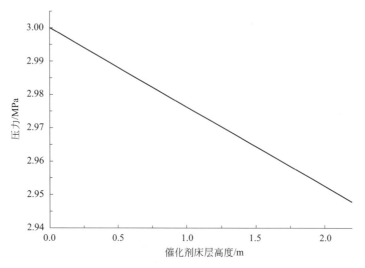

图 6-4　基准高温甲烷化反应器压力分布曲线

从图 6-2 中可以看出，催化剂床层在约 0.75m 处达到了热点温度，约 620.5℃。H_2、CO、CO_2、CH_4、H_2O 等组分在催化剂床层约 0.75m 处达到了平衡，反应器出口计算结果与理论计算结果对比如表 6-9 所示，可以看出，通过此模型计算的出口组成与理论计算出口组成误差很小，可以采用此模型对高温甲烷化反应器进行计算研究。

表 6-9　基准高温甲烷化反应器出口计算结果与理论计算结果对比

项目		进口	理论计算出口	模型计算出口
温度/℃		300	619.8	620.5
压力/MPa		3.00	2.950	2.947
流量/(kmol/h)		23786	20856	20794
组成(体积分数)/%	H_2	35.94	20.74	20.35
	CO	8.27	1.58	1.46
	CO_2	2.78	4.00	3.99
	CH_4	37.63	49.94	50.23
	N_2	0.27	0.31	0.31
	H_2O	15.11	23.43	23.66

根据图 6-2 的温度变化趋势，可以将基准高温甲烷化反应器催化剂床层分为三个反应区，也有研究者分为四个区，这与催化剂本身的活性和原料气组成有关系：

① 第一反应区　距离催化剂床层上沿 0.00～0.65m，温度范围为 300～600℃，CO 与 H_2 发生 CO 甲烷化反应，由于 CO 甲烷化反应速率大，且放热量大，体系温度迅速升高。虽然 CO 甲烷化反应速率明显大于 CO 变换速率，但 CO 变换反应也在同时发生，产生少量 CO_2。吸附态 CO 是 CO_2 甲烷化反应的中间产物之一，CO 的存在会抑制 CO_2 甲烷化反应的发生，当 CO 浓度很低时，CO_2 甲烷化反应才会发生。

② 第二反应区　距离催化剂床层上表面 0.65～0.75m，温度范围为 600～620℃，此时 CO 浓度与第一反应区相比显著降低，虽然温度升高有利于提高 CO 反应速率，但 CO 浓度降低，使体系内 CO 浓度的下降速度和体系温度的上升速度明显降低。

③ 第三反应区　距离催化剂床层 0.75～2.24m，催化剂床层温度基本维持在 620℃左右，也就是说，此时甲烷化反应体系达到了反应平衡，体系的组成和温度维持不变。

（2）催化剂床层高径比影响

催化剂床层高径比是反应器设计的重要参数，不仅影响催化剂床层结构及物料流体力学行为，也影响反应器进出口的压降和反应的转化率。在保持床层体积不变的前提下，改变催化剂床层直径和高度得到不同的高径比，如表 6-10 所示。

表 6-10 不同高径比的催化剂床层参数

高径比	0.5	1.0	1.5	2.0	2.5	3.0
床层直径 D/m	4.488	3.563	3.112	2.828	2.625	2.470
床层高度 H/m	2.244	3.563	4.668	5.656	6.563	7.410

忽略催化剂床层孔隙率和堆密度变化，不同催化剂床层高径比反应器出口气体组成列于表 6-11 中，不同高径比下催化剂床层温度分布曲线如图 6-5 所示。从表 6-11 中可以看出，气体出口温度随着高径比的增加而降低，从高径比为 0.5 时的 620.5℃降低至高径比为 3.0 时的 587.3℃。进出口气体压降随着高径比的增加而显著增加，从高径比为 0.5 时的 0.055MPa 到高径比为 3.0 时的 1.818MPa。从图 6-5 中可以看出，随着高径比的增加，催化剂床层热点位置向反应器出口方向移动，同时热点温度降低。大高径比对应小的床层直径，由于原料气体积流量不变，催化剂床层截面积变小必然导致气速增加，反应尚未完全就离开催化剂，热点位置下移，从高径比为 0.5 时的 0.75m 后移至高径比为 3.0 时的 2.55m。高径比过小，虽然可显著降低催化剂床层压降，但反应器直径过大不利于反应器的建造和运输；高径比过大，催化剂床层高度过高，不仅使催化剂床层压降显著增大并且会带来较大热量损失。在催化剂性能允许的基础上，反应器设计时需要充分考虑适宜的高径比。

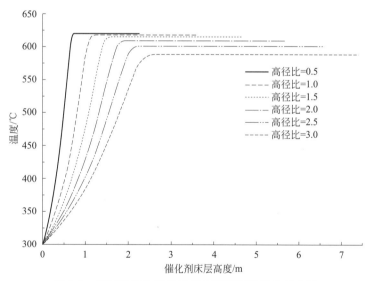

图 6-5 不同高径比条件下催化剂床层温度分布曲线

表 6-11 不同高径比计算结果

项目	进口	模型计算出口					
		高径比 0.5	高径比 1.0	高径比 1.5	高径比 2.0	高径比 2.5	高径比 3.0
温度/℃	300	620.5	617.9	614.6	609.3	601.0	587.3
压力/MPa	3.00	2.947	2.794	2.540	2.188	1.735	1.182
流量/(kmol/h)	23786	20794	20819	20852	20906	20987	21116

续表

项目		进口	模型计算出口					
			高径比 0.5	高径比 1.0	高径比 1.5	高径比 2.0	高径比 2.5	高径比 3.0
组成(体积分数)/%	H₂	35.94	20.35	20.54	20.79	21.21	21.81	22.68
	CO	8.27	1.46	1.47	1.50	1.54	1.62	1.83
	CO₂	2.78	3.99	4.03	4.07	4.15	4.23	4.30
	CH₄	37.63	50.23	50.12	49.96	49.70	49.32	48.71
	N₂	0.27	0.31	0.31	0.31	0.31	0.31	0.30
	H₂O	15.11	23.66	23.53	23.37	23.10	22.71	22.18

（3）原料气压力影响

CO 甲烷化反应是高温甲烷化反应器内主要化学反应，压力升高，反应向右移动，CO 转化率增加，体系温度上升。不同原料气压力计算结果如表 6-12 所列，不同原料气压力下催化剂床层温度分布曲线见图 6-6。

表 6-12　不同压力计算结果

项目		进口	模型计算出口					
			1.0MPa	2.0MPa	3.0MPa	4.0MPa	5.0MPa	6.0MPa
温度/℃		300	580.7	604.4	620.5	629.2	636.2	640.9
压力/MPa			0.833	1.920	2.947	3.960	4.968	5.973
流量/(kmol/h)		23786	21326	21010	20794	20650	20523	20421
组成(体积分数)/%	H₂	35.94	24.34	21.90	20.35	19.22	18.22	17.41
	CO	8.27	1.90	1.73	1.46	1.34	1.22	1.13
	CO₂	2.78	4.66	4.17	3.99	3.80	3.64	3.50
	CH₄	37.63	47.74	49.21	50.23	50.94	51.56	52.07
	N₂	0.27	0.30	0.31	0.31	0.31	0.31	0.31
	H₂O	15.11	21.06	22.69	23.66	24.40	25.05	25.58

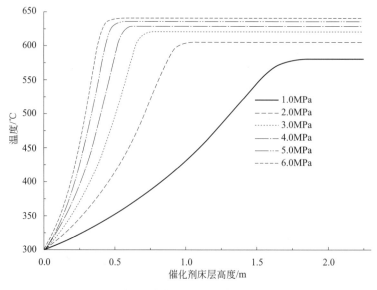

图 6-6　不同压力条件下催化剂床层温度分布曲线

从表 6-12 中可以看出，原料气压力增大，CO 转化率增大，反应器出口温度升高，从

1.0MPa 时的 580.7℃升高至 6.0MPa 时的 640.9℃。原料气体摩尔流量不变,压力增加,气体的体积流速减小,催化剂床层的压降减小,压降从 1.0MPa 时的 0.167MPa 降低至 6.0MPa 时的 0.027MPa。压力增加,气体体积缩小,单位体积反应放出热量增加,催化剂床层热点位置上移。从图 6-6 中可以看出,热点位置从 1.0MPa 时的 1.85m 上移至 6.0MPa 时的 0.60m。压力过低,不利于反应的进行,反应可能尚未达到平衡,气体就已经离开反应器;压力过高,虽然能提高甲烷化反应的程度,但对催化剂的要求显著增加,并且对装置投资也有影响。对于大型装置,需要根据煤气化技术确定合适的反应压力。

（4）原料气温度影响

在原料气组成、压力不变的条件下,改变原料气入口温度时计算出口结果列于表 6-13 中,催化剂床层温度分布曲线如图 6-7 所示。

表 6-13　不同温度计算结果

项目		进口	模型计算出口				
			260℃	280℃	300℃	320℃	340℃
温度/℃			605.5	612.8	620.5	627.9	635.1
压力/MPa		3.00	2.950	2.948	2.947	2.945	2.944
流量/(kmol/h)		23786	20597	20694	20794	20899	21005
组成(体积分数)/%	H_2	35.94	18.89	19.63	20.35	23.22	21.79
	CO	8.27	1.16	1.31	1.46	1.62	1.80
	CO_2	2.78	3.85	3.93	3.99	4.05	4.10
	CH_4	37.63	51.22	50.72	50.23	49.74	49.23
	N_2	0.27	0.31	0.31	0.31	0.31	0.31
	H_2O	15.11	24.57	24.11	23.66	23.22	22.78

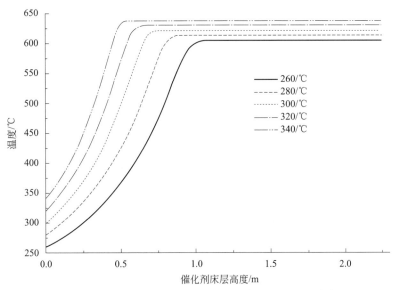

图 6-7　不同入口温度条件下催化剂床层温度分布曲线

如表 6-13 所示,反应器出口温度随着原料气入口温度的升高而升高,从入口温度为 260℃时的 605.5℃上升至 340℃时的 635.1℃。随着入口温度的升高,CO 转化率下降,反应器的绝热温升呈现下降趋势,从入口温度为 260℃时的 345.5℃降低至入口温度为 340℃时的 295.1℃。气体密度随着原料气入口温度的升高降低,气体流速增加,催化剂床层压降增加，但变化很小，从 260℃时的 0.05MPa 升高至 340℃的 0.056MPa。原料气入口温度升高，反应速率增大，体系达到平衡所需反应体积减小，催化剂床层热点上移，从 260℃的 1.05m 上移至 340℃的 0.50m。根据甲烷化催化剂和工艺技术特点，控制高温甲烷化反应器的入口温度在一个合理区间内，避免羰基镍反应的发生，一般情况下不低于 300℃。

（5）原料气空速影响

空速是固定床反应器的重要操作参数，直接影响气固相的传质效果，从而改变反应行为。通过改变原料气流量，气体组成、压力不发生变化，研究空速的影响。表 6-14 给出了不同空速下的反应器出口计算结果，图 6-8 给出了不同空速下反应器的轴向温度分布曲线。由表 6-14 可以看出，随着空速增大，催化剂床层压降增加，而气体出口温度呈现下降趋势，从 5000h^{-1} 时的 621℃降低至 30000h^{-1} 时的 618.8℃，仅下降了 2.2℃。空速增大，气体流速增大，体系压力下降，甲烷化反应向原料方向移动，因而气体出口温度呈现略微下降趋势。同时，空速增大后，气体速度加大，停留时间变短，需要更多的催化剂才能使反应达到平衡。如图 6-8 所示，催化剂床层热点位置随着空速的增大而向下移动，从 5000h^{-1} 时的 0.25m 下移至 30000h^{-1} 时的 1.50m。

表 6-14　不同空速计算结果

项目		进口	模型计算出口					
			5000h^{-1}	10000h^{-1}	15000h^{-1}	20000h^{-1}	25000h^{-1}	30000h^{-1}
温度/℃		300	621.0	620.7	620.5	620.0	619.4	618.8
压力/MPa		3.00	2.993	2.976	2.947	2.908	2.857	2.795
流量/(kmol/h)			6929	13861	20794	27729	34669	41610
组成(体积分数)/%	H$_2$	35.94	20.29	20.32	20.35	20.36	20.37	20.36
	CO	8.27	1.45	1.45	1.46	1.46	1.49	20.68
	CO$_2$	2.78	3.98	3.99	3.99	3.99	3.97	3.94
	CH$_4$	37.63	50.27	50.25	50.23	50.22	50.20	50.19
	N$_2$	0.27	0.31	0.31	0.31	0.31	0.31	0.31
	H$_2$O	15.11	23.70	23.68	23.66	23.66	23.66	23.68

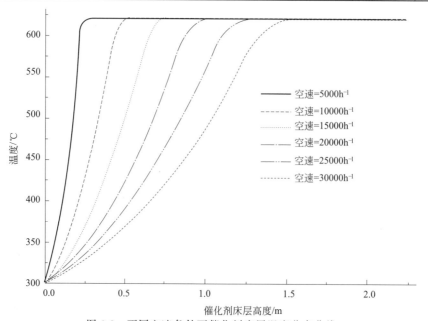

图 6-8　不同空速条件下催化剂床层温度分布曲线

6.2.3　中温甲烷化反应器模拟结果分析

（1）基础工况

中温甲烷化反应器中装填镍基催化剂，不同的甲烷化工艺中温甲烷化反应器中装填催化剂也不同。Davy 中温甲烷化反应器中装填圆柱形构型的甲烷化催化剂 CRG-S2S。Topsøe 中温甲烷化反应器中装填 MCR-2X 甲烷化催化剂。结合 863 计划课题研究情况，本书中温反应器内部装填 DTC-M1S 催化剂。DTC-M1S 催化剂性能指标如表 6-6 所示。基准中温甲烷化反应器参数见表 6-15，原料气组成条件见表 6-16。基准中温甲烷化反应器出口理论计算结果与模拟计算结果列于表 6-17 中。基准中温甲烷化反应器内温度分布、浓度分布和压力分布曲线如图 6-9～图 6-11 所示。

表 6-15　基准中温甲烷化反应器参数表

指标名称	指标
反应器内径/m	4.214
催化剂床层高度/m	2.107
催化剂床层高径比	0.5

表 6-16　中温甲烷化反应器原料气组成条件

项目		指标
温度/℃		280
压力/MPa		3.00
流量/(kmol/h)		13121
组成(体积分数)/%	H_2	20.96
	CO	1.62
	CO_2	4.02
	CH_4	49.80
	N_2	0.31
	H_2O	23.29

表 6-17　基准中温甲烷化反应器出口计算结果

项目		进口	理论计算出口	模型计算出口
温度/℃		280	450.5	449.5
压力/MPa		3.00	2.950	2.979
流量/(kmol/h)		13121	12082	12085
组成(体积分数)/%	H_2	20.96	7.27	7.31
	CO	1.62	0.05	0.05
	CO_2	4.02	1.77	1.78
	CH_4	49.80	58.38	58.36
	N_2	0.31	0.34	0.34
	H_2O	23.29	32.18	32.16

从图 6-9 中可以看出，催化剂床层热点位于催化剂床层 0.75m 处，温度为 449.5℃。H_2、CO、CO_2、CH_4、H_2O 等组分在催化剂床层 0.75m 处达到了平衡，反应器出口计算结果与理论计算结果对比如表 6-17 所示，可以看出，通过此模型计算的出口组成与理论计算出口组成误差很小，可以采用此模型对中温甲烷化反应器进行计算研究。

根据图 6-9 的温度变化趋势，可以将基准中温甲烷化反应器催化剂床层分为四个反应区：

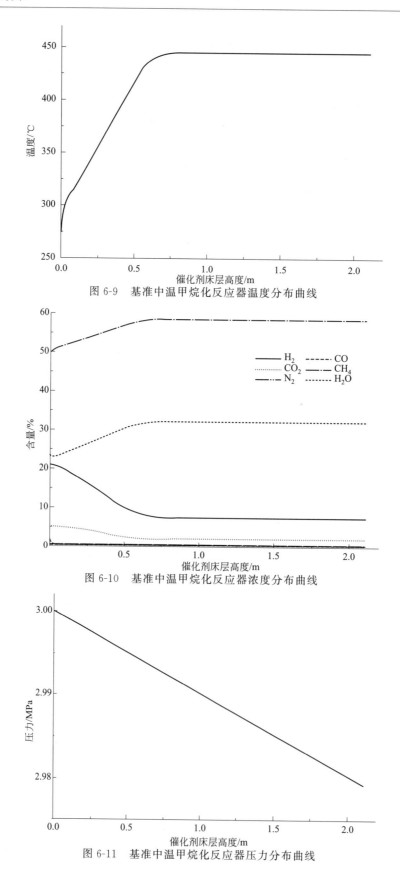

图 6-9　基准中温甲烷化反应器温度分布曲线

图 6-10　基准中温甲烷化反应器浓度分布曲线

图 6-11　基准中温甲烷化反应器压力分布曲线

① 第一反应区　距离催化剂床层上沿 $0.00 \sim 0.04\text{m}$，温度范围为 $280 \sim 310\text{℃}$。因原料气中有少量 CO，与 CO_2 甲烷化反应相比，CO 甲烷化反应速率大，且放热量大，体系温度迅速升高。虽然 CO 的存在对 CO_2 甲烷化反应具有抑制作用，但 CO 含量较低时，CO_2 甲烷化反应也在发生。

② 第二反应区　距离催化剂床层上沿 $0.04 \sim 0.60\text{m}$，温度范围为 $310 \sim 440\text{℃}$。在 0.04m 处开始，反应体系中 CO 浓度低于 0.1%，对 CO_2 甲烷化反应抑制作用明显降低，大量 CO_2 发生反应，并放出热量。由于 CO_2 甲烷化反应速率相对较小，且放热量相对较低，因而体系温度增加较慢，从 310℃ 增加至 440℃。

③ 第三反应区　距离催化剂床层上沿 $0.60 \sim 0.75\text{m}$，温度范围为 $440 \sim 449.5\text{℃}$，在此范围内，虽然体系温度较高，但 CO_2 含量与第二反应区相比显著较低，体系温度缓慢上升，到达反应平衡。

④ 第四反应区　距离催化剂床层上沿 $0.75 \sim 2.107\text{m}$，催化剂床层温度基本维持在 449.5℃ 左右，也就是说，此时甲烷化反应体系达到了反应平衡，体系的组成和温度维持不变。

（2）催化剂床层高径比影响

在保持床层体积不变的前提下，改变催化剂床层直径和高度得到不同的高径比，如表 6-18 所示。

表 6-18　不同高径比的催化剂床层参数

高径比	0.5	1.0	1.5	2.0	2.5	3.0
床层直径 D/m	4.214	3.345	2.922	2.655	2.464	2.319
床层高度 H/m	2.107	3.345	4.383	5.310	6.161	6.958

忽略催化剂床层孔隙率和堆密度变化，不同催化剂床层高径比下反应器出口气体组成列于表 6-19 中，不同高径比下催化剂床层温度分布曲线如图 6-12 所示。从表 6-19 中可以看出，气体出口温度随着高径比的增加而降低，从高径比为 0.5 时的 449.5℃ 降低至高径比为 3.0 时的 445.0℃。进出口气体压降随着高径比的增加而显著增大，从高径比为 0.5 时的 0.021MPa 到高径比为 3.0 时的 0.704MPa。高径比降低，虽然可显著减小催化剂床层压降，但反应器直径过大不利于反应器的建造和运输；高径比过大，催化剂床层高度过高，不仅使催化剂床层压降显著增大并且会带来较大热量损失。从图 6-12 中可以看出，随着高径比的增加，催化剂床层热点位置向反应器出口方向移动，同时热点温度降低。大高径比对应小的床层直径，由于原料气体积流量不变，催化剂床层截面积变小必然导致气速增加，反应尚未完全就离开催化剂，热点位置下移。在催化剂性能允许的基础上，反应器设计时需要充分考虑适宜的高径比。

表 6-19　不同高径比下反应器出口气体组成计算结果

项目	进口	模型计算出口					
		高径比 0.5	高径比 1.0	高径比 1.5	高径比 2.0	高径比 2.5	高径比 3.0
温度/℃	280	449.5	449.3	448.6	447.7	446.6	445.0
压力/MPa	3.00	2.979	2.920	2.821	2.685	2.509	2.296
流量/(kmol/h)	13121	12085	12086	12090	12096	12103	12112

续表

项目		进口	模型计算出口					
			高径比0.5	高径比1.0	高径比1.5	高径比2.0	高径比2.5	高径比3.0
组成(体积分数)/%	H_2	20.96	7.31	7.33	7.40	7.49	7.60	7.75
	CO	1.62	0.05	0.05	0.05	0.06	0.06	0.06
	CO_2	4.02	1.78	1.79	1.80	1.83	1.85	1.89
	CH_4	49.80	58.36	58.35	58.31	58.26	58.20	58.11
	N_2	0.31	0.34	0.34	0.34	0.34	0.34	0.34
	H_2O	23.29	32.16	32.15	32.10	32.03	31.96	31.86

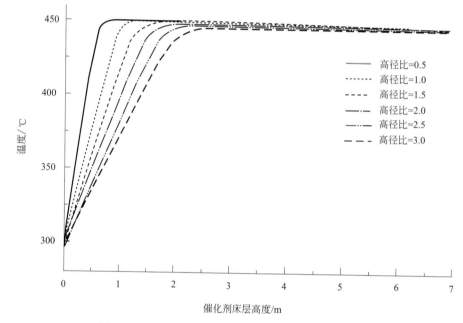

图 6-12　不同高径比条件下催化剂床层温度分布曲线

（3）原料气压力影响

CO 甲烷化反应和 CO_2 甲烷化反应是中温甲烷化反应器内的主要化学反应，压力升高，反应向右移动，CO 转化率和 CO_2 转化率增加，体系温度上升。不同原料气压力计算结果见表 6-20，不同原料气压力下催化剂床层温度分布曲线列于图 6-13 中。

表 6-20　不同压力计算结果

项目		进口	模型计算出口					
			1.0MPa	2.0MPa	3.0MPa	4.0MPa	5.0MPa	6.0MPa
温度/℃		280	432.2	445.5	449.5	456.1	458.7	460.6
压力/MPa			0.938	1.969	2.979	3.984	4.988	5.990
流量/(kmol/h)		13121	12229	12127	12085	12026	11993	11965
组成(体积分数)/%	H_2	20.96	9.55	7.98	7.31	6.38	5.85	5.41
	CO	1.62	0.08	0.06	0.05	0.04	0.04	0.03
	CO_2	4.02	2.32	1.94	1.78	1.56	1.43	1.32
	CH_4	49.80	57.08	57.98	58.36	58.89	59.19	59.44
	N_2	0.31	0.33	0.34	0.34	0.34	0.34	0.34
	H_2O	23.29	30.63	31.70	32.16	32.79	33.15	33.45

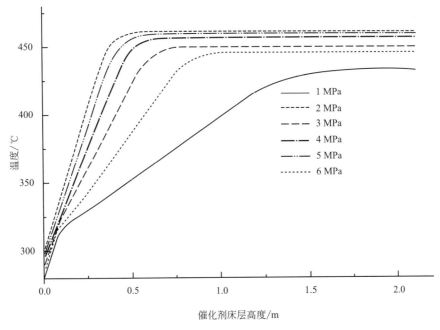

图 6-13　不同压力条件下催化剂床层温度分布曲线

　　从表 6-20 中可以看出，原料气压力增大，CO 转化率和 CO_2 转化率均增大，反应器出口温度升高，从 1.0MPa 时的 432.2℃ 升高至 6.0MPa 时的 460.6℃。原料气摩尔流量不变，压力增大，气体的体积流速减小，催化剂床层的压降降低。压降从 1.0MPa 时的 0.062MPa 降低至 6.0MPa 时的 0.010MPa。压力增大，气体体积缩小，单位体积反应放出热量增加，催化剂床层热点位置上移。从图 6-13 中可以看出，热点位置从 1.0MPa 时的 1.80m 上移至 6.0MPa 时的 0.55m。压力过低，不利于反应的进行，反应可能尚未达到平衡，气体就已经离开反应器；压力过高，虽能提高甲烷化反应的程度，但对催化剂的要求显著增加，并且对装置投资也有影响。

　　（4）原料气温度影响

　　在原料气组成、压力不变的条件下，改变原料气入口温度的模型计算出口结果列于表 6-21 中，催化剂床层温度分布曲线如图 6-14 所示。

表 6-21　不同温度计算结果

项目		进口	模型计算出口				
			240℃	260℃	280℃	300℃	320℃
温度/℃			426.0	437.9	449.5	460.9	472.1
压力/MPa		3.00	2.981	2.980	2.979	2.979	2.978
流量/(kmol/h)		13121	12003	12043	12085	12128	12175
组成（体积分数）/%	H_2	20.96	6.02	6.65	7.31	7.99	8.69
	CO	1.62	0.03	0.04	0.05	0.07	0.09
	CO_2	4.02	1.48	1.63	1.78	1.94	2.10
	CH_4	49.80	59.10	58.74	58.36	57.97	57.56
	N_2	0.31	0.34	0.34	0.34	0.34	0.34
	H_2O	23.29	33.03	32.61	32.16	31.70	31.22

　　如表 6-21 所示，反应器出口温度随着原料气入口温度的升高而升高，从入口温度为

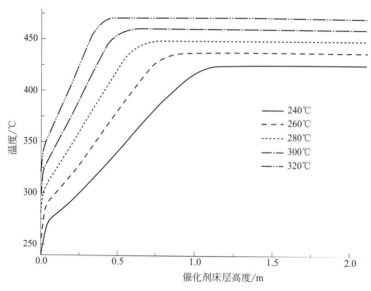

图 6-14 不同入口温度条件下催化剂床层温度分布曲线

240℃时的 426.0℃上升至入口温度为 320℃时的 472.1℃。随着入口温度的升高，CO 转化率和 CO$_2$ 转化率均下降，反应器的绝热温升呈现下降趋势，从入口温度为 240℃时的 186.0℃降低至入口温度为 320℃时的 152.1℃。气体密度随着原料气入口温度的升高而降低，气体流速增加，催化剂床层压降增加，但变化很小，从 240℃时的 0.019MPa 升高至 340℃的 0.022MPa。原料气入口温度升高，反应速率增大，体系达到平衡所需反应体积减小，催化剂床层热点上移，从 240℃的 1.35m 上移至 320℃的 0.55m。根据甲烷化催化剂和工艺技术特点，控制中温甲烷化反应器的入口温度在一个合理区间内，一般情况下中温反应器入口温度控制在 260～300℃。

（5）原料气空速影响

通过改变原料气流量，气体组成、压力不发生变化，研究空速的影响。不同空速条件下原料气流量列于表 6-22 中。

表 6-22 不同空速对应的原料气流量

空速/h^{-1}	3000	5000	10000	15000	20000
原料气流量/(kmol/h)	3936	6561	13121	19682	26242

表 6-23 给出了不同空速下的反应器出口计算结果，图 6-15 给出了不同空速下反应器的轴向温度分布曲线。由表 6-23 可以看出，随着空速增加，气体出口温度呈现下降趋势，从 3000h^{-1} 时的 449.6℃降低至 20000h^{-1} 时的 449.1℃，仅下降了 0.5℃。催化剂床层压降随着空速的增加而升高，从 3000h^{-1} 时的 0.002MPa 升高至 20000h^{-1} 时的 0.079MPa。空速增加，气体流速增加，体系压力下降，甲烷化反应向原料方向移动，因而气体出口温度呈现略微下降趋势。同时空速增加后，气体速度加大，停留时间变短，需要更多的催化剂才能够使反应达到平衡，催化剂床层热点呈现下降趋势。如图 6-15 所示，催化剂床层热点位置随着空速的增加而向下移动，从 3000h^{-1} 时的 0.25m 下移至 20000h^{-1} 时的 1.65m。

表 6-23　不同空速计算结果

项目		进口	模型计算出口				
			$3000h^{-1}$	$5000h^{-1}$	$10000h^{-1}$	$15000h^{-1}$	$20000h^{-1}$
温度/℃		280	449.6	449.6	449.5	449.3	449.1
压力/MPa		3.00	2.998	2.994	2.979	2.955	2.921
流量/(kmol/h)			3625	6042	12085	18129	24174
组成(体积分数)/%	H_2	20.96	7.31	7.31	7.31	7.32	7.35
	CO	1.62	0.05	0.05	0.05	0.05	0.05
	CO_2	4.02	1.78	1.78	1.78	1.79	1.79
	CH_4	49.80	58.36	58.36	58.36	58.35	58.34
	N_2	0.31	0.34	0.34	0.34	0.34	0.34
	H_2O	23.29	32.16	32.16	32.16	32.15	32.13

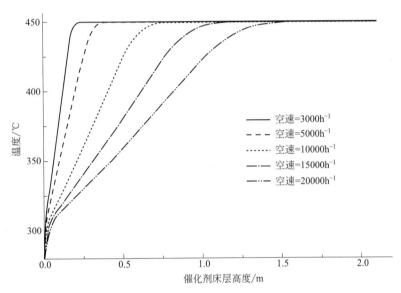

图 6-15　不同空速条件下催化剂床层温度分布曲线

6.2.4　低温甲烷化反应器模拟结果分析

（1）基础工况

低温甲烷化反应器中装填镍基催化剂，不同的甲烷化工艺中低温甲烷化反应器中装填的催化剂类型也不同。Davy 低温甲烷化反应器中装填圆柱形构型的甲烷化催化剂 CRG-S2S。Topsøe 低温甲烷化反应器中装填拉西环构型的甲烷化催化剂 PK-7R。结合 863 计划课题研究情况，本书中低温反应器内部装填 DTC-M1S 催化剂。DTC-M1S 催化剂性能指标如表 6-6 所示。基准低温甲烷化反应器参数见表 6-24，原料气组成及条件见表 6-25。基准低温甲烷化反应器理论计算、模拟计算出口结果列于表 6-26 中。基准低温甲烷化反应器内温度分布、浓度分布和压力分布如图 6-16～图 6-18 所示。

表 6-24　基准低温甲烷化反应器参数表

指标名称	指标
反应器内径/m	3.636
催化剂床层高度/m	1.818
催化剂床层高径比	0.50

表 6-25　低温甲烷化反应器原料气组成及条件

项目		指标
温度/℃		250
压力/MPa		3.00
流量/(kmol/h)		8426
组成(体积分数)/%	H_2	10.58
	CO	0.08
	CO_2	2.58
	CH_4	83.66
	N_2	0.48
	H_2O	2.63

表 6-26　基准低温甲烷化反应器计算结果

项目		进口	理论计算出口	模型计算出口
温度/℃		250	337.4	337.4
压力/MPa		3.00	2.98	2.987
流量/(kmol/h)		8426	8035	8032
组成(体积分数)/%	H_2	10.58	1.43	1.37
	CO	0.08	0.00	0.00
	CO_2	2.58	0.35	0.34
	CH_4	83.66	90.16	90.21
	N_2	0.48	0.50	0.50
	H_2O	2.63	7.55	7.58

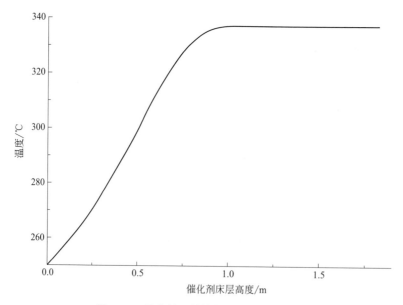

图 6-16　基准低温甲烷化反应器温度分布

由图 6-16 可以看出，催化剂床层热点位于催化剂床层 1.05m 处，温度为 337.4℃。H_2、CO、CO_2、CH_4、H_2O 等组分在催化剂床层 1.05m 处达到了平衡。从表 6-26 中可以看出，通过此模型计算的出口组成与理论计算出口组成误差很小，可以采用此模型对低温甲烷化反应器进行计算研究。

根据图 6-16 的温度变化趋势，可以将基准低温甲烷化反应器催化剂床层分为三个反应区：

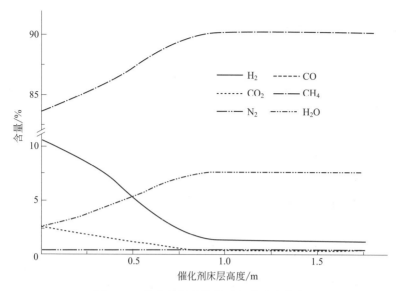

图 6-17　基准低温甲烷化反应器浓度分布

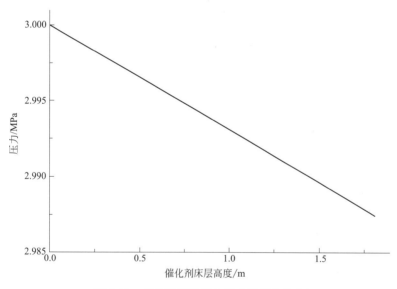

图 6-18　基准低温甲烷化反应器压力分布

① 第一反应区　距离催化剂床层上沿 0.00～0.75m，温度范围为 250～328℃，发生 CO_2 甲烷化反应，并放出热量，由于 CO_2 甲烷化反应的反应速率相对较小，且放热量相对较低，因而体系温度增加较慢，从 250℃增加至 328℃。

② 第二反应区　距离催化剂床层上沿 0.75～1.05m，温度范围为 328～337.4℃，在此范围内，虽然体系温度较高，但 CO_2 含量与第二反应区相比显著较低，体系温度缓慢上升，到达反应平衡。

③ 第三反应区　距离催化剂床层上沿 1.05～1.818m，催化剂床层温度基本维持在 337.4℃左右，也就是说，此时甲烷化反应体系达到了反应平衡，体系的组成和温度维持不变。

（2）催化剂床层高径比影响

在保持床层体积不变的前提下，改变催化剂床层直径和高度得到不同的高径比，如表6-27所示。

表6-27　不同高径比的催化剂床层参数

高径比	0.5	1.0	1.5	2.0	2.5	3.0
床层直径 D/m	1.818	2.886	3.781	4.581	5.316	6.003
床层高度 H/m	3.636	2.886	2.521	2.290	2.126	2.001

忽略催化剂床层孔隙率和堆密度变化，不同催化剂床层高径比反应器出口气体组成列于表6-28中，不同高径比下催化剂床层温度分布曲线如图6-19所示。从表6-28中可以看出，气体出口温度随着高径比的增加而降低，从高径比为0.5时的337.4℃降低至高径比为3.0时的336.5℃。进出口气体压降随着高径比的增加而显著增加，从高径比为0.5时的0.013MPa增加到高径比为3.0时的0.428MPa。由图6-19可以看出，随着高径比的增加，催化剂床层热点位置向反应器出口方向移动，同时热点温度降低。大高径比对应小的床层直径，由于原料气体积流量不变，催化剂床层截面积变小必然导致气速增加，原料气反应尚未完全就离开催化剂，因而热点位置下移，从高径比为0.5时的1.05m后移至高径比为3.0时的3.50m。高径比过小，虽然可显著降低催化剂床层压降，但反应器直径过大不利于反应器的建造和运输；高径比过大，催化剂床层高度过高，不仅使催化剂床层压降显著增大，并且会带来较大热量损失。在催化剂性能允许的基础上，反应器设计时需要充分考虑适宜的高径比。

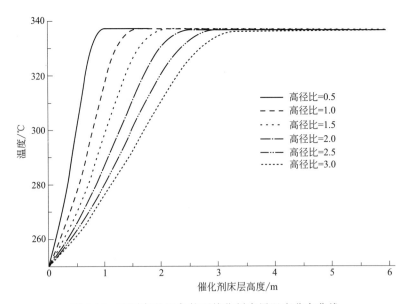

图6-19　不同高径比条件下催化剂床层温度分布曲线

表6-28　不同高径比计算结果

项目	进口	模型计算出口					
		高径比 0.5	高径比 1.0	高径比 1.5	高径比 2.0	高径比 2.5	高径比 3.0
温度/℃	250	337.4	337.3	337.2	337.0	336.8	336.5
压力/MPa	3.00	2.987	2.951	2.891	2.808	2.702	2.572

续表

项目		进口	模型计算出口					
			高径比0.5	高径比1.0	高径比1.5	高径比2.0	高径比2.5	高径比3.0
流量/(kmol/h)		8426	8032	8033	8033	8034	8035	8036
组成(体积分数)/%	H_2	10.58	1.37	1.39	1.40	1.42	1.44	1.47
	CO	0.08	0.00	0.00	0.00	0.00	0.00	0.00
	CO_2	2.58	0.34	0.34	0.34	0.35	0.35	0.50
	CH_4	83.66	90.21	90.20	90.20	90.18	90.16	90.14
	N_2	0.48	0.50	0.50	0.50	0.50	0.50	0.50
	H_2O	2.63	7.58	7.57	7.57	7.56	7.54	7.53

（3）原料气压力影响

CO_2 甲烷化反应是低温甲烷化反应器内的主要化学反应，压力升高，反应向右移动，CO_2 转化率增加，体系温度上升。不同原料气压力计算结果见表 6-29，不同原料气压力下催化剂床层温度分布曲线见图 6-20。

表 6-29　不同原料气压力计算结果

项目		进口	模型计算出口					
			1.0MPa	2.0MPa	3.0MPa	4.0MPa	5.0MPa	6.0MPa
温度/℃		250	331.7	335.6	337.4	338.6	339.2	339.8
压力/MPa			0.962	1.981	2.987	3.991	4.992	5.994
流量/(kmol/h)		8426	8063	8043	8032	8024	8019	8014
体积分数/%	H_2	10.58	2.09	1.63	1.37	1.18	1.05	0.92
	CO	0.08	0.04	0.01	0.00	0.00	0.00	0.00
	CO_2	2.58	0.49	0.39	0.34	0.29	0.26	0.22
	CH_4	83.66	89.68	90.03	90.21	90.35	90.44	90.53
	N_2	0.48	0.50	0.50	0.50	0.50	0.50	0.50
	H_2O	2.63	7.21	7.45	7.58	7.68	7.75	7.82

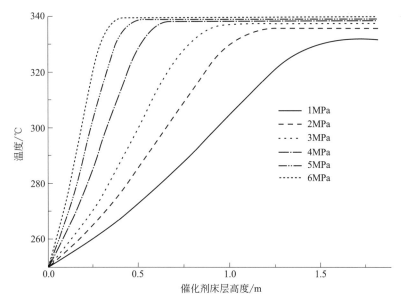

图 6-20　不同压力条件催化剂床层温度分布

从表 6-29 中可以看出，原料气压力增加，CO_2 转化率增加，反应器出口温度升高，从 1.0MPa 时的 331.7℃ 升高至 6.0MPa 时的 339.8℃。原料气体摩尔流量不变，压力增加，气体的体积流速减小，催化剂床层的压降降低。压降从 1.0MPa 时的 0.038MPa 降低至 6.0MPa 时的 0.006MPa。压力增加，气体体积缩小，单位体积反应放出热量增加，催化剂床层热点位置上移。由图 6-20 可以看出，热点位置从 1.0MPa 时的 1.60m 上移至 6.0MPa 时的 0.50m。压力过低，不利于反应的进行，反应可能尚未达到平衡，气体就已经离开反应器；压力过高，虽能提高甲烷化反应的程度，保证产品气质量，但对催化剂的要求显著增加，并且对装置投资也有影响。

（4）原料气温度影响

在原料气组成、压力不变的条件下，改变原料气入口温度的出口计算结果列于表 6-30 中，催化剂床层温度分布曲线如图 6-21 所示。

表 6-30　不同温度计算结果

项目		进口	模型计算出口			
			230	250	270	290
温度/℃			321.3	337.4	353.5	369.6
压力/MPa		3.00	2.988	2.987	2.979	2.974
流量/(kmol/h)		8426	8022	8032	8043	8055
体积分数 /%	H_2	10.58	1.13	1.37	1.64	1.93
	CO	0.08	0.00	0.00	0.00	0.01
	CO_2	2.58	0.27	0.34	0.40	0.47
	CH_4	83.66	90.339	90.21	90.03	89.82
	N_2	0.48	0.50	0.50	0.50	0.50
	H_2O	2.63	7.72	7.58	7.44	7.28

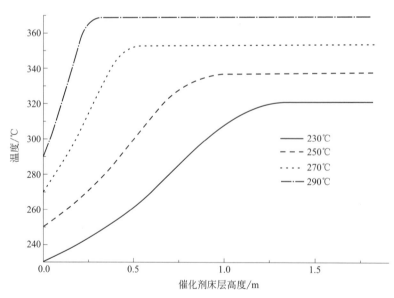

图 6-21　不同入口温度条件下催化剂床层温度分布曲线

如表 6-30 所示，反应器出口温度随着原料气入口温度的升高而升高，从入口温度为 230℃ 时的 321.3℃ 上升至入口温度为 290℃ 时的 369.6℃。随着入口温度的升高，CO_2 转化率下降，反应器的绝热温升呈现下降趋势，从入口温度为 230℃ 时的 91.3℃ 降低至入口温度为 290℃ 时的 79.6℃。气体密度随着原料气入口温度的升高而降低，气体流速增大，催化剂床层压降增大，但变化很小，从 230℃时的 0.012MPa 增大至 290℃的 0.026MPa。原料气入口温度升高，反应速率增大，体系达到平衡所需反应体积减小，催化剂床层热点上移，从 230℃时的 1.30m 上移至 290℃时的 0.35m。根据甲烷化催化剂和工艺技术特点，控制高温甲烷化反应器的入口温度在一个合理区间内，一般情况下低温反应器入口温度控制在 230～260℃。

（5）原料气空速影响

通过改变原料气流量，气体组成、压力不发生变化，研究空速的影响。不同空速条件下原料气流量列于表 6-31 中。

表 6-31　不同空速对应的原料气流量

空速/h^{-1}	3000	5000	10000	15000	20000
原料气流量/(kmol/h)	2528	4213	8426	12639	16852

表 6-32 给出了不同空速下的反应器出口计算结果，图 6-22 给出了不同空速下反应器的轴向温度分布曲线。由表 6-32 可以看出，随着空速增加，气体出口温度呈现下降趋势，但差别很小，从 3000h^{-1} 时的 337.4℃降低至 20000h^{-1} 时的 337.3℃，仅下降了 0.1℃。催化剂床层压降随着空速增加而升高，从 3000h^{-1} 时的 0.001MPa 升高至 20000h^{-1} 时的 0.048MPa。空速增加，气体流速增加，体系压力下降，甲烷化反应向原料方向移动，因而气体出口温度呈现略微下降趋势。同时空速增加后，气流速度加大，停留时间变短，需要更多的催化剂才能够使反应达到平衡，催化剂床层热点呈现下降趋势。如图 6-22 所示，催化剂床层热点位置随着空速的增加而向下移动，从 3000h^{-1} 时的 0.25m 下移至 20000h^{-1} 时的 1.6m。

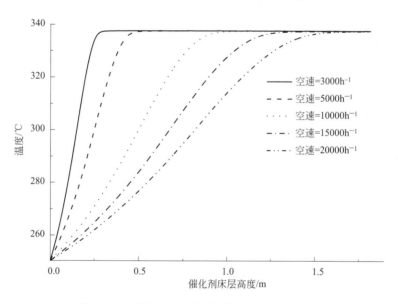

图 6-22　不同空速条件下催化剂床层温度分布

表 6-32　不同空速计算结果

项目	进口	模型计算出口				
		3000h^{-1}	5000h^{-1}	10000h^{-1}	15000h^{-1}	20000h^{-1}
温度/℃	250	337.4	337.4	337.4	337.3	337.3
压力/MPa	3.00	2.999	2.997	2.987	2.972	2.952
流量/(kmol/h)	8426	2410	4016	8032	12049	16065

项目		进口	模型计算出口				
			$3000h^{-1}$	$5000h^{-1}$	$10000h^{-1}$	$15000h^{-1}$	$20000h^{-1}$
体积分数 /%	H_2	10.58	1.38	1.37	1.37	1.37	1.37
	CO	0.08	0.00	0.00	0.00	0.00	0.00
	CO_2	2.58	0.34	0.34	0.34	0.33	0.33
	CH_4	83.66	90.21	90.21	90.21	90.21	90.21
	N_2	0.48	0.50	0.50	0.50	0.50	0.50
	H_2O	2.63	7.58	7.58	7.58	7.58	7.58

6.3 列管式甲烷化反应器数学模型

6.3.1 列管式甲烷化反应器数学模型特点

列管式反应器是一种连续换热式催化固定床，其数学模型一般仍用一维平推流模型，因此它的特点是在稳态情况下，沿着反应物性的流动方向，所有参数如温度、浓度、压力不断变化，而垂直于流动方向的任何截面上，所有参数如温度、浓度、压力及流速都相同。因此，所有反应物系质点在反应器中的停留时间都是相同的，反应器中没有返混，这与绝热反应器是一致的。

6.3.2 守恒方程组的建立

由于列管式甲烷化反应器中，主要反应与绝热反应器一样，反应器数学模型的特点与绝热反应器基本一致。因此，绝热甲烷化反应器的宏观物料衡算式、床层内的组分质量守恒方程及压降方程仍适用于列管式反应器。二者最大的区别在于由于列管式反应器存在连续换热过程，而导致的能量输运方程不同。所以，仍以 6.2 节的式（6-1）和式（6-3）作为独立反应，选取 CH_4 和 CO_2 为关键组分，推导列管式甲烷化反应器的能量守恒方程。

在床层内取微元控制体 $A\mathrm{d}l$，根据能量守恒关系式可得：

$$-N_T C_p \mathrm{d}T + (-\Delta H_1)\mathrm{d}N_{CH_4} + (-\Delta H_3)\mathrm{d}N_{CO_2} - \mathrm{d}Q = 0 \tag{6-72}$$

由式（6-13）及式（6-19）可得：

$$\mathrm{d}N_{CH_4} = \rho_B r_1 A \mathrm{d}l \tag{6-73}$$

$$\mathrm{d}N_{CO_2} = \rho_B r_3 A \mathrm{d}l \tag{6-74}$$

能量守恒式中的热损失项 $\mathrm{d}Q$ 可表示为：

$$\mathrm{d}Q = K_{bf}(T - T_f)\mathrm{d}S \tag{6-75}$$

微元控制体的换热面 $\mathrm{d}S$ 为：

$$\mathrm{d}S = n\pi d_a \mathrm{d}l \tag{6-76}$$

将上式代入式（6-75）中得：

$$\mathrm{d}Q = K_{bf}(T - T_f)n\pi d_a \mathrm{d}l \tag{6-77}$$

将式（6-73）、式（6-74）及式（6-77）代入能量守恒关系式（6-72）中得：

$$N_T C_p \mathrm{d}T = (-\Delta H_1)\rho_B r_1 A \mathrm{d}l + (-\Delta H_3)\rho_B r_3 A \mathrm{d}l - K_{bf}(T - T_f)n\pi d_a \mathrm{d}l \tag{6-78}$$

两边同除以 $\mathrm{d}l$ 得：

$$N_T C_p \frac{\mathrm{d}T}{\mathrm{d}l} = \rho_B A \left[(-\Delta H_1) r_1 + (-\Delta H_3) r_3 \right] - K_{bf}(T - T_f)n\pi d_a \tag{6-79}$$

利用式（6-15）替换 N_T，整理可得列管式甲烷化反应器的能量守恒方程：

$$\frac{dT}{dl}=\frac{\rho_B A(1+2y_{CH_4})[r_1(-\Delta H_1)+r_3(-\Delta H_3)]}{N_T^0 C_p(1+2y_{CH_4}^0)}-\frac{(1+2y_{CH_4})K_{bf}(T-T_f)n\pi d_a}{N_T^0 C_p(1+2y_{CH_4}^0)}$$

$$(6-80)$$

联立式（6-17）、式（6-24）、式（6-34），可得描述列管式甲烷化反应器内的传热、传质、流动的一维拟均相数学模型：

$$\begin{cases}\dfrac{dy_{CH_4}}{dl}=\dfrac{\rho_B A(1+2y_{CH_4})^2}{N_T^0(1+2y_{CH_4}^0)}r_1\\[3mm]\dfrac{dy_{CO_2}}{dl}=\dfrac{\rho_B A(1+2y_{CH_4})}{N_T^0(1+2y_{CH_4}^0)}(r_3+2y_{CO_2}r_1)\\[3mm]\dfrac{dT}{dl}=\dfrac{\rho_B A(1+2y_{CH_4})[r_1(-\Delta H_1)+r_3(-\Delta H_3)]}{N_T^0 C_p(1+2y_{CH_4}^0)}-\dfrac{(1+2y_{CH_4})K_{bf}(T-T_f)n\pi d_a}{N_T^0 C_p(1+2y_{CH_4}^0)}\\[3mm]\dfrac{dp}{dl}=-\left[\dfrac{150\mu(1-\varepsilon)^2}{d_p^2\varepsilon^3}u+\dfrac{1.75\rho(1-\varepsilon)}{d_p\varepsilon^3}u^2\right]\end{cases}$$

$$(6-81)$$

6.3.3　床层与冷却介质间的总传热系数

床层与冷却介质间的总传热系数 K_{bf} 按照下式计算：

$$\frac{1}{K_{bf}}=\frac{1}{\alpha_b}+\frac{1}{\alpha_f}+\frac{\delta}{\lambda_s}+R_o$$

$$(6-82)$$

式中　δ——壁厚；

　　　λ_s——反应管壁的热导率；

　　　R_o——管壁污垢系数；

　　　α_b——床层对壁的给热系数；

　　　α_f——冷却介质对管壁的给热系数。

给热系数通过下列关联式进行计算：

$$Nu=\frac{D\alpha_b}{\lambda_f}=6.0Re^{0.6}Pr^{0.123}(1-\frac{1}{1.59D/l})\exp(-3.68\frac{d_p}{D})$$

$$(6-83)$$

其中：

$$Re=\frac{d_p G}{\mu}$$

$$(6-84)$$

$$Pr=\frac{C_p\mu M}{\lambda_f}$$

$$(6-85)$$

式中　Nu——努塞尔数；

　　　Re——雷诺数；

　　　Pr——普朗特数；

　　　D——床层当量直径；

　　　l——床层长度；

　　　d_p——颗粒有效直径；

G——混合气体质量流速；

λ_f——混合气体的热导率。

管外冷却介质对管壁的给热系数 α_f 可按下式计算：

$$\alpha_f = 3\left(\frac{W}{F}\right)^{0.7} p_f^{0.15} \tag{6-86}$$

式中　W——总传热量；

F——传热面积；

p_f——冷却介质压力。

采用 Matlab 等软件对式（6-81）进行数值求解，可以得到列管内轴向温度分布、浓度分布和压力分布等。

6.4　流化床甲烷化反应器数学模型

用于模拟流化床甲烷化反应器的软件为基于 FORTRAN 语言的 Athena Visual Studio 第 12.2 版。由于模拟反应器和确定机理参数用的是同一软件，所以可以共用反应速率方程和气体热力学性质子程序。在此，将所开发的流化床模型的模拟结果与实际测量的气体组分浓度进行了比较。

6.4.1　数学模型描述

（1）流化床模型假设

考虑到中间颗粒流化导致大的重叠云，本节选择了两相模型。由于未考虑云和尾窝相，只需要一个转换传质系数。数值模型用与高度相关的比表面积 A、鼓泡气含率 ε_b 和传质系数 $K_{G,i}$ 来描述热力学。所有参数是鼓泡尺寸的函数，所有一些关联系数考虑了鼓泡的成长。本模型的主要假设如下。

① 稳定状态。

② 理想气体行为。

③ 鼓泡相无固体，因此反应只发生在密相。

④ 密相气体浓度和催化剂表面、内部的气体浓度相同，因此假设颗粒周围无层流边界层，同时忽略可能的空隙扩散影响。

⑤ 鼓泡相和密相按照活塞流考虑，因此不考虑轴向扩散。

⑥ 忽略径向气体浓度差。

⑦ 忽略固体重量产生的压力损失。

⑧ 反应系统考虑甲烷化和变换反应，不考虑催化剂表面的积炭反应，忽略气相反应。

⑨ 流经密相区的气体流速恒定，但不是最初两相理论假设的最小流化速度。鼓泡运输的气体流速小于最初两相理论的假设，意味着更多的气体流经乳相区。

⑩ 由于甲烷化过程中密相体积缩小，必须额外考虑从鼓泡相到密相的对流传质。根据假设，密相区的气体流速恒定。假设主气流瞬间前扩，至摩尔体积缩小的高度。

⑪ 实验室规模的流化床实验温度分布用作输入参数。无须能量平衡。假设鼓泡相和密相之间的温差可忽略不计。

（2）均一两相模型的相分布

由于两相模型中假设鼓泡相无颗粒，各相中气体和颗粒的体积分数可由图 6-23 来描述。

总体积：

$$V = V_b + V_e \qquad (6-87)$$

密相体积分为气体体积和颗粒体积：

$$V_e = V_{e,G} + V_{e,P} \qquad (6-88)$$

其中，下标 b、e、G 和 P 分别表示鼓泡相、密相、气体和颗粒。

鼓泡相体积分数：

$$\varepsilon_b = \frac{V_b}{V} \qquad (6-89)$$

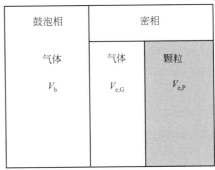

图 6-23　两相模型的体积分数

密相体积分数：

$$\varepsilon_e = (1 - \varepsilon_b) = \frac{V_e}{V} \qquad (6-90)$$

起始流化条件下基于密相体积的密相气体体积分数：

$$\varepsilon_{mf} = \frac{V_{e,G}}{V_e} = \frac{V_{e,G}}{V(1-\varepsilon_b)} \qquad (6-91)$$

基于密相体积的密相颗粒体积分数：

$$(1 - \varepsilon_{mf}) = \frac{V_{e,P}}{V_e} = \frac{V_{e,P}}{V(1-\varepsilon_b)} \qquad (6-92)$$

用总体积表达密相气体的体积分数：

$$\varepsilon_{mf}(1 - \varepsilon_b) = \frac{V_{e,G}}{V} \qquad (6-93)$$

基于总体积的密相颗粒体积分数：

$$(1 - \varepsilon_{mf})(1 - \varepsilon_b) = \frac{V_{e,P}}{V} \qquad (6-94)$$

以上相、气体、颗粒分数的定义，基于流化床处于摩尔平衡状态。

（3）均一两相模型的摩尔平衡

图 6-24 为一维均一两相模型示意图。总摩尔气流自底部进入反应器，分成鼓泡相和密相气流。两相之间通过传质相联系，传质由传质系数和浓度差表述。此外，还有对流传质项（称为主体气流）对应体积缩小。反应器模型考虑 6 种气体：H_2、CO_2、CH_4、CO_2、H_2O 和 N_2。基于图 4-19，包括两个独立传质项的摩尔平衡如下。

鼓泡相：

$$0 = \dot{n}_{e,i}\big|_h - \dot{n}_{e,i}\big|_{h+\Delta h} + K_{G,i}A_r(c_{b,i} - c_{e,i}) + \dot{n}_{vc}x_{b,i} \qquad (6-95)$$

密相：

$$0 = \dot{n}_{e,i}\big|_h - \dot{n}_{e,i}\big|_{h+\Delta h} + K_{G,i}A_r(c_{b,i} - c_{e,i}) + \dot{n}_{vc}x_{b,i} + (1-\varepsilon_b)(1-\varepsilon_{mf})\rho_P A\,dh\,R_i$$

$$\underbrace{\frac{mol}{s} - \frac{mol}{s}}_{对流项} + \underbrace{\frac{m}{s}\cdot m^2\cdot\frac{mol}{m^3}}_{传质} + \underbrace{\frac{mol}{s}}_{主体流动} + \underbrace{\frac{m_{dense}^3}{m_{bed}^3}\cdot\frac{m_{solid}^3}{m_{dense}^3}\cdot\frac{kg_{cat}}{m_{solid}^3}\cdot m^2\cdot m\cdot\frac{mol}{s\cdot kg_{cat}}}_{反应项} \qquad (6-96)$$

传质界面面积 A_r 可用比表面积表达：

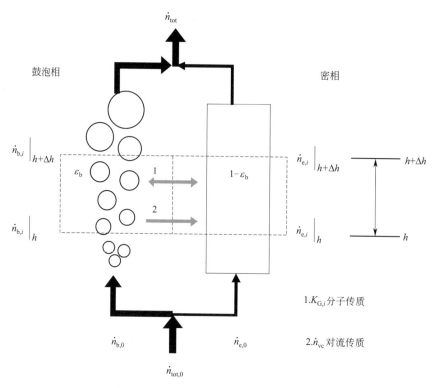

图 6-24　一维流化床甲烷化模型示意图

$$A_r = aA\,\mathrm{d}h \tag{6-97}$$

对球型鼓泡，比表面积定义为单位流化床体积的鼓泡表面积：

$$a = \frac{A_r}{\mathrm{d}V} = \frac{A_r}{A\,\mathrm{d}h} = \frac{6\varepsilon_b}{d_b} \tag{6-98}$$

以密相内因反应和传质造成的摩尔损失之和来描述从鼓泡相到密相的总主体流动。传质造成的密相摩尔损失必须考虑，因为传质不是等摩尔的。

$$\dot{N}_{vc} = \frac{\dot{n}_{vc}}{\mathrm{d}h} = \sum_i K_{G,i}\,aA(c_{b,i} - c_{e,i}) + (1-\varepsilon_b)(1-\varepsilon_{mf})\rho_P A \sum_i R_i$$

$$\frac{\mathrm{mol}}{\mathrm{s}\cdot\mathrm{m}} = \frac{\mathrm{m}}{\mathrm{s}} \cdot \frac{\mathrm{m}^2}{\mathrm{m}_{bed}^3} \cdot \mathrm{m}^2 \cdot \frac{\mathrm{mol}}{\mathrm{m}_{bed}^3} + \frac{\mathrm{m}_{dense}^3}{\mathrm{m}_{bed}^3} \cdot \frac{\mathrm{m}_{solid}^3}{\mathrm{m}_{dense}^3} \cdot \frac{\mathrm{kg}_{cat}}{\mathrm{m}_{solid}^3} \cdot \mathrm{m}^2 \cdot \frac{\mathrm{mol}}{\mathrm{s}\cdot\mathrm{kg}} \tag{6-99}$$

最后，鼓泡相和密相摩尔平衡见式（6-100）、式（6-101）：

$$0 = -\frac{\partial \dot{n}_{b,i}}{\partial h} - K_{G,i}\,aA(c_{b,i} - c_{e,i}) - \dot{N}_{v,c}\,x_{b,i} \tag{6-100}$$

$$0 = -\frac{\partial \dot{n}_{e,i}}{\partial h} + K_{G,i}\,aA(c_{b,i} - c_{e,i}) + \dot{N}_{v,c}\,x_{b,i} + (1-\varepsilon_b)(1-\varepsilon_{mf})\rho_P A R_i \tag{6-101}$$

$h = 0$ 时的边界条件为：

$$\dot{n}_{b,i}\big|_{h=0} = \dot{n}_{b,i,\text{feed}} \tag{6-102}$$

$$\dot{n}_{e,i}\big|_{h=0} = \dot{n}_{e,i,\text{feed}} \tag{6-103}$$

密相的反应项包括速率方程和动力学参数。因此，甲烷化反应的动力学方程描述为：

$$r_1 = \frac{k_1 K_C p_{CO}^{0.5} p_{H_2}^{0.5}}{(1 + K_C p_{CO} + K_{OH} p_{H_2O} p_{H_2}^{-0.5})^2} \tag{6-104}$$

水煤气变换反应的动力学方程为：

$$r_1 = \frac{k_1 (K_a p_{CO} p_{H_2O} - \dfrac{p_{CO} p_{H_2}}{K_{eq}})}{p_{H_2}^{-0.5} (1 + K_C p_{CO} + K_{OH} p_{H_2O} p_{H_2}^{-0.5})^2} \tag{6-105}$$

总反应项定义为：

$$R_i = \sum V_{ij} r_j \tag{6-106}$$

H_2、CO、CH_4、CO_2、H_2O 和 N_2 等的反应速率有以下关系：

$$R_{H_2} = -3r_1 + r_2 \tag{6-107}$$

$$R_{CO} = -r_1 - r_2 \tag{6-108}$$

$$R_{CO_2} = r_2 \tag{6-109}$$

$$R_{CH_4} = r_1 \tag{6-110}$$

$$R_{H_2O} = r_1 - r_2 \tag{6-111}$$

$$R_{N_2} = 0 \tag{6-112}$$

（4）均一两相模型的流体力学关联

均一两相模型的流体力学参数和关联式如下：

$$d_b = d_{b0} [1 + 27.2(u - u_{mf})]^{1/3} (1 + 6.84h)^{1.21} \tag{6-113}$$

对于 Geldart B 颗粒，理论初始鼓泡直径为 $d_{b0} = 0.00853$m，可见鼓泡流速为：

$$v_b = \psi(u - u_{mf}) \tag{6-114}$$

其中，$\psi = 0.69$。可视鼓泡流速 v_b 和最小流化速度 u_{mf} 基于空管直径。鼓泡上升速度为：

$$u_b = \psi(u - u_{mf}) + 0.711\nu \sqrt{g d_b} \tag{6-115}$$

常数 $\nu = 0.63$，本地鼓泡含气率为：

$$\varepsilon_b = \frac{v_b}{u_b} \tag{6-116}$$

传质系数为：

$$K_{G,i} = \frac{u_{mf}}{3} + \sqrt{\frac{4D\varepsilon_{mf} u_b}{\pi d_b}} \tag{6-117}$$

对 $Re < 20$，按 Ergun 方程计算最小流化速度：

$$u_{mf} = \frac{d_P^2 (\rho_P - \rho_g)}{150\eta} g \frac{\varepsilon_{mf}^3 \varphi_P^2}{(1 - \varepsilon_{mf})} \tag{6-118}$$

式中　d_P——颗粒直径；

　　　η——混合气体黏度；

　　　φ_P——催化剂颗粒球形度；

　　　ρ_P——气体密度；

　　　ε_{mf}——最小流化条件下床层空隙率。

　　　g——重力加速度；

　　　ρ_g——气体密度。

（5）气体热力学性质

扩散系数、黏度、热容随温度和组成变化而变化，在每个床层高度分别计算。

① 扩散系数　混合气体中组分 i 的分子扩散系数按式（6-119）计算，二元扩散系数按式（6-120）计算。

$$D_{i,\mathrm{mix}} = \frac{1-x_i}{\sum\limits_j \dfrac{x_j}{D_{i,j}}} \tag{6-119}$$

$$D_{i,j} = 0.01013 \frac{T^{1.75}\left(\dfrac{1}{M_i}+\dfrac{1}{M_j}\right)^{0.5}}{p\left[\left(\sum v_i\right)^{\frac{1}{3}}+\left(\sum v_j\right)^{\frac{1}{3}}\right]^2} \tag{6-120}$$

② 热容　通过各化学反应平衡常数计算得到热容，具体过程可参考本书第 3 章。

$$C_{p,i} = A + B\left[\frac{\dfrac{C}{T}}{\sinh\left(\dfrac{C}{T}\right)}\right]^2 + D\left[\frac{\dfrac{E}{T}}{\cosh\left(\dfrac{E}{T}\right)}\right]^2 \tag{6-121}$$

关联系数 A、B、C、D 和 E 如表 6-33 所示。

表 6-33　各组分的热容计算关联参数及适用温度范围

组分	A	B	C	D	E	温度/K
H_2	27.62	9.56	2466.00	3.76	567.60	250～1500
CO	29.11	8.77	3085.10	8.46	1538.20	60～1500
CO_2	29.37	34.54	1428.00	26.40	588.00	50～5000
CH_4	33.30	79.93	2086.90	41.60	991.96	50～5000
H_2O	33.36	26.79	2610.50	8.90	1169.00	100～2273
N_2	29.11	8.61	1701.60	0.10	909.79	50～1500
Ar	20.79	0	0	0	0	100～1500

③ 动力黏度　混合气体动力黏度按下式计算：

$$\eta_{\mathrm{m}} = \sum_i \frac{x_i \eta_i}{\sum\limits_j x_j \varphi_{ji}} \tag{6-122}$$

$$\varphi_{i,j} = \frac{\left[1+\left(\dfrac{\eta_i}{\eta_i}\right)^{0.5}\left(\dfrac{M_j}{M_i}\right)^{0.25}\right]^2}{\left[8\left(1+\dfrac{M_i}{M_j}\right)\right]^{0.5}} \tag{6-123}$$

纯组分气体黏度通过 DIPPR 关联式确定：

$$\eta_i = \frac{AT^B}{1+\dfrac{C}{T}+\dfrac{D}{T^2}} \tag{6-124}$$

各参数与适用温度范围列于表 6-34。

表 6-34　纯组分气体黏度估算参数值与适用温度范围

组分	A	B	C	D	温度/K
H_2	1.797×10^{-7}	0.6850	-0.59	140	13.95～3000
CO	1.113×10^{-6}	0.5338	94.70	0.0	68.15～1250
CO_2	2.148×10^{-6}	0.4600	290.00	0.0	194.66～1500
CH_4	5.255×10^{-7}	0.5901	105.67	0.0	90.69～1000
H_2O	1.710×10^{-8}	1.1146	0.0	0.0	273.16～1073.15
N_2	6.559×10^{-7}	0.6081	54.714	0.0	63.15～1970

6.4.2　流化床模型计算结果

本部分给出了在 100g 催化剂、10L/min 条件下的实验值与计算值对比情况。所测量的气体浓度可以代表密相气体组成。因此，计算的密相区轴向干燥气体组成可直接与测量值比较，如图 6-25 所示，符号为测量值，线为计算值。流化床高度为 95mm，初始 H_2 和 CO 消耗速度、CH_4 和 CO_2 生成速度与实验数据拟合很好。但从 4mm 处开始，模型和实验值之间的差距较大。在床层尾端，模型准确预测了气体浓度。但此模型并不能重现所有的影响。

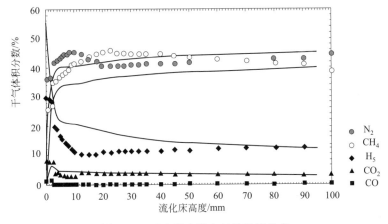

图 6-25　反应器内轴向气体浓度分布

图 6-26～图 6-30 可帮助读者更好地理解流化床甲烷化模型的计算结果。图 6-26 显示了不同过程对 H_2、CO、CH_4 摩尔流速的影响。为区别 H_2、CO、CH_4 流速变化的源头，对密相摩尔平衡中的不同项（传质、主体气流、反应项）进行了比较。在流化床初始 4mm，反应引起的 H_2、CO 消耗速度比传质引起的高一个数量级，H_2、CO 从鼓泡相进入密相的主体流速也比传质高。因此，在前 4mm，大量 H_2、CO、N_2 从鼓泡相传送到密相。前 10mm 中，反应项的波动纹是由模型中一系列温度（非连续）造成的。

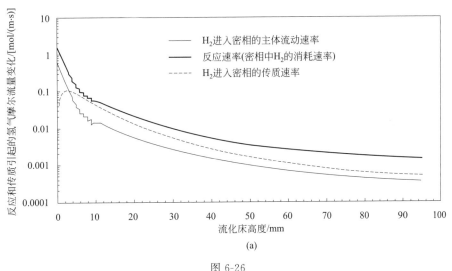

(a)

图 6-26

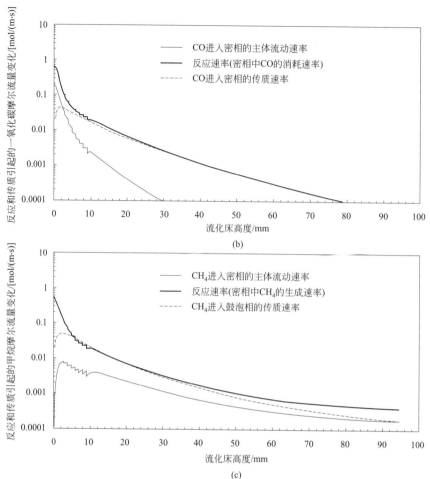

图 6-26　H_2、CO、CH_4 进入密相的摩尔流速沿流化床变化趋势

在 6~10mm 处，H_2、CO 消耗速度、传质速度几乎不变，而主体流速急剧降低。在图 6-25 中，计算的 H_2、CH_4、N_2 浓度在床层 6~10mm 之间几乎不变。相反，在同样区域，实验数据显示 H_2 浓度降低，CH_4 浓度升高。计算的浓度维持恒定可能是因为传质。此外，在床层 6mm 处，来自密相的 CO 已完全被消耗。

自 10mm 处起，计算的 H_2 浓度降低，CH_4 浓度升高。此时，反应速度比传质速度快。从 10mm 主床层尾端，主体流速似乎可以忽略。图 6-26 (b) 显示，10mm 主床层 CO 消耗速度等于传质速度，意味着 CO 转化速度受限于 CO 自鼓泡相到密相的传质。从 10mm 至 40mm，CO 转化速度和 CH_4 生成速度几乎相同，40mm 时 CO 转化速度慢于 CH_4 生成速度，意味着 CH_4 不是由鼓泡相的 CO 形成的，而是由水煤气变换逆反应产生的 CO 形成。在 40mm 处，鼓泡相和密相中已无 CO。从测试浓度可看出到 20mm 处，几乎所有 CO 已被消耗。

在床层上段，H_2、CH_4 的传质速度显著慢于反应速度 [图 6-26 (a)、(c)]。图 6-27 显示鼓泡相和密相中计算的 H_2、CO、CO_2、CH_4 浓度。45~50mm 之间，鼓泡相和密相中浓度几乎相等，意味着浓度差造成的传质在上段床层并不重要。然而这和实验数据相矛盾。

图 6-28 为沿流化床高度的甲烷化和水煤气变换反应速率。在前 10mm，甲烷化速度快速从 0.61mol/(kg·s) 下降到 0.018mol/(kg·s)，然后逐渐下降到了 0.00033mol/(kg·s)。水煤气变换反应速率在第 1mm 升高到 0.21mol/(kg·s)，2mm 后下降到 0 以下。因此，只

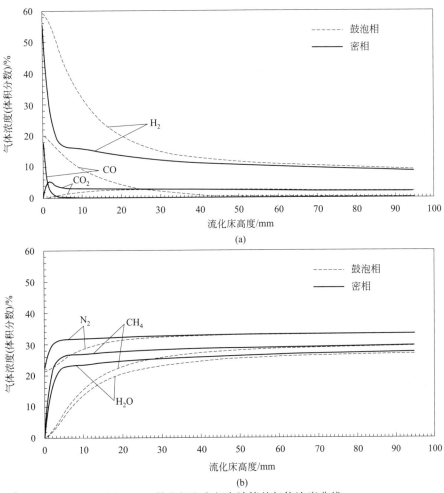

图 6-27　鼓泡相和密相中计算的气体浓度曲线

在前 2mm 有 CO_2 生成，超过此点水煤气变换逆反应发生。在床高 2.5mm 处，水煤气变换反应速率达到最小值，然后缓慢增长到床尾的 $-0.00028 \times 10^{-4} \text{mol}/(\text{kg} \cdot \text{s})$。换句话说，水煤气变换逆反应达到最大值，然后缓慢减低，直至床尾。

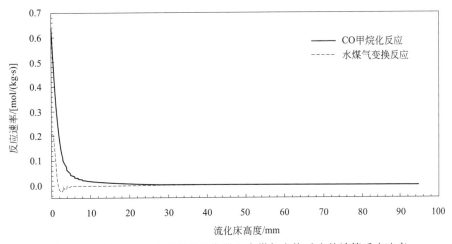

图 6-28　流化床中 CO 甲烷化反应器和水煤气变换反应的计算反应速率

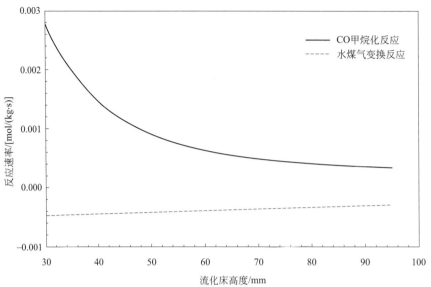

图 6-29　CO甲烷化反应器和水煤气变换反应的计算反应速率沿流化床变化趋势（30～100mm）

图 6-29 给出了 30mm 至床尾 CO 甲烷化反应和变换反应速率。可以看出，逆变换反应在此区间仍然发生，因而，CO_2 和 H_2 被转化成 CO 和 H_2O。CO 然后转化为 CH_4。虽然此反应速率和床初始端比非常慢，但此反应仍然为控制因素，导致密相中 H_2 减少和 CH_4 增加。

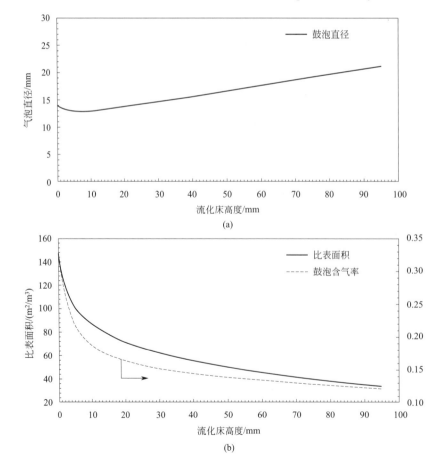

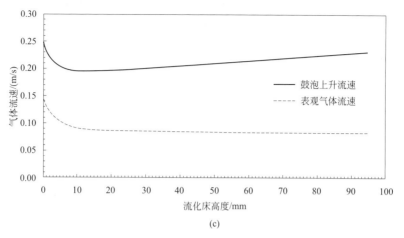

图 6-30　沿流化床的计算流体力学数据

图 6-30 描述了沿床高度变化的流体力学参数:(a)鼓泡直径;(b)比表面积和鼓泡含气率;(c)鼓泡上升速度和表观气体速度。鼓泡直径在初始端从 14mm 降到 13mm,10mm 以后鼓泡直径随床层高度线性增长,直到 21mm,等于床层直径的 40%。鼓泡尺寸的降低可以表观气体速度的降低来解释。式(6-101)表明鼓泡尺寸和($\mu-\mu_{mf}$)成比例。床层初始 10mm,表观气速的快速降低证明 H_2、CO 转化和体积缩小发生在此区域。从 10mm 至床尾,表观气速仅稍有降低。比表面积从 $150m^2/m^3$ 降到 $40m^2/m^3$ 是由于鼓泡尺寸的增大和鼓泡含气率的降低。

6.4.3　灵敏度研究

(1)鼓泡尺寸关联

关于预测鼓泡尺寸的关联式,本模型使用 Werther 关联式,研究了不同鼓泡尺寸关联式对浓度分布的影响。首先,以不同流化床高度和预测的鼓泡尺寸及比表面积进行画图比较,5 个关联式为 Werther、Rowe、Darton、Hilligardt 和 Werther、Mori 和 Wen。

5 个关联式预测在床尾鼓泡尺寸为 20~24mm。在流化床上半部分,计算出的鼓泡大小区别不大,但在床前 20mm 差别巨大,因为初始鼓泡尺寸不一样。Werther 初始值设为 14mm、Rowe 设为 1mm,虽然应设为 0mm,但 0mm 初始值会导致比表面积为无限大[见式(6-98)]。此外,鼓泡不能小于颗粒本身。基于以上原因,初始值设为 1mm。

不同的关联式得出的鼓泡生长特性不同。Werther、Darton、Mori 和 Wen 关联式预测前 6mm 鼓泡变小,随后增加直到 20mm。实际上,初始处鼓泡变小是有疑问的,相反预计鼓泡应当缓慢增大。由于体积缩小和从鼓泡相到密相的对流主体流动,预计鼓泡的数量变少。然而关联式假定鼓泡尺寸和过量气速($\mu-\mu_{mf}$)成正比,意味着表观气速降低可能会导致鼓泡尺寸变小。其他 2 个关联式(Hilligandt、Rowe)没有预测出鼓泡尺寸的变小。Rowe 关联式只是预测在床高 5~10mm 间,鼓泡生成速度稍微有些降低。

图 6-31(b)描述比表面积随流化床层高度的变化情况。在第 1mm,计算值为 146~3460m^2/m^3,随后比表面积逐渐变小,直至床层尾端的 30~40m^2/m^3。高比表面积,特别是 Rowe 预测的,引起入口区域传质强烈,因而大量的 H_2、CO 从鼓泡相传输到密相,引起 H_2 浓度增加[图 6-32(a)]。同时,大量 CH_4 从密相传输到鼓泡相,引起密相 CH_4 浓度

降低[图 6-32(c)]。与 Werther 关联式相比，Rowe 关联式预测的床层最初几毫米处鼓泡最小，因此使用 Rowe 关联式计算的鼓泡尺寸绘制随后的几张图。

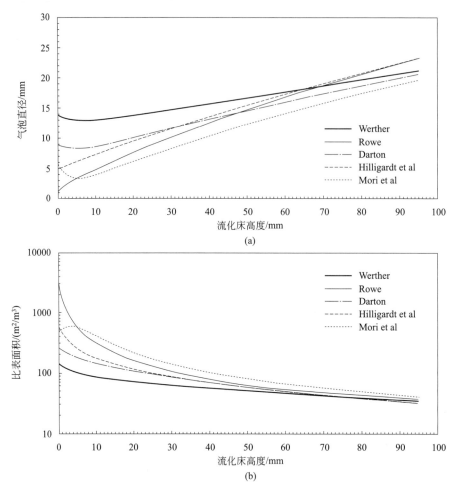

图 6-31 基于不同鼓泡尺寸关联式得到的鼓泡直径（a）和比表面积（b）

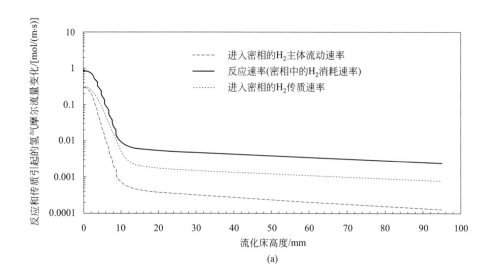

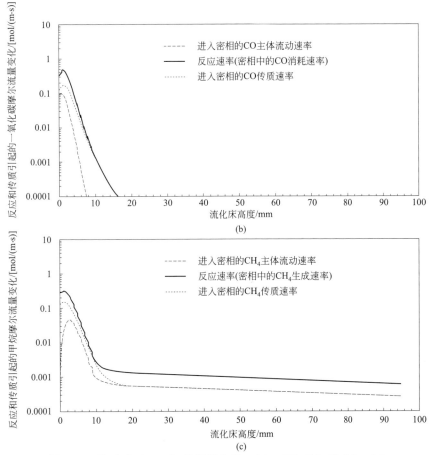

图 6-32　基于式（6-101）的密相中 H_2（a）、CO（b）和 CO_2（c）
摩尔流速沿流化床的变化趋势（鼓泡尺寸采用 Rowe 关联式）

在床层的最初几毫米，气体传质与催化剂床层主体相比更快。在床高 10mm 以上，CO
完全转化为 CH_4 和微量 CO_2，但摩尔流速的变化仍然被反应速率控制，而不是传质。在此
区域，CO_2 又被转化为 CO，然后转化为 CH_4 和 H_2O。轴向 CO_2、H_2 浓度降低，而 CH_4、
H_2O 仍然稍微增加（图 6-33）。

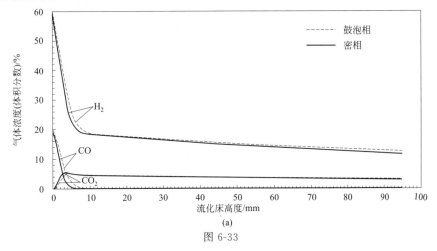

图 6-33

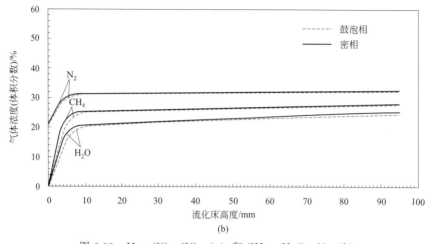

图 6-33　H_2、CO、CO_2（a）和 CH_4、H_2O、N_2（b）

在鼓泡相和密相计算的气体浓度曲线（鼓泡尺寸采用 Rowe 关联式）

由 Rowe 关联式计算的气体组成和测量的干气体浓度分布并不是非常一致，见图 6-34。

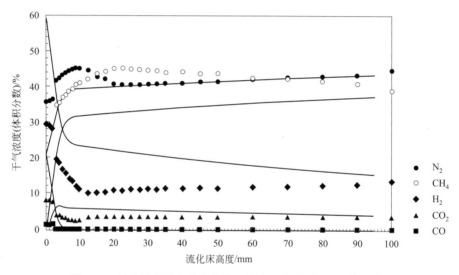

图 6-34　干基组分轴向分布曲线（鼓泡尺寸采用 Rowe 关联式）

（2）传质系数

在本部分，传质系数 K_G 被改变两次，一次系数为 0.2，另一次系数为 5，意味着和参考例子相比，快 5 倍或慢 5 倍。这一变化对轴向干气体组成的影响以及实验数据绘制于以下几张图中。

第一张图 ［图 6-35（a）］ 为参考例子，第二张图 ［图 6-35（b）］ 为慢 5 倍的，第三张图 ［图 6-35（c）］ 为快 5 倍的。

使用较小传质系数计算出的浓度分布似乎和测量值更接近。鼓泡相和密相间较小的传质导致床层初始几毫米较低的 H_2 和较高的 CH_4 浓度。同时气体以鼓泡形式绕过整个反应器的风险也增加。后果是并非所有的 CO 从鼓泡相转到密相，未转化的 CO 离开反应器。实验表明流化床内 CO 转化率为 100%，没有 CO 检出。实际中，鼓泡相和密相间的传质足够，没有旁路气流发生。

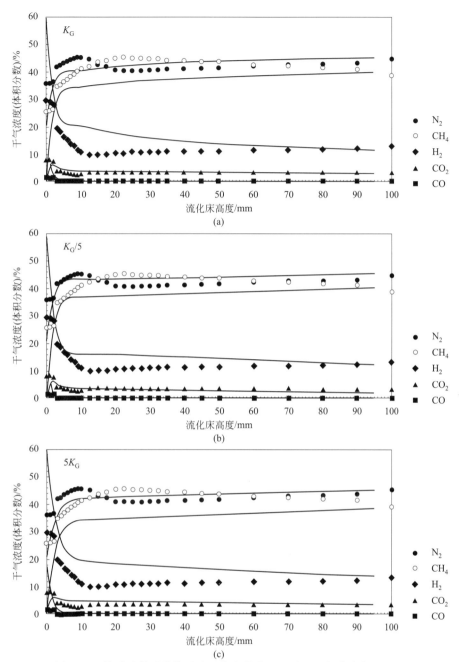

图 6-35　传质系数对计算干基组分向分布的影响以及与参考例的对比

（3）对流主体气流

甲烷化反应体积缩小，部分气体必须以鼓泡相转移到密相以保持密相体积流恒定。为研究主体流动的影响，模型计算了两次（考虑此额外传质和不考虑）。参考例子中，密相体积流恒定，总的体积减小计入鼓泡相。相反，忽略主体流动的模型预测到密相气体体积减小很多，而鼓泡相减小很少（图 6-36）。

鼓泡尺寸随着流化床高度的变化并无明显变化，因为 Werther 关联式仅依赖于表观和最小气体速度。如图 6-36 所示，总体积流表示表观气体速度，沿床层基本保持一致。

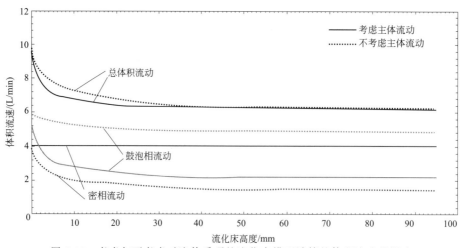

图 6-36　考虑与不考虑对流传质项的流化床模型计算的体积流速的影响

　　然而，与参考例子相比，较高的鼓泡流速导致较高的鼓泡含气率，可参照图 6-37。在参考例子中，床层前 10mm 比表面积快速下降，而在第二个例子中，在前 2mm 比表面积增加，达到最大值，然后较缓慢地降低。基于这个原因，沿反应器的传质比参考例子要高。

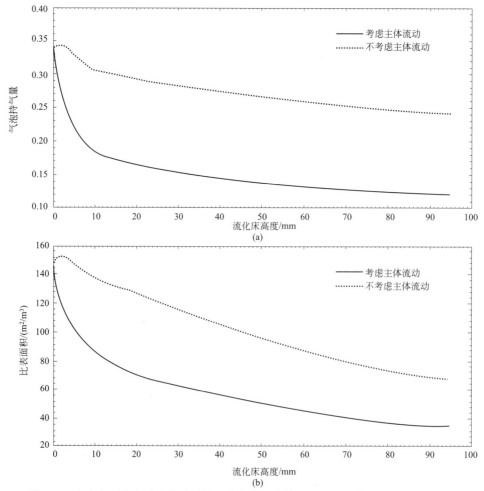

图 6-37　考虑与不考虑对流传质项的流化床模型计算的鼓泡含气率和比表面积的影响

　　图 6-38 显示了在前 3mm，反应是控制步骤，没有 CO 经主体气流转移到鼓泡相。3mm 以上，密相摩尔气流变化只受传质控制。更确切地说，摩尔流动速率受 CO 从鼓泡相到密相的传质控制。结果是在 6～10mm 间，H_2 浓度降低，而 CH_4 浓度升高 ［图 6-38 （b）］。

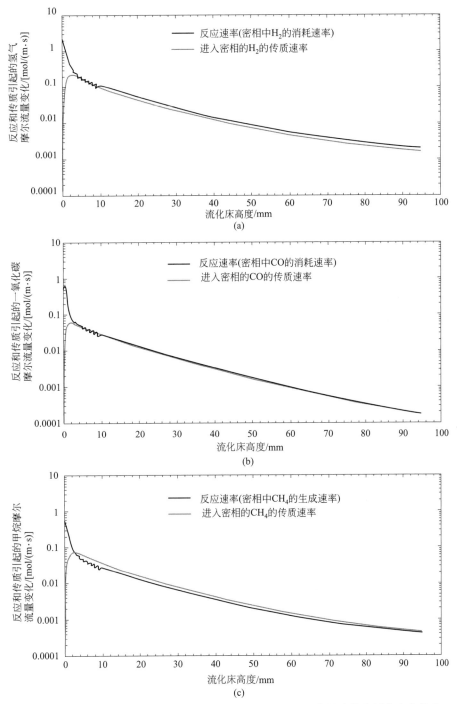

图 6-38　密相中 H_2 （a）、CO （b）、CH_4 （c）摩尔流动速率沿流化床层的变化趋势

［忽略式 （6-101） 中的传质项和反应项］

从图 6-39（a）和（b）可以看出，两种浓度曲线的特点很相似。但 5～20mm 处，计算的气体组成曲线与实验测试所得数据偏差较大。

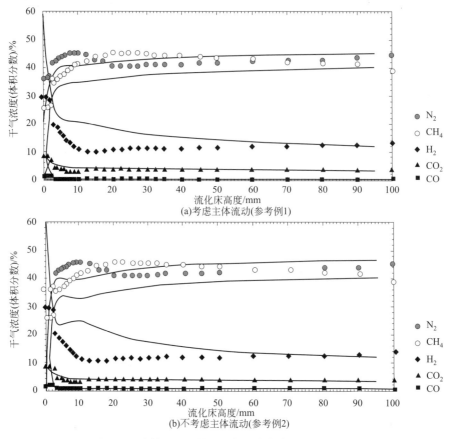

图 6-39　计算的干基轴向气体分布与参考例 2 的对比

6.4.4　流化床模拟结论

分析显示鼓泡尺寸是一个重要的参数，强烈影响传质，因此影响到小试甲烷化反应器。初始几毫米的气体浓度分布、测量的气体浓度分布和动力学试验表明在试验条件下，甲烷化反应非常快速。多数 H_2 和 CO 在前 10mm 或 20mm 处被转化。由于不清楚鼓泡初始直径、鼓泡生长速度和体积缩小的影响，初始床层区域的模拟非常困难。

本模型中所有 5 个鼓泡生长关联式使用一个直径大于 10cm 的流化床在非反应条件下试验确定，因此关联式或许不适用于小试试验装置，或没有考虑体积膨胀和缩小的影响。然而，用 Werther 鼓泡尺寸关联式得出的气体浓度分布比用 Rowe 关联式得出的结果能够更好地与实验数据吻合。此外，除鼓泡尺寸关联式之外，模型假设（恒定密相气流、无炭沉积等），以及动力学模型方法也影响气体浓度分布，进而影响模拟结果。另外，使用动力学模型方法模拟了流化床反应器，假设在不确定度之内相关动力学参数是正确的。

除鼓泡尺寸外，反应引起的体积变化也要在模型中充分考虑。描述这一现象可以用额外的对流主体气流或合适的传质系数。然而，现实中是否存在主体气流并非确凿无疑。Abba 认为存在体积膨胀的实验证据，至少部分密相产生的气体被传输到鼓泡相，但不清楚额外气体传输多快，传输多少。关于体积膨胀和缩小只有少量的研究报道。Irani 和 Kai 等考虑一个简单的线性动力学反应，从理论上研究摩尔数增加和减少对总体转化和流体力学参数（鼓泡尺寸、含气率、速度）的影响。笔者认为摩尔数增加，鼓泡更大，在床层中运行更快，同时因为停留时间较短，导致转化率较低。

相反，气固流化床反应器中体积缩小导致表现气体速度减小，对低 μ/μ_{mf} 存在脱流化的可能性，意味着气体速度可能比最小流化速度低。气速减小还意味着停留时间增加，转化率、产率增加，但选择性降低。体积缩小怎样影响流体力学参数并没有得到实验证明，也不清楚多少摩尔气体从鼓泡相传输到密相。流化床模型结果表明，表观气速降低导致鼓泡尺寸减小。Bellagi 和 Kai 考虑了一个流化床甲烷化模拟，其中反应器导致摩尔流速减小、主体气流从鼓泡相到密相。两个学者的实验结论都可以与实验数据吻合。

在本数学模型中，考虑或忽略主体气流影响初始段鼓泡含气率和传质，但对浓度分布影响不大，这和实验数据并不一致。总之，均一流化床模型（本节提到的假设前提下）不能较好地描述小试甲烷化反应器所有的现象。尚不清楚需要改变哪些假设，可能是因为小型的小试装置的墙壁效应比较强烈。对于较大的工厂，流化床模型可能会更好地描述反应器内部过程。

◆ 参考文献 ◆

[1]　李国忠,王季秋,刘永健．基于 Aspen Plus 加压甲烷化工艺流程模拟与研究 [J]．节能，2012，31（5）：35-38．

[2]　何一夫．基于 ASPEN PLUS 软件的甲烷化工艺模型 [J]．现代化工，2012，32（4）：107-109．

[3]　兰荣亮,马炯,汪根宝．煤制天然气甲烷化工艺全流程模拟研究 [J]．化工设计，2015（1）：14-16．

[4]　王秀林,侯建国,穆祥宇,等．气体组分对绝热甲烷化反应影响模拟计算 [J]．山西大学学报：自然科学版，2016（1）：80-85．

[5]　胡亮华,冯再南,姚泽龙,等．焦炉煤气甲烷化工艺过程的 Aspen Plus 模拟 [J]．天然气化工（c1 化学与化工），2013（3）：53-56．

[6]　但小冬,颜丽,杨洋．基于 Aspen Plus 的焦炉煤气甲烷化工艺模拟及分析 [J]．化工技术与开发，2014（5）：52-57．

[7]　范峻铭,诸林,李璐伶,等．基于 Aspen Plus 的焦炉气制甲烷工艺模拟与分析 [J]．煤化工，2013，41（5）：32-34．

[8]　PORUBOVA J，BAZBAUERS G，MARKOVA D．Modeling of the adiabatic and isothermal methanation process [J]．Environmental & Climate Technologies，2011，6（1）：79-84．

[9]　刘晨光．流程模拟在合成甲烷反应中的应用 [J]．现代化工，2011，31（s2）：106-108．

[10]　李春启．基于动力学模型的合成气完全甲烷化回路系统模拟分析 [J]．化工进展，2017，36（1）：146-156．

[11]　李安学,李春启,左玉帮,等．合成气甲烷化工艺技术研究进展 [J]．化工进展，2015，34（11）：3898-3905．

[12]　HILLIGARDT K，WERTHER J．Lokaler blasengas-holdup und expansionsverhalten von gas/feststoff-wirbelschichten [J]．Chemie Ingenieur Technik，1985，57（7）：622-623．

[13]　SIT S P，GRACE J R．Effect of bubble interaction on interphase mass transfer in gas fluidized beds [J]．Chemical Engineering Science，1981，36（2）：327-335．

[14]　KUNII D，LEVENSPIEL O．Fluidization Engineering [M]．2nd Ed．Oxford：Butterworth-Heinemann，1992．

[15]　WILKE C R，LEE C Y．Estimation of diffusion coefficients for gases and vapors [J]．Industrial & Engineering Chemistry，1955，47（6）：1253-1257．

[16]　FULLER E N，SCHETTLER P D，GIDDINGS J C．New method for prediction of binary gas-phase diffusion coefficients [J]．Industrial & Engineering Chemistry，1966，58（5）：18-27．

[17]　FULLER E N，ENSLEY K，GIDDINGS J C．Diffusion of halogenated hydrocarbons in helium. the effect of struc-

ture on collision cross sections [J]. The Journal of Physical Chemistry, 1969, 73 (11): 261-279.

[18] Design Institute for Physical Properties. DIPPR Project 801 Full Version [M]. Michigan: Design Institute for Physical Property, 2005.

[19] ROWE P N. Prediction of bubble size in a gas fluidised bed [J]. Chemical Engineering Science, 1976, 31 (4): 285-288.

[20] DARTON R C. Bubble growth due to coalescence in fluidized beds [J]. Chemical Engineering Research & Design, 1977, 55 (4): 274-280.

[21] HILLIGARDT K, WERTHER J. Influence of temperature and properties of solids on the size and growth of bubbles in gas fluidized beds [J]. Art Science & Technology, 1987, 10 (1): 272-280.

[22] MORI S, WEN C Y. Estimation of bubble diameter in gaseous fluidized bed [J]. AIChE Journal, 1975, 21 (1): 109-115.

[23] SIT S P, GRACE J R. Effect of bubble interaction on interphase mass transfer in gas fluidized beds [J]. Chemical Engineering Science, 1981, 36 (2): 327-335

[24] ABBA I A, GRACE J R, BI H T. Variable-gas-density fluidized bed reactor model for catalytic processes [J]. Chemical Engineering Science, 2002, 57 (22/23): 4796-4807.

[25] IRANI R K, KULKARNI B D, DORAISWAMY L K. Analysis of fluid bed reactors for reactions involving a change in volume [J]. Industrial & Engineering Chemistry Fundamentals, 1980, 19 (4): 424-428.

[26] KAI T, FURUSAKI S. Effect of volume change on conversions in fluidized catalyst beds [J]. Chemical Engineering Science, 1984, 39 (7/8): 1317-1319.

[27] BELLAGI A. Zur Reaktionstechnik der Methanisierung von Kohlenmonoxid in der Wirbelschicht [D]. RWTH Aachen University, 1979.

[28] KLOSE J. Reaktionskinetische untersuchungen zur methanisierung von kohlenmonoxid [D]. Bochum: Ruhr-Universität Bochum, 1982.

[29] COENEN J W E, VAN NISSELROOY P F M T, DE CROON M H J M, et al. The kinetics and mechanism of the methanation of carbon monoxide on a nickel-silica catalyst [J]. Applied Catalysis, 1982, 3 (1): 29-56.

[30] SCHOUBYE P. Methanation of CO on some Ni catalysts [J]. Journal of Catalysis, 1969, 14 (3): 238-246.

[31] AKERS W W, WHITE R R. Kinetics of methane synthesis [J]. Chemical Engineering Progress, 1948, 44: 553.

[32] HO S V, HARRIOTT P. The kinetics of methanation on nickel catalysts [J]. Journal of Catalysis, 1980, 64 (2): 272-283.

[33] INOUE H, FUNAKOSHI M. Kinetics of methanation of carbon monoxide and carbon dioxide [J]. Journal of Chemical Engineering of Japan, 1984, 17 (6): 602-610. https://www.jstage.jst.go.jp/article/jcej1968/17/6/17 _ 6 _ 602/ _ pdf

[34] IBRAEVA Z A, NEKRASOV N V, YAKERSON V I, et al. Kinetics of methanation of carbon monoxide on a nickel catalyst [J]. Kinetics and Catalysis, 1987, 28: 386.

[35] SUGHRUE E L, BARTHOLOMEW C H. Kinetics of carbon monoxide methanation on nickel monolithic catalysts [J]. Applied Catalysis, 1982, 2 (4/5): 239-256.

[36] KAI T, FURUSAKI S, YAMAMOTO K. Methanation of carbon monoxide by a fluidized catalyst bed [J]. Journal of Chemical Engineering of Japan, 1984, 17: 280. https://www.jstage.jst.go.jp/article/jcej1968/17/3/17 _ 3 _ 280/ _ pdf/-char/en.

第7章

合成气甲烷化工艺过程模拟

7.1 流程模拟系统介绍

化工过程模拟程序系统常简称为流程模拟软件，它是一种应用性计算机程序系统，用于单元过程以及由这些单元过程所组成的化工过程系统的模拟。流程模拟软件的研制和开发是从 20 世纪 50 年代中期即 1958 年美国 Kellogg 公司推出了世界上第一个化工模拟程序——Flexible Flowsheeting 开始发展的。Kellogg 公司将该系统成功用于大型、低能耗合成氨系统的流程装置设计。在 60 年代化工过程模拟的初始发展期，各有关大学、研究机构和炼油、石化公司纷纷开始研制自己的模拟系统。美国 Chevron 公司的 CHEVRON、Houston 大学的 CHESS 和 Simulation Sciences 公司的 PROCESS 都是这一时期比较优秀的软件。进入 80 年代，化工过程模拟走向了它的成熟期，模拟软件的开发和研制走向专业化与商业化，模拟计算的精确性和可靠性大大加强，应用范围不断拓宽，功能愈益丰富，使用越来越方便，并且涌现了一批著名的、影响广泛的商业化软件，如美国 ASPEN TECH 公司的 Aspen Plus、Simulation Sciences 公司的 PRO/Ⅱ、加拿大 HYPRO TECH 公司的 HYSIM 等。从 80 年代开始是化工模拟软件的深入发展期，其特点是从"离线"走向"在线"，从稳态模拟发展到动态模拟和实时优化，从单纯的稳态计算发展到和工业装置紧密相连，在这一时期中，"生命周期模拟"（lifecycle modeling）的概念逐渐形成，即在过程装置的研究开发、设计、生产、装置退役等各个阶段，都始终离不开化工过程模拟技术的应用。过程模拟不仅在设计研究部门成为必备的工具，在炼油、石化企业中也得到了推广使用。包括我国在内的不少国家已将著名模拟软件 Aspen Plus、PRO/Ⅱ等作为企业定级的标准。同时，新的模拟软件不断面世，如模拟聚合物系统的 Polymer Plus 软件、基于速率方程的复杂塔严格算法等。80 年代末 ASPEN TECH 公司率先推出了动态模拟软件 Speed Up，90 年代各有关公司竞相推出功能强大的动态模拟软件，如 HYSYS 等。目前，化工过程模拟发展到了一个崭新的阶段。

7.1.1 流程模拟系统功能

目前，流程模拟软件已经成为化工过程合成、分析和优化最有效与不可或缺的工具，能帮助和训练设计人员获得以前必须经过多年的设计实践与总结才能得到的对过程的深刻理解和工程判断能力。稳态过程模拟的应用十分广泛，其主要应用场合及功能如下。

（1）新装置设计

稳态模拟的主要应用之一是新装置的设计。当前炼油、石化和化工装置的设计都要采用过程模拟来求得整个装置的物料平衡和能量平衡。如前所述，随着科学技术的进步，过程模拟的结果已经可以直接用于某些工业装置的设计，而无需小试或中试的配合。尤其是对于乙烯装置、炼油工业中的常减压、催化裂化、气体分馏等装置，过程模拟已经可以提供十分准确的数据，以达到可以用模拟结果作为标准，反过来检验现场的生产操作是否存在问题的目的。

国外从 20 世纪 60 年代末开始，已在工程设计中大量应用过程模拟技术。国内则相对较晚，70 年代仅有少量应用，大量应用出现在 80 年代，而 90 年代已十分普及。

（2）旧装置改造

稳态过程模拟已成为旧装置改造必不可少的工具。由于旧装置的改造既涉及已有设备的利用，又可能增添必需的新设备，其设计计算往往比新装置设计还要繁杂。原有的分馏塔、加热炉、换热器、机泵以及管线等是否仍旧适应工艺，能否在原基础上改造还是必须更新等问题均在过程模拟的基础上得到了满意的解决。

（3）新工艺、新流程的开发研究

20 世纪 60 年代以前，炼油、石化工业新工艺新流程的开发研究，主要依靠各种不同规模的小试、中试。随着过程模拟技术的不断进展，已逐渐转变为完全或部分利用模拟技术，只在必要时辅以个别的试验研究。尤其对于炼油和石油化工工业的各种分离工艺来说更是如此。

（4）生产调优、疑难问题诊断

在生产装置调优和疑难问题诊断上，过程模拟更是起着不可替代的作用。通过流程模拟，寻求最佳工艺条件，从而达到节能、降耗、降本、增效的例子已经比比皆是。更有通过全系统的总体调优，以经济效益为目标函数，求得关键工艺参数的最佳匹配，并革新了传统的观念。

（5）科学研究

随着计算机软、硬件的飞速发展和科学技术的进步，过程模拟在科研工作中也发挥着愈来愈重要的作用。过程模拟在一定程度上取代了实验室实验。如 20 世纪 90 年代初，美国 Stone & Webster 公司推出了乙烯新技术——ARS（Advanced Recovery System）技术。国内即有学者应用模拟技术证实了该技术的可行性，并首次提出了其专利设备分馏分凝器（Dephlegmater）的计算方法。美国乙烯专利商 Lummus 公司推出低压脱甲烷取代原有的高压脱甲烷工艺后，有学者应用蒸馏塔模拟和㶲分析，证实低压脱甲烷的能耗确实较低。

（6）动态模拟、实时优化的基础

过程模拟技术当前已发展到动态模拟和实时优化，而这两者的基础均是稳态过程模拟。只有在稳态模拟的数值解基础上，才能运行动态模拟和实时优化，尤其对于复杂的装置更是如此。

过程稳态模拟经历了 40 余年的发展历史，在化工界已经成为家喻户晓的先进工具，广泛应用于工业装置的研究、设计、改造等领域，并带来明显的经济效益。

7.1.2 流程模拟软件的分类

流程模拟软件按其模拟对象的不同操作状态可分为稳态模拟系统和动态模拟系统。前者研究化工过程的稳态操作特征，可实现系统全过程的能量衡算和物料衡算，也可以进行经济衡算、过程最优化，为生产的开车、停车、事故处理提供指导和培训。动态模拟的发展晚于稳态模拟。因为动态过程一般更为复杂，描述动态过程的方程通常为由微分、偏微分、积分与代数方程组成的高维非线性混合方程组，且方程组的稀疏性强，病态、时间不连续等问题时有发生。近年来，随着应用数学和计算机技术的发展，动态模拟技术有了长足的发展，出现了如 GPROMS、HYSYS 之类的动态模拟软件，这些软件既可做过程的动态模拟又可做稳态模拟。

流程模拟软件又可分为专用模拟系统和通用模拟系统。专用模拟系统只能模拟某一特定的化工过程。这类模拟系统对象单一、结构稳定、模拟精度相对较高。另一类是通用流程模拟软件，这类软件通过归纳把模型结构类似的单元过程编制成通用模块，加上其他与之相应的算法模块、物性数据库等，做成模块结构的形式，当我们需要模拟某个化工过程时，将模块按其流程的拓扑结构连接起来，并管理各单元模块间的信息传递，然后再按一定的计算次序和收敛方法完成系统的模拟计算。通用流程模拟软件可以方便地进行各种不同化工过程的模拟、优化、评价，因此流程模拟软件获得了广泛的应用。其中，公认的优秀的商品化流程模拟软件有 Aspen Plus、PRO II 等。需要指出的是，一般而言，通用流程模拟软件的模拟精度略逊于专用模拟系统。

7.1.3 流程模拟软件的构成

通用流程模拟软件通常由输入、输出模块，单元操作模块，物性数据库，算法子程序模块，单元设备估算模块，成本估算和经济评价模块以及主控模块等几个部分组成。

（1）输入、输出模块

输入模块主要输入下列系统模拟必要的信息：

① 化工过程系统的结构信息，一般以矩阵或表格形式输入；

② 系统输入流股信息，包括组成、温度、压力、流率等，以及数据库没有的物性；

③ 单元模块的设计参数、设备参数和设计规定或过程参数，例如换热器的传热系数、精馏塔的塔板数、回流比、惰性组分含量、分割比等；

④ 计算精度要求；

⑤ 计算费用所需的信息，如各种原材料的单价，公用工程水、电、气的单价等。

输出模块则将模块计算得到的大量信息以用户所需的格式输出，并可根据用户的特殊要求输出其他信息。

（2）物性数据库

物性数据库供给各模块在运算时所需的物性数据和各种物性估算方法，常由以下 3 部分组成。

①基数物性数据库　该数据库存储基础物性数据，包括以下物性数据：

a. 与状态无关的物质固有属性，如分子量、临界温度、临界压力、临界体积、临界压缩因子、偏心因子等；

b. 标准状态下物质的某些属性，如标准生成热、标准生成焓、绝对熵、标准沸点、标准沸点下汽化热以及物性估算程序所需各种系数，如安托因常数、亨利常数、二元交互作用系数等；

c. 一定状态下物质的某些属性，如比热容、饱和蒸气压等，这些属性常被关联成某种形式的计算公式。公式中的参数和功能团参数也属于基础物性数据。

② 物性计算程序　用于单元模块计算所需的基础物性数据，以及一定压力、温度下纯组分和混合物的基础物性、热力学性质及传递性质，如逸度、活度、气液平衡常数、熵、焓、密度、黏度、热导率、扩散系数、表面张力等。

③ 实验数据处理系统　根据用户提供的实验数据，并按用户的要求对实验数据进行检验、筛选、变换以及数据拟合、参数估计等。

物性数据库在流程模拟中有重要作用，有了物性数据库，可以节省物性数据收集工作所需的大量时间。应用较精确的物性数据，可提高模拟计算的可靠程度，由于在流程模拟计算中，大量的计算时间用于混合物性估算（在精馏、闪蒸等平衡级计算过程中尤为明显），因而要求物性数据库能快速、精确地向单元模块传递物性。

（3）算法子程序模块

算法子程序模块包括各种数值积分的算法、非线性方程组的数值解法、稀疏线性方程组解法、最优化算法、参数拟合、插值、回归的计算方法和各种迭代算法等。

（4）成本估算和经济评价模块

该模块包含静态和动态的经济评价的估算方法。成本估算和经济评价既可以独立进行，也可以和流程模拟软件联用，进行投资、操作费用计算和技术经济评价。

（5）单元操作模块

化工过程通常归纳为反应、换热、压缩、闪蒸、混合、分割、精馏、吸收等单元。每一类过程都可用一个相应的数学模型来表达。模块的数学模型，包括物料平衡方程、能量平衡方程、相平衡方程、反应速率方程和传递（三传）方程等。在输入单元输入流股变量和设计变量，并自物性数据库取得物性数据后，从算法模块调用相应的计算方法就可通过求解这些方程得到输出流股变量和单元内部的其他状态变量。在流程模拟软件中除了动力学反应器模块及一些特殊模块（如反应精馏）以外其他种类的模块是非常齐全的，而且这些模块具有很好的通用性。由于动力学反应器模型的复杂性，不可能制作成具有通用数学模型的模块，流程模拟软件的制作者提供了一些通用的热力学反应器模块、化学计量反应器模块、转化率反应器模块便于一般用户使用，此外还提供与用户自制反应器模块连接的接口以满足高级用户的需要。

表 7-1 列出了 Aspen Plus 的单元模块名称，其他流程模拟软件（如 PRO Ⅱ）的模块名称不尽相同。

表 7-1　Aspen Plus 的单元过程模块库

单元过程	模型	说明	单元过程	模型	说明
混合器和分流器	Mixer	混合器	反应器	Rbatch	间歇反应器
	FSplit	分流器	压力变送设备	Pump	泵或水力学透平机
	Ssplit	子物流分离器		Compr	压缩机或透平机
分离器	Flash2	两相闪蒸		MCompr	多级压缩或透平机
	Flash3	三相闪蒸		Valve	阀的压降
	Decanter	液-液倾析器		Pipe	单管段
	Sep	组分分离器		Pipeline	多段管线
	Sep2	两股出口物流的组分分离器	控制器	Mult	物流倍增器
换热器	Heater	加热器或冷却器		Dupl	物流复制器
	HeatX	两股物流的换热器		Clchng	物流组变化器
	MHeatX	多股物流的换热器	固体处理	Crystallizer	结晶器
	HXflux	热传递计算		Crusher	固体粉碎机
塔	DSTWU	简算法蒸馏,设计型		Screen	固体分离器
	Distl	简算法精馏,核算型		FabFl	布袋过滤器
	RadFrac	严格分馏		Cyclone	旋风分离器
	Extract	严格液-液萃取		Vscrub	文丘里涤气器
	MultiFrac	严格法多塔精馏		ESP	静电除尘器
	SCFrac	简算法多塔精馏		HyCyc	水力旋流器
	PetroFrac	石油炼制分馏		CFuge	离心过滤器
	ConSep	精馏概念设计		Filter	旋转真空过滤器
	BatchSep	间歇精馏		Swash	单级固体洗涤器
反应器	Rstoic	化学计量反应器		CCD	逆流倾析器
	RYield	收率反应器		Dryer	干燥器
	REquil	平衡反应器	用户模型	User	用户提供的 FORTRAN 子程序定义的单元操作,适用于有限流股
	RGibbs	Gibbs 自由能最小的平衡反应器		User2	用户提供的 FORTRAN 子程序定义的单元操作,适用于无限流股
	RSCTR	连续搅拌釜式反应器		User3	用来调用用户提供的开放式模型
	Rplug	活塞流反应器		Hierarchy	分层结构

7.1.4　主要商业化流程模拟软件

（1）Aspen Plus

Aspen Plus 是 Aspen Tech 公司开发的化工模拟软件，全名称为"过程工程的先进系统"（Advanced System for Process Engineering，ASPEN）。在 20 世纪 70 年代后期，美国能源部联合麻省理工学院组织会战，决定开发第三代流程模拟软件，这项工程于 1981 年完成，在 1982 年成立 AspenTech 公司，并将该产品进行商品化，命名为 Aspen Plus。该软件到目前已有 30 多年的历史，经过多次的升级和提高，先后推出了十多个版本，经过经典版本 Aspen Plus 7.3 之后，Aspen Tech 公司陆续发布了 Aspen Plus 8.0、Aspen Plus 8.4，直到 2015 年 5 月，Aspen Tech 公司发布了 Aspen Plus 8.8。Aspen Plus 具有以下特点。

① 完备的物性数据库　Aspen Plus 有两个通用的数据库，即 Aspen CD（Aspen Tech 公司自己开发的数据库）和 DIPPR（美国化工协会物性数据设计院的数据库），此外还拥有多个专业的数据库。在这些数据库中，包含了将近 6000 种化合物的物性、900 种离子或分子电解质的参数、3314 种固体模型参数，此外，还有 2450 种无机物的热化学参数以及涉及 5000 多个二元混合物的交互参数 4000 多个。这足以说明 Aspen Plus 的数据库是非常强大的，为模拟提供了足够的数据保障。

② 丰富的单元操作模块　Aspen Plus 拥有 50 多个单元操作模块，将这些模块有机组合，可以模拟用户所需的流程。此外，Aspen Plus 是其他所有模拟软件工程套件的核心。以 Aspen Plus 的严格模拟为基础，形成了针对不同用途、不同层次的 Aspen Tech 家族软件产品，并为这些软件提供一致的物性支持。例如：Aspen Tech 公司的 Petro Frac 软件是在 Aspen Plus 进行模拟的基础上，专门用于炼油厂的模拟软件。

③ 计算方法的独特　唯一将序贯模块算法（SM）和联立方程（EO）算法同时包含在同一个模拟工具中。采用序贯模块算法可以为流程的收敛计算提供初值，采用联立方程算法可以大大提高大型流程计算的收敛速度，同时，让以往收敛困难的流程计算成为可能，节省了化工设计时间，降低了成本。

④ 多样的流程/模型分析功能　Aspen Plus 不仅能对流程进行模拟，还可以采用灵敏度分析模块和工况分析模块对模拟的结果进行评价。

（2）Pro/Ⅱ

Pro/Ⅱ是 Simulation Science 公司开发的化工流程模拟软件，最早起源于世界上的第一个蒸馏模拟器 SP0，1973 年，Simulation Science 公司在 SP0 的基础上推出了流程模拟器，1979 年这个流程模拟软件进一步发展，即 Pro/Ⅱ的前身，很快，Pro/Ⅱ成为该领域的国际标准，得到了迅速的发展，客户遍布全球各地。目前，Pro/Ⅱ最新的版本是 9.4。Pro/Ⅱ的特点如下。

① 丰富的物性数据库　Pro/Ⅱ同样拥有丰富的物性数据库，如 2000 多纯组分库和 1900 多组分电解质库，这方面与 Aspen Plus 比较有点逊色，但是 Pro/Ⅱ用户可以自己定义数据库中没有的组分，把通过实验得到的物性数据添加到自己的数据库当中。

② 完全的单元操作模块　不仅包括一般模型，如闪蒸、阀、压缩机、膨胀机、管道、泵、混合器和分离器，而且包括更复杂的模型，如蒸馏塔、换热器、严格管壳式换热器（包括整合的 HTRI 模型）、加热炉、空冷器、冷箱模型、反应器、固体处理单元等等。

③ 开放的架构　Pro/Ⅱ带有一个灵活的 OLE 自动化层，允许用户对 Pro/Ⅱ模拟数据的信息进行读写操作。可以从 Pro/Ⅱ模拟数据库文件中提取数据到 OLE 兼容的程序中进一步处理，如 Excel、Lotus123 或一个用 VB 编写的应用程序。实际上，Pro/Ⅱ本身也是用 OLE 层从它各个数据输入窗口获取和保存数据的。现在，Pro/Ⅱ用户还可以获取模拟数据并可用在自己的应用程序中。

此外，Pro/Ⅱ还提供了读取现场数据的能力以及软件与第三方程的接口，这些在其他软件中是没有的。在 Pro/Ⅱ中，除了可以输入数据外，还可以采集来自某个数据库服务器或可读的文本文件的数据，这样用户可以自动获取现场数据或者变化的数据。

（3）ChemCAD

ChemCAD 是由美国的 Chemstations 公司开发的化工流程模拟软件，它广泛地应用于化学和石油工业、炼油工业，是对化工生产的工艺开发、优化设计和技术改造的有力软件。经过计算机工程师的不断研究，Chemstations 公司已经推出了 ChemCAD 的多个版本，在 2014 年 3 月，该公司推出了最新版本 ChemCAD 6.5。ChemCAD 特点如下。

① 安装简单，对系统要求低　相对于 Aspen Plus，ChemCAD 的安装非常简单，只要正确地安装了加密锁，就可以直接安装，一般不需要特殊设置，而 Aspen Plus 的安装涉及其他插件的安装和软件的设置，相当麻烦，有一步设置错误，就不能通过安装。

② 物性选择丰富　ChemCAD 提供了计算 K 值、焓值、熵值、密度、黏度和表面张力

的多种选择。在热力学选项方面，ChemCAD 提供了大量最新的热平衡和相平衡的计算方法，包含 39 种 K 值计算方法、13 种焓值计算方法。这些计算方法可以应用于天然气加工厂、炼油厂以及石油化工厂，可以处理直链烃以及电解质、盐、胺、酸水等特殊系统。此外，ChemCAD 的标准数据库提供了 1800 多个纯组分的性质参数和 2200 对二元交互参数。

③ 完备的单元操作设备　在单元操作模块方面，ChemCAD 能和 Aspen Plus 媲美，ChemCAD 提供了超过 40 个单元操作模块供用户选择，此外还提供了过滤器、结晶器、除尘器、研磨、筛分等 13 个固体单元操作模块。

④ 强大的计算和分析功能　ChemCAD 可以求解几乎所有的单元操作，对非常复杂的循环回路也可以轻松处理。和 Aspen Plus 一样，ChemCAD 也具有先进的灵敏度分析功能和优化功能。灵敏度分析模块可以定义 2 个自变量和多至 12 个因变量，优化模块可以求解含有 10 个自变量的函数的最大值和最小值。

（4）HYSYS

HYSYS 是集稳态模拟和动态模拟于一身的化工模拟软件，原为加拿大 Hyprotech 公司的产品，随着该公司被美国 Aspen Tech 公司收购，HYSYS 就成了 Aspen Tech 公司旗下的产品，目前整合于 Aspen One 套件中。HYSYS 是面向油气生产、气体处理和炼油工业的模拟、设计、性能监测的流程模拟软件。其动态模拟和稳态模拟主要用于油田地面工程建设设计和石油石化炼油工程设计计算分析，其动态部分可用于指挥原油生产和储运系统的运行。HYSYS 在油气工程领域有着极高的精度和准确性。动态模拟功能是 HYSYS 最大的优势。

稳态流程模拟是化工流程模拟研究中开发最早、应用最普遍和发展最成熟的一种技术。稳态模拟的过程对象是输入输出关系，不随着时间的推移而变化。

动态模拟就是输入随时间变化，输出也随时间变化。实际生产过程中不可能出现稳态，所以稳态模拟的过程中，势必要用到一些经验数据，可以认为是一种理想的运行状态。在实际生产过程中，过程参数不停地波动，最理想的状态也是一种动态的平衡，因此，稳态模拟工具不可能描述这种动态状态。动态模拟可以了解装置经受动态负荷的情况，对实际生产更有指导意义。HYSYS 的动态模拟是建立在原有稳态流程模拟收敛的基础上，首先点击动态模式（Dynamics Mode），再定义单元操作的动态数据（如分离器的几何尺寸、液位高度等），安装控制仪表，才可以开始动态模拟。动态模拟过程中，可以随时调整温度、压力等工艺变量，观察它们对产品的影响以及变化规律，还可以随时停下来，转回静态。

（5）GPROMS

GPROMS 软件是由帝国理工学院 PSE 研究中心研制开发出来的，具有过程建模、仿真及动态模拟等功能。GPROMS 基于联立模块思想，将复杂的对象模型逐级分解成多个简单模型，用这些连接起来的简单模型来替代复杂模型，这样就降低了对复杂过程建模的难度，而且使编译的简单模型有了更强的通用性。与其他模拟软件相比，GPROMS 有很强的处理非连续性过程能力，而且能够与多种应用程序建立动态连接，共同完成复杂流程的模拟。如：它可以与 Aspen 软件相连接，借助 Aspen 的物性数据库来完成精馏等化工过程的模拟，得到的模拟数据可以直接输出到 Excel 文件中。GPROMS 的应用领域十分广泛，其在化学工业、石油化工、石油和天然气加工、精细化工、食品工业和制药领域都有众多用户。

（6）国内软件

国内在 20 世纪 70 年代起步进行化工流程模拟软件的开发。开发单位主要是一些高校和研究院所，其中有专用化工流程模拟软件和通用化工流程模拟软件。这些软件有的可用于某个特定化工装置，如 20 世纪 80 年代由华东理工大学开发的环氧乙烷乙二醇装置专有模拟软件。有的可对石油化工、煤化工、精细化工的装置进行操作模拟、过程开发设计，如青岛科技大学开发的化工流程模拟软件 ECSS。

化工之星工程化学模拟系统 ECSS（Engineering Chemical Simulation System）是原青岛化工学院计算机与化工研究所在 1987 年正式推出的国内唯一商业化流程模拟软件。该软件借鉴了国外的开发经验，是综合运用化学工程、应用化学、计算数学、系统工程和计算机科学等理论，结合大量工程实践经验开发而成的计算机软件系统，属于信息技术在过程工业应用的高新技术成果。该软件可广泛应用于过程研究开发、过程设计、装置的模拟与优化、过程去瓶颈分析、装置扩产节能挖潜改造等，是利用工程技术改造传统过程工业的基本工具和手段。该系统具有强大的过程模拟、分析、优化、设备设计及环境评价等功能。模拟计算主要包括物质的基础物性计算、传递物性计算、热力学性质计算、相平衡计算、石油馏分物性计算、流程模拟以及各个单元设备的模拟等。

7.2 合成气甲烷化流程模拟研究进展

国内外诸多学者采用流程模拟软件，建立了合成气甲烷化工艺模型，主要使用的软件包括 Aspen Plus、Pro/Ⅱ等。李国忠等以辽宁大唐国际阜新煤制天然气加压甲烷化工艺为例，利用 Aspen Plus 流程模拟软件模拟甲烷化工艺系统，物性方法采用 PSRK，使用 REquil、Heater、Flash、Compr 模块，通过研究反应压力与甲烷的收率关系、除盐水加热器出口温度与甲烷收率的关系、循环比与产品气甲烷纯度关系，得出了最佳氢碳比。何一夫等利用 Aspen Plus 模拟软件对煤制天然气的甲烷化工艺进行了流程模拟，物性方法选用 RK-SOAVE，使用 REquil、Compr、Mixer、Heater、Heatx、Flash 模块，模拟反应器出口温度、循环比、分流率及天然气组分，通过该模型可以进行工艺方案的比较，为优化数据提供模拟和预测。兰荣亮等采用 Aspen Plus 模拟软件建立煤制天然气甲烷化工艺模型，通过研究循环比对主反应器出口温度、压缩机功耗和产品甲烷纯度的影响，以及原料气分配比（分流率）对主反应器出口温度的影响，模拟计算得到适宜的循环比和分流率、反应器操作压力和产品甲烷纯度的关系等结果。王秀林等采用 Aspen Plus，通过理论假设和模型简化，建立了绝热甲烷化数学模型，选取典型甲烷化反应原料气体，进行气体组分对绝热甲烷化反应影响的模拟研究。胡亮华等利用 Aspen Plus，对焦炉气合成天然气甲烷化工艺流程进行模拟分析，物性方法采用 BWRS 状态方程，使用 RPlug、Rstoic、Compr、Heater、Fsplit 等模块，考察了循环比和副产蒸汽压力变化等操作条件对反应器内催化剂床层温度的影响。但小冬等借助 Aspen Plus 软件，采用 BWRS 状态方程，建立了绝热三段固定床焦炉煤气甲烷化工艺模型，使用了 Rstoic、Heater、Mixer、Fsplit、Flash 模块，通过调节循环率和水蒸气添加量控制反应器出口温度，考察了循环率、分流率、原料气组成、进口气压力和空速对反应器出口温度和组成的影响，结果表明循环率和分流率对反应器出口温度和转化率影响明显。范峻铭等利用 Aspen Plus 模拟软件对焦炉煤气制甲烷工艺进行了流程模拟，分析了甲烷化反应压力、过热蒸汽与反应进料气质量比对反应器出口温度和甲烷产量的影响。Porubova 等利用 Aspen Plus 建立了绝热固定床甲烷化工艺和等温固定甲烷化工艺的全流程模拟，研究了工艺参数对甲烷化过程效率的影响，对两种工艺的优势和劣势进行了比较。刘晨光采用 Pro/Ⅱ建立了绝热固定床甲烷化工艺模型，计算结果与实际数据吻合较好。李春启利用 Aspen Plus 建立了多级绝热甲烷化反应器回路系统动力学模型，动力学方程由 Fortran 编程嵌入模型中，模拟结果与实际装置运行值吻合好，并考察了不同工艺参数对甲烷化回路系统的影响。

采用 Aspen Plus 或 Pro Ⅱ 等流程模拟软件建立的合成气甲烷化流程模型，模拟结果与实际数据吻合较好，可以用来指导合成气甲烷化装置的生产操作条件优化等工作。本书采用 Aspen Plus 进行甲烷化过程的建模。

7.3　合成气甲烷化过程模拟

7.3.1　模拟物性方法选择与单元模型选择

（1）物性方法选择

合成气主要成分为 H_2O、H_2、CO、CO_2、CH_4、N_2 等，并且为极性与非极性的混合物，工艺过程属高温、高压体系。针对合成气甲烷化流程的这种特点，《Aspen Plus 物性方法和模型》一书专门列出了使用于高温、高压下的极性组分和非极性组分混合物系及轻气体的"灵活的和预测性的状态方程"性质方法。表 7-2 列出了这些物性方法。

表 7-2　灵活的和预测性的状态方程性质方法

性质方法	状态方程	混合规则
PRMHV2	Peng-Robinson	HV2
PRWS	Peng-Robinson	Wong-Sandler
PSRK	Redlich-Kwong-Soave	Holderbaum-Gmebling
RK-ASPEN	Redlich-Kwong-Soave	Mathias
RKSMHV2	Redlich-Kwong-Soave	MHV2
RKSWS	Redlich-Kwong-Soave	Wong-Sandler
SR-POLAR	Redlich-Kwong-Soave	Schwartzentruber-Renon

根据表 7-2 推荐的物性方法，对甲烷化流程进行了模拟计算，发现体系的主物性方法为 PSRK 时，结果最为准确。因此，甲烷化流程模拟主物性方法采用 PSRK、SRK 等方法。对于采用蒸汽换热的设备，根据 Aspen Plus 用户手册推荐的物性方法，采用内置的水/蒸汽系统 STEAM-TA 性质方法计算水的热力学和迁移性质。以下是这三种物性方法的详细介绍。

① PSRK 物性方法　PSRK 物性方法是基于 Soave-Redlich-Kwong 状态方程模型计算纯组分物性，对于混合物的计算采用 Holderbaum 混合规则。状态方程模型中使用了 α 函数，使得计算更为精确。其模型具体描述如下。

标准 Soave-Redlich-Kwong 状态方程模型为：

$$p = \frac{RT}{V_m - b} - \frac{a}{V_m(V_m + b)} \tag{7-1}$$

其中：

$$a = \sum_i \sum_j x_i x_j (a_i a_j)^{0.5} (1 - k_{ij}) \tag{7-2}$$

$$b = \sum_i x_i b_i \tag{7-3}$$

$$a_i = \alpha_i 0.42747 \frac{R^2 T_{ci}^2}{p_{ci}} \tag{7-4}$$

$$b_i = 0.08664 \frac{RT_{ci}}{p_{ci}} \tag{7-5}$$

$$\alpha_i = [1 + m_i (1 - T_{ri}^{0.5})]^2 \tag{7-6}$$

$$m_i = 0.48 + 1.57\omega_i - 0.176\omega_i^2 \tag{7-7}$$

上述模型中，ω_i 为组分 i 的偏心因子，T_{ri} 为组分 i 的对比温度，T_{ci}、p_{ci} 分别为组分 i 的临界温度和压力，k_{ij} 为二元交互作用参数。

Holderbaum 混合规则（PSRK 混合方法）描述如下：

$$\frac{a}{b} = \sum_i x_i \frac{a_i}{b_i} - \frac{1}{\Lambda'} A_m^E \tag{7-8}$$

其中，

$$\Lambda' = \frac{1}{\lambda_1 - \lambda_2} \ln\left(\frac{\frac{V_m}{b} + \lambda L_1}{\frac{V_m}{b} + \lambda_2}\right) \tag{7-9}$$

② SRK 物性方法　SRK 物性方法同 PSRK 方法一样，同样基于 Soave-Redlich-Kwong 状态方程模型，然而，该方法有几个重要的不同点：a. 体积转化的引入提高了液体摩尔体积的计算精度；b. 对于烃水混合物的相平衡计算具有比较满意的结果；c. 水的焓计算采用了 NBS 蒸汽表，使得结果更为精确；d. 模型计算速度较快。

SRK 状态方程模型可用于包含轻气体的烃系统，模型具体描述如下：

$$p = \frac{RT}{V_m + c - b} - \frac{a}{(V_m + c)(V_m + c + b)} \tag{7-10}$$

其中：

$$a = \sum_i \sum_j x_i x_j a_{ij} + \sum_i a''_{wi} x_w^2 x_i \tag{7-11}$$

$$a_{ij} = a_{ji}; a_{ij} = (a_i a_j)^{0.5} (1 - k_{ij}) \tag{7-12}$$

$$k_{ij} = a_{ij} + b_{ij} T; k_{ij} = k_{ji} \tag{7-13}$$

如果选择 Kabadi-Danner 混合规则，那么 $a_{ij} = a_{wj}$，其中，i 为水，j 为某一烃类，这时有：

$$a_{wj} = (a_w a_j)^{0.5} (1 - k_{wj}) \tag{7-14}$$

$a''_{wi} x_w^2 x_i$ 项只有采用 Kabadi-Danner 混合规则才使用，其中：

$$a''_{wi} = G_i \left[1 - \left(\frac{T}{T_{cw}}\right)^{0.80}\right] \tag{7-15}$$

G_i 为烃组分不同基团贡献总和，且有 $G_i = \sum g_1$，其中，g_1 为基团贡献参数。

$$b = \sum_i x_i b_i \tag{7-16}$$

$$c = \sum_i x_i c_i \tag{7-17}$$

$$a_i = f(T, T_{ci}, p_{ci}, \omega_i) \tag{7-18}$$

$$b_i = f(T, T_{ci}, p_{ci}) \tag{7-19}$$

$$c_i = 0.40768 \left(\frac{RT_{ci}}{p_{ci}}\right)(0.29441 - Z_{RAi}) \tag{7-20}$$

上述表达式中，ω_i 为组分 i 的偏心因子，T_{ci}、p_{ci} 分别为组分 i 的临界温度和压力，

k_{ij} 为二元交互作用参数。

③ STEAM-TA 物性方法　STEAM-TA 物性方法采用 1967 年 ASME 蒸汽表关联式计算水和水蒸气的热力学性质，采用 IAPS 关联式计算水和水蒸气的迁移性质。该物性方法使用温度范围在 0～800℃之间，最大压力为 100MPa。

（2）单元模型选择

合成气甲烷化过程模拟选用的单元模型如表 7-3 所示。

表 7-3　选用的单元模型

序号	项目	单元模型
1	甲烷化反应器	RGibbs
2	脱硫反应器	REquil
3	换热器	HeatX
4	气液分离器	Flash2
5	混合器	Mixer
6	分流器	Fsplit
7	循环压缩机	Compr

7.3.2　合成气甲烷化过程模拟

以国内某煤制天然气项目一期 $400 \times 10^4 \, \mathrm{m^3/d}$ SNG 甲烷化装置为例，建立合成气甲烷化过程模型。

（1）进料条件和公用工程

该装置原料气条件如表 7-4 所示。

表 7-4　原料气条件

项目	数值
温度/℃	27
压力/MPa	3.30
体积流量/($10^4 \mathrm{m^3/d}$)	42.16
质量流量/(t/h)	192.3
摩尔分数/%	
H_2	60.74
CO	17.93
CO_2	1.52
CH_4	18.86
O_2	0.41
$N_2 + Ar$	0.34
C_2H_6	0.16
C_2H_4	0.04

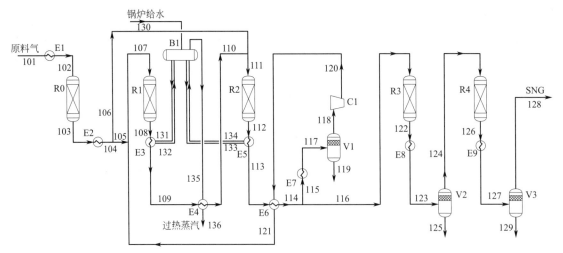

图 7-1　某煤制天然气项目甲烷化装置工艺流程图

B1—汽包；C1—循环压缩机；E1—原料气预热器；E2—脱硫气预热器；E3——反废锅；

E4—蒸汽过热器；E5—二反废锅；E6—循环气换热器；E7—循环气冷却器；

E8—三反出口换热器；E9—四反出口换热器；R0—精脱硫反应器；

R1—第一甲烷化反应器；R2—第二甲烷化反应器；R3—第三甲烷化反应器；

R4—第四甲烷化反应器；V1—循环气分液罐；V2—三反分液罐；V3—产品气分液罐

（2）工艺流程

某煤制天然气项目甲烷化装置工艺流程如图 7-1 所示。由净化界区来的原料气 101 经原料气预热器 E1 升温至 180℃ 左右后进入精脱硫反应器 R0 将原料气中的总硫降低至 $20×10^{-9}$ 以下，再经过脱硫气预热器 E2 升温后分成两股分别送入第一甲烷化反应器 R1 和第二甲烷化反应器 R2。

第一股脱硫原料气 105 与循环气 121 混合至 320℃ 左右进入 R1 进行反应，温度约为 620℃ 的 R1 出口气 108 经一反废锅 E3 和蒸汽过热器 E4 回收热量后与第二股脱硫原料气 106 混合进入第二甲烷化反应器 R2 进行反应。温度约为 620℃ 的 R2 出口气经二反废锅 E5 回收热量，然后进一步降温至 280℃ 左右后分成两股，其中一股作为循环气 115，一股进入第三甲烷化反应器 R3。

循环气 115 经循环气冷却器 E7 降温至 150℃ 左右后入循环气分液罐 V1，工艺气 118 经循环压缩机增压后再经循环气换热器 E6 升温后与第一股脱硫原料气 105 混合。

工艺气 116 进入第三甲烷化反应器 R3 发生反应，出口温度约为 450℃，三反产品气 122 经三反出口换热器降温至 100℃ 左右后进入三反分液罐 V2 进行气液分离。

工艺气 124 升温至 250℃ 左右后进入第四甲烷化反应器 R4 进一步反应，出口温度约为 330℃，四反产品气 126 经四反出口换热器 E9 降温后进入产品气分液罐 V3 进行气液分离，得到的产品气 SNG 128 送出界区。

来自界区的锅炉给水 130 经预热后进入汽包 B1，汽包中的锅炉给水 131、133 经过汽包 B1 和一反废锅 E3、二反废锅 E5 之间的下降管进入废锅汽化，得到的中压饱和蒸汽 132、134 经汽包 B1 和一反废锅 E3、二反废锅 E5 之间的上升管进入汽包 B1，饱和蒸汽 135 经蒸汽过热器 E4 过热到 450℃ 左右后送出界区。

（3）数据对比

模拟计算结果与设计数据对比列于表 7-5 中。

表 7-5　某甲烷化装置模拟值与设计值对比表

序号	名称	出口温度/℃		流量/(t/h)	
		设计值	模拟值	设计值	模拟值
1	第一甲烷化反应器	620	620	299.1	299.5
2	第二甲烷化反应器	620	620	415.2	415.6
3	第三甲烷化反应器	449	448	186.9	187.0
4	第四甲烷化反应器	326	327	134.5	134.6
5	第一废热锅炉	486	487	299.1	299.5
6	蒸汽过热器	332	332	299.1	299.5
7	第二废热锅炉	364	365	415.2	415.6
8	循环压缩机	168	168	219.4	219.6
9	产品气分液罐	40	40	120.3	120.3

由表 7-5 看出，通过模拟值与设计值的对比，本书建立的甲烷化过程模型与设计值吻合很好，甲烷化反应器的出口温度和流量相差很小，说明所采用的物性方法和单元模型是可行的，也是可靠的。

7.4　合成气甲烷化过程能耗分析与换热网络优化

7.4.1　合成气甲烷化过程能耗分析

该企业甲烷化装置选用的是英国 Davy 甲烷化工艺，主要通过两段主反应器和两段补充甲烷化反应器生产符合国家天然气产品标准的合成天然气。装置中甲烷化反应器与废热锅炉直接相连，采用废热锅炉和蒸汽过热器将反应热进行有效回收，副产中压过热蒸汽。

Davy 甲烷化催化剂具有良好的变换功能，对合成气中的 CO_2 含量无严格要求，气化能耗也明显降低，同时产出的高压蒸汽可循环使用，实现了能源的高效利用。甲烷化装置产出和消耗见表 7-6，能耗为 1664.89MJ/km³，能量利用效率为 96.00%。

表 7-6　甲烷化单元原料、公用工程能耗平衡表

序号	项目	单位	小时消耗	能耗系数/(MJ/单位[①])	单位(SNG)能耗	
					MJ/km³	kg/km³
一				能量输入		
1	原料气	m³	415000	15.8	39334.13	1342.11
2	循环冷却水	t	6103	4.19	153.40	5.23
3	锅炉给水	t	270	385.19	623.88	21.29
4	0.5MPa 蒸汽	t	7	2763	116.02	3.96
5	1.6MPa 蒸汽	t	20	3349	401.80	13.71
6	8.8MPa 蒸汽	t	41.8	3852	965.89	32.96
7	仪表空气	m³	200	1.59	1.91	0.07
8	电	kW·h	247	11.84	17.54	0.60
二				能量输出		
1	SNG	m³	34.8	166667	34933.08	1191.95
2	4.8MPa 蒸汽	t	3684	227	5016.60	171.17
三	综合总能耗				1664.89	56.81
四	能量利用效率			96.00%		

① 此处"单位"指第三列"单位"下各单位。

7.4.2　合成气甲烷化过程换热网络优化

（1）合成气甲烷化过程换热网络分析

甲烷化是煤制天然气工艺的核心单元技术之一，其将合成原料气中的碳氧化合物（CO＋CO_2）催化加氢生成CH_4。可供商业化的甲烷化均采用绝热固定床工艺，不需要加热公用工程，属于换热网络的阈值问题。其阈值温差$\Delta T_{thr}＝290℃$。取工艺物流最小传热温差$\Delta T_{min}＝39℃$时，用夹点技术构造的复合曲线图如图7-2所示。

由图7-2可以看出，对于此类阈值问题的换热网络（$\Delta T_{min}\leqslant\Delta T_{thr}$），冷却公用工程的消耗量$Q$不会受复合曲线位置变化的影响，$Q＝Q_1＋Q_2$，但其温位会有所不同。此时，热物流的高温部分可通过设置余热回收锅炉（HRSG）以副产高压蒸汽形式回收高品位的反应热，通过预热除盐水、预热锅炉给水利用低位热能。反应热的优化回收不仅对整个甲烷化装置的能源利用效率具有重要的意义，而且也是装置安全运行的关键。

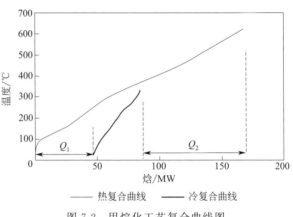

图7-2　甲烷化工艺复合曲线图

（2）甲烷化过程建模

选择国内商业化装置拟采用的Davy甲烷化技术，建立基于Aspen Plus流程模拟的工艺全流程，将甲烷化反应器模型简化为平衡反应器或者指定平衡的Gibbs反应器。甲烷化过程模拟单元模型如表7-7所示，基本工艺流程图如图7-3所示。

表7-7　甲烷化过程模拟单元模型

模拟单元	模型假定
甲烷化反应	吉布斯平衡反应器
	绝热，$Q_{loss}＝0$
	自定义压降
管壳换热器	自定义压降，$Q_{loss}＝0$
空冷器	自定义压降
闪蒸分离器	绝热，$Q_{loss}＝0$
压缩机	指定出口压力
	绝热

净化后的合成气被送入四段绝热固定床甲烷化反应器，主反应器（R102和R103）带有气体循环装置，以控制反应器温度，出口设置蒸汽废锅（E103、E104和E105）回收高温热，R104和R105进行补充甲烷化。在换热网络中，E101、E102、E106和E109用于工艺物流之间的换热，E107、E108、E111和E112用来预热锅炉给水或者除盐水。E110和E113分别为空气冷却器和循环水冷却器。

（3）换热网络优化策略

甲烷化过程中对输入㶲有贡献的主要有原料合成气、热水以及电力，对输出㶲有贡献的主要有产品SNG、副产的蒸汽及热水，而通过闪蒸器排出的工艺凝液主要组成为水，经过汽提、除氧处理后即可作为本装置的锅炉给水用于产生蒸汽。在规定的生产条件下，SNG 的产量、组成、温度以及压力等条件固定的情况下，要提高整个工艺流程㶲效率，最有效的途径是减少过程的㶲损失，提高蒸汽的输出㶲。按照能量梯级利用的原则，对现有工艺进行改造，优化策略主要有以下三种途径：①优化蒸汽的生产；②消除用能中的薄弱环节；③优化工艺物流的匹配，减少传热温差，降低㶲损失。

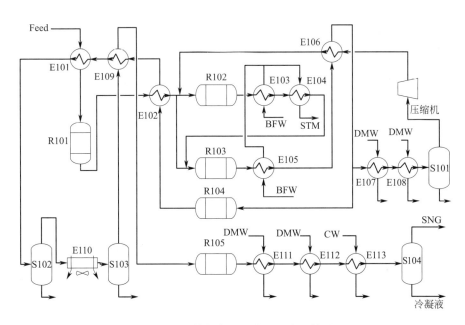

图 7-3　原始方案甲烷化过程流程简图

Feed—合成气；DMW—除盐水；CW—冷却水；BFW—锅炉给水；SNG—合成天然气；STM—蒸汽

本案例的分析依照前文中以甲烷化单元的模拟结果为基础，参照工艺流程图及全厂的实际生产状况对该单元进行㶲分析优化。

首先，在本研究案例中，全厂蒸汽等级分为四级：高压（540℃、9.8MPa）过热蒸汽、中压（450℃、4.8MPa）过热蒸汽、中低压（240℃、1.6MPa）过热蒸汽和低压（150℃、0.6MPa）饱和蒸汽。现有工艺条件甲烷化主反应器出口温度为 620℃，用于生产中压过热蒸汽是一个合理的选择。优化的主要目的则是增加蒸汽产量，以提高蒸汽的输出㶲。

其次，在原方案中，主反应器出口的高温热首先利用 E103 产生饱和蒸汽，再通过 E104 进行过热。过大的传热温差（对数传热温差为 283.2℃）导致 E103 㶲效率较低，为 45.3%，相应地 E104 传热温差较小（49.7℃），换热面积增加。从能量梯级利用的角度，考虑将饱和蒸汽和过热蒸汽的产生次序互换。补充甲烷化反应器 R104 出口物流用于预热主反应器和补充甲烷化反应器 R105 的进料，而该股物流温位较高，可增加废锅 E201（268℃、5.32MPa）的饱和蒸汽，提高蒸汽产量。R105 进料由其产物进行预热，构成进料-产物换热器。

最后，空冷器物流温位（91~160℃）虽然不高，但是热量较大（18MW），占装置总回收能量的 13.8%，由 E109 来预热锅炉除盐水来回收该股物流热量。这样，在原设计方案中空冷器 E110 以及为保证空冷器正常操作的排凝液闪蒸器 S102 可同时取消。基于上述优化策略之后的一种备选方案如图 7-4 所示。

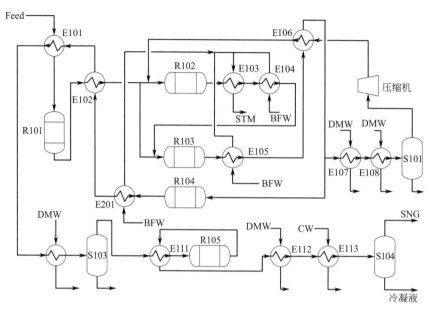

图 7-4　一种备选甲烷化流程简图

Feed—合成气；DMW—除盐水；CW—冷却水；BFW—锅炉给水；SNG—合成天然气；STM—蒸汽

（4）优化效果分析

对原始方案和优化方案关键指标进行对比，如表 7-8 所示。优化的甲烷化流程㶲效率提高 1.4%，4.8MPa 等级过热蒸汽产量增加 18.4%，能量回收效果明显。同时，换热器数量保持不变，而换热面积增加 3402m²。

表 7-8　现有项目和优化设计对比

指标	原方案	优化后
输入㶲/MW	730.6	735.0
输出㶲/MW	491.2	494.7
㶲效率/%	65.9	67.3
蒸汽产量/(t/h)	131.6	150
总换热面积/m²	16705	20107

◆ 参考文献 ◆

[1] 晏双华,邓建永,胡四斌. 煤制合成天然气工艺中甲烷化合成技术 [J]. 化肥设计, 2010, 48 (2): 19-21, 32.

[2] ANDERSON R B, LEE C-B, MACHIELS J C. The thermodynamics of the hydrogenation of oxides of carbon [J]. The Canadian Journal of Chemical Engineering, 1976, 54 (6): 590-594.

[3] 江展昌. 煤气甲烷化反应体系的热力学分析 [J]. 煤气与热力, 1984 (6): 2-7.

[4] 于广锁,于建国,尹德胜,等. 甲烷化反应体系研究综述 [J]. 化肥设计, 1998, 36 (2): 14-16.

[5] 左玉帮,刘永健,李江涛,等. 合成气甲烷化制替代天然气热力学分析 [J]. 化学工业与工程, 2011, 28 (6): 47-53.

［6］ GAO Jiajian，WANG Yingli，PING Yuan，et al. A thermodynamic analysis of methanation reactions of carbon oxides for the production of synthetic natural gas［J］. RSC Advances，2012，2（6）：2358-2368.

［7］ 崔晓曦，曹会博，孟凡会，等. 合成气甲烷化热力学计算分析［J］. 天然气化工，2012，27（5）：15-19.

［8］ 陈宏刚，王腾达，张锴，等. 合成气甲烷化反应积炭过程的热力学分析［J］. 燃料化学学报，2013，41（8）：978-984.

［9］ KHORSAND K，MARVAST M A，POOLADIAN N，et al. Modeling and simulation of methanation catalytic reaction in ammonia unit［J］. Petroleum & Coal，2007，49（1）：46-53.

［10］ 肖衍繁，李文斌. 物理化学［M］. 天津：天津大学出版社，2004：4.

［11］ SMITH J M，VAN NESS H C，ABBOTT M M. 化工热力学导论（原著第七版）［M］. 北京：化学工业出版社，2007：423-427.

［12］ 房鼎业，姚佩芳，朱炳辰. 甲醇生产技术及进展［M］. 上海：华东化工学院出版社，1990：123.

［13］ 黄永利. 富氢体系中甲烷化反应器工况的模拟分析［J］. 天然气化工（c1化学与化工），2014（3）：21-24.

［14］ 于广锁，于建国，王辅臣，等. 城市煤气耐硫甲烷化反应器模拟与分析［J］. 华东理工大学学报（自然科学版），1997（6）：650-656.

［15］ 吴连弟，陈幸达，王文明，等. 两种煤气甲烷化反应器的模拟和比较［J］. 煤炭转化，2006，29（2）：70-75.

［16］ ER-RBIB H，BOUALLOU C. Methanation catalytic reactor［J］. Comptes Rendus Chimie，2014，17（7/8）：701-706.

［17］ VAN DOESBURG H，DE JONG W A. Transient behaviour of an adiabatic fixed-bed methanator（I）：Experiments with binary feeds of CO or CO_2 in hydrogen［J］. Chemical Engineering Science，1976，31（1）：45-51.

［18］ 詹雪新. 合成气甲烷化反应器及其回路的模拟［D］. 上海：华东理工大学，2011.

［19］ 谭雷. 煤气甲烷化反应器数学模拟［D］. 上海：华东理工大学，2013.

［20］ 白晓波，王胜，任富强，等. 合成气完全甲烷化固定床反应器数值模拟［J］. 高校化学工程学报，2015，29（4）：955-962.

［21］ 王兆东，李涛. 合成气甲烷化反应器模拟和工艺条件优化［J］. 天然气化工（c1化学与化工），2015（4）：56-63.

［22］ 赵静，张亚新，冉文燊，等. 双催化层固定床甲烷化反应器CFD模拟［J］. 化工学报，2015，66（9）：3462-3469.

［23］ 程源洪，张亚新，肖建发，等. 煤制天然气甲烷化反应器过程模拟与结构优化［J］. 煤炭转化，2015，38（4）：89-93.

［24］ KOPYSCINSKI J，SCHILDHAUER T J，BIOLLAZ S M A. Fluidized-bed methanation：interaction between kinetics and mass transfer［J］. Industrial & Engineering Chemistry Research，2011，50（5）：2781-2790.

［25］ 朱炳辰. 催化反应工程［M］. 北京：中国石化出版社，2001.

［26］ VORTMEYER D，JAHNEL W. Moving reaction zones in fixed bed reactors under the influence of various parameters［J］. Chemical Engineering Science，1972，27（8）：1485-1496.

［27］ SHARMA C S，HUGHES R. The behaviour of an adiabatic fixed bed reactor for the oxidation of carbon monoxide（I）：General parametric studies［J］. Chemical Engineering Science，1979，34（5）：613-624.

［28］ 马沛生. 化工热力学［M］. 北京：化学工业出版社，2009.

［29］ 袁一. 化学工程师手册［M］. 北京：机械工业出版社，1999.

［30］ 时钧，汪家鼎，余国琮，等. 化学工程手册［M］. 2版. 北京：化学工业出版社，1996.

［31］ 董新法. 化工热力学［M］. 北京：化学工业出版社，2009.

［32］ 史密斯. 化工热力学导论［M］. 北京：化学工业出版社，2008.

［33］ REID R C，POLING B E，PRAUSNITZ J M. The Properties of Gases and Liquids［M］. McGraw-Hill，1987.

［34］ 李安学. 现代煤制天然气工厂概念设计研究［M］. 北京：化学工业出版社，2015.

［35］ WEATHERBEE G D.，BARTHOLOMEW C H. Hydrogenation of CO_2 on group Ⅷ metals（Ⅳ）：Specific activities and selectivities of silica-supported Co，Fe，and Ru［J］. Journal of Catalysis，1984，87（2）：352-362.

［36］ KOPYSCINSKI J，SCHILDHAUER T J，BIOLLAZ S M A. Methanation in a fluidized bed reactor with high initial CO partial pressure（Ⅱ）：Modeling and sensitivity study［J］. Chemical Engineering Science，2011，66（8）：1612-1621.

［37］ KOPYSCINSKI J. Production of synthetic natural gas in a fluidized bed reactor. understanding the hydrodynamic， mass transfer，and kinetic effects［D］．Eidgenössische Technische Hochschule Zürich，2010.

［38］ WERTHER J. Die Bedeutung der blasenkoaleszenz für die auslegung von gas/feststoff-Wirbelschichten［J］．Chemie Ingenieur Technik，1976，48（4）：339.

［39］ WERTHER J. Hydrodynamics and Mass Transfer between the Bubble and Emulsion Phases in Fluidized Beds of Sand and Cracking Catalyst［M］．New York：United Engineering Trustees，1984.

［40］ HILLIGARDT K，WERTHER J. Local bubble gas hold-up and expansion of gas/solid fluidized beds［J］．German Chemical Engineering，1986，9：215-221.

［41］ BELLAGI A，HAMMER H. Mathematische modellierung eines wirbelschichtreaktors für die methanisierung von kohlenmonoxid［J］．Chemie Ingenieur Technik，1984，56（1）：60-62.

［42］ BELLAGI A，HAMMER H. Methanisierung von kohlenmonoxid in der wirbelschicht［J］．Chemie Ingenieur Technik，1984，56（2）：122-123.

［43］ KAI T，FURUSAKI S，YAMAMOTO K. Methanation of carbon monoxide by a fluidized catalyst bed［J］．Journal of Chemical Engineering of Japan，1984，17：280. https：//www. jstage. jst. go. jp/article/jcej1968/17/3/17_3_280/_pdf/-char/en

［44］ 薛科创. 常用化工流程模拟软件的比较［J］．当代化工，2014（5）：759-760.

［45］ 王艳. 甲醇-水多效精馏工艺研究［D］．南京：南京理工大学，2009.

［46］ 朱登磊，谭超，任根宽. 基于 Aspen plus 萃取精馏的概念设计及优化［J］．计算机与应用化学，2010，27（6）：791-795.

［47］ 樊艳良. 用 Aspen Plus 对反应精馏的模拟计算［J］．上海化工，2007，32（5）：14-19.

［48］ 刘玉兰，齐鸣斋. Excel 在精馏塔设计中的应用［J］．化工高等教育，2009，26（4）：93-95.

［49］ 刘宽，王铁刚，曹祖宾，等. 化工流程模拟软件的介绍与对比［J］．当代化工，2013（11）：1550-1553.

［50］ 郭鑫. 浅谈化工流程模拟软件的应用［J］．科技信息，2011（13）：47.

［51］ 庄芹仙，张志檩. 石油化工流程模拟技术进展［J］．现代化工，1993（6）：10-13.

［52］ 王小光，杨月云. 应用 ChemCAD 软件模拟加盐萃取无水乙醇精馏过程［J］．化学工程，2011，39（9）：98-102.

［53］ 汪申. CHEMCAD 典型应用实例（上）——基础应用与动态控制［M］．北京：化学工业出版社，2006.

［54］ 罗辉. 化工流程模拟软件 Chemcad 的应用［J］．浙江化工，2005，36（10）：40-42.

［55］ 孙红先，赵听友，蔡冠梁. 化工模拟软件的应用与开发［J］．计算机与应用化学，2007，24（9）：1285-1288.

［56］ 李睿，胡翔. 化工流程模拟技术研究进展［J］．化工进展，2014，33（s1）：27-31.

［57］ 舟丹. 国内流程模拟软件介绍［J］．中外能源，2011（s1）：89.

第 8 章
煤制天然气新技术展望

甲烷化技术的核心是催化剂、反应器和工艺。在这三个方面，目前的甲烷化技术都存在一定的不足，有很大的改进空间，国内外多家高校和科研机构也正在积极开展研究工作。

正如本书第 4 章所述，甲烷化催化剂多为高镍含量的镍铝催化剂。目前工业化甲烷化催化剂在催化性能、热稳定性和寿命方面已经非常成熟，但从降低催化剂成本角度考虑，依然有改进的空间，比如降低镍含量、改进制备工艺、掺入添加剂等。在甲烷化催化剂新技术方面，本章重点介绍耐硫甲烷化。

甲烷化反应是强放热过程，目前的固定床反应器传热效果差，不易控制反应温度，必须采用多段反应器来解决这一问题，造成工艺流程过于复杂。在甲烷化反应器新技术方面，本章重点介绍具有优良传热性能的流化床甲烷化。

目前的甲烷化工艺都设有循环气压缩机，通过循环气的稀释来调节反应温度，能耗较高。甲烷化工艺新技术方面，本章重点介绍取消了循环气压缩机系统的无循环甲烷化工艺技术。

目前的煤制合成天然气技术为两步法：$C+H_2O \longrightarrow CO+H_2$ 和 $CO+3H_2 \longrightarrow CH_4+H_2O$。本章将介绍甲烷化与煤气化耦合的一步法煤制合成天然气技术：催化气化甲烷化技术 $2C+2H_2O \longrightarrow CH_4+CO_2$ 和煤加氢气化甲烷化技术 $C+2H_2 \longrightarrow CH_4$。

8.1 耐硫甲烷化

目前工业化的甲烷化催化剂主要以 Ni、Co 为活性组分，以 Al_2O_3 为载体。由于该催化剂抗积炭能力差且不耐硫，因此煤气化得到的合成气必须先经过水汽变换、酸性气体脱除（$H_2S < 0.1 \times 10^{-6}$）等步骤得到适合比例的 H_2、CO、CO_2，经甲烷化反应得到富含甲烷的代用天然气，工艺流程如图 8-1 所示。采用上述甲烷化工艺，水汽变换和脱硫净化成本很高，尤其是原料气经低温甲醇洗后，温度从几百摄氏度降至 $-40℃$，进入甲烷化反应器，其温度需升至 $300 \sim 400℃$，该过程能量浪费、设备投资巨大。

耐硫甲烷化采用耐硫性能好的甲烷化催化剂，该催化剂集耐硫甲烷化和水汽变换于一体，原料气无须脱硫，且无须加入水蒸气提高 H_2/CO 值，如图 8-2 所示。相对于传统甲烷化工艺，该工艺具有如下特点：

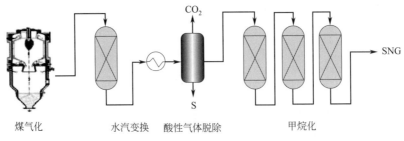

图 8-1　传统煤制天然气工艺流程示意图

① 酸性气体净化工序在甲烷化工序之后，由于甲烷化反应为体积缩小反应，因此气体处理量显著降低，减轻低温甲醇洗等工艺负荷；

② 避免酸性气体脱除步骤前后原料气先降温后升温而造成的能量浪费；

③ 天然气管道中允许 $20mg/m^3$ H_2S 存在，因此净化工序没有必要将 H_2S 吸收到小于 $0.1×10^{-6}$，工艺要求及相应操作成本降低；

④ 省去水汽变换工序，降低设备投资及运行成本。

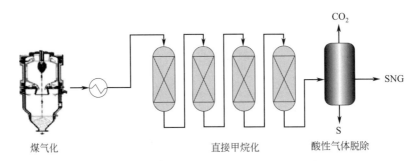

图 8-2　耐硫甲烷化煤制天然气工艺流程示意图

据估算，采用耐硫甲烷化技术可以降低煤制天然气设备投资成本的 20%，操作费用的 10%，所生产的代用天然气成本降低 15%。

20 世纪 80 年代，美国煤气研究所最早开始耐硫甲烷化技术的研究。目前，耐硫甲烷化催化剂主要为 Mo 基催化剂，含硫气氛中的催化反应活性相为 MoS_2，MoS_2 在加氢脱硫、加氢脱氮、加氢脱氧等含硫气氛的加氢反应体系中得到广泛的应用。

常见的 Mo 基催化剂的前体有仲钼酸铵、四硫代钼酸铵等。仲钼酸铵作为前体经焙烧可得到氧化钼，再经硫化可形成堆叠层数较多的 MoS_2 层状结构。仲钼酸铵作为前体得到的 MoS_2 以无定形为主，具有较高的甲烷化活性。

助剂的加入可以改善活性组分在载体表面的分散度、氧化还原能力以及活性位的结构，从而改善催化剂的活性和稳定性等。助剂对耐硫甲烷化催化活性的影响按以下顺序排列：Ni＞Co＞Ti＞Zr＞Zn＞Mg＞Ca。Co 和 Ni 作为结构助剂，能够修饰 MoS_2 的层间和边缘位点，取代边缘的 Mo 原子，很大程度上减小催化剂边缘 S 的键能并降低边缘 S 的覆盖度，促使催化剂边缘表面产生了更多的配位不饱和空位。

常见的耐硫甲烷化催化剂载体为 $γ-Al_2O_3$、CeO_2 和 ZrO_2。Kim 等在 500℃ 条件下考察了不同载体负载的 Mo 基催化剂的耐硫甲烷化活性，按以下顺序递减：YSZ ＞$γ-Al_2O_3$ ＞ ZrO_2 ＞ CeO_2 ＞

$TiO_2 > SiO_2 > SiO_2\text{-}Al_2O_3$。秦绍东等对比了 $\gamma\text{-}Al_2O_3$、CeO_2 和 ZrO_2 负载的 Mo 基催化剂性质及其甲烷化性能，结果表明 ZrO_2 载体上 MoO_3 分散度最高，而 CeO_2 载体的抗烧结能力最强。

目前，耐硫甲烷化催化剂的开发仍处于实验室研究阶段，催化剂活性、热稳定性和寿命仍需进一步提高，尚未见耐硫甲烷化中试和工业化应用的报道。耐硫甲烷化工艺作为一种新型的甲烷化工艺，具有流程短、投资运行费用低等优点，与传统甲烷化工艺相比，技术和经济上是可行的，可以有效促进我国煤制合成天然气技术的发展。

8.2　高效流化床甲烷化

流化床中固体颗粒呈流态化，像流体一样进行流动。除重力作用外，流化床一般是依靠气体或液体的流动来带动固体粒子运动的。流体自下而上流过催化剂床层时，根据流体流速 u_0 的不同，床层经历三个阶段：

① 固定床阶段：$u_0 < u_{mf}$ 时，固体粒子不动，床层压降随 u 增大而增大。

② 流化床阶段：$u_{mf} \leqslant u_0 \leqslant u_t$ 时，固体粒子悬浮湍动，床层分为浓相段和稀相段，u 增大而床层压降不变。

③ 输送床阶段：$u_0 > u_t$ 时，粒子被气流带走，床层上界面消失，u 增大而压降有所下降。其中：

u_{mf}——临界流化速度，是指刚刚能够使固体颗粒流化起来的气体空床流化速度，也称最小流化速度。

u_t——带出速度，当气体速度超过这一数值时，固体颗粒就不能沉降下来，而被气流带走，此带出速度也称最大流化速度。

典型的流化床反应器如图 8-3 所示。

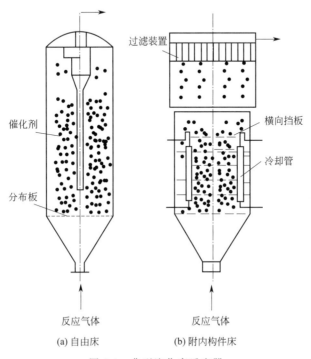

(a) 自由床　　　　(b) 附内构件床

图 8-3　典型流化床反应器

与固定床反应器相比，流化床反应器内流体和催化剂颗粒的运动使床层具有良好的传热、传质性能，床层内部温度均匀，且易于控制，因此特别适用于强放热反应，在三聚氰胺（强吸热）和丙烯腈（强放热）生产中已得到成功应用。流化床反应器还可以实现固体物料的连续输入和输出，易于进行催化剂的连续再生和循环操作等优点，在石油催化裂化和甲醇制烯烃（DMTO）中已得到成功应用。

1952 年美国矿业局（美国内政部）最早开展流化床甲烷化技术研究。其煤制气项目包括一个固定床反应器和两个不同的流化床反应器。第一个流化床反应器直径 19mm，高 1.8m；第二个反应器直径 25.4mm，高 1.8m。反应器示意图见图 8-4。在 200～400℃，20.7atm（1atm＝101325Pa），H_2/CO 为 1～3，空速 0.3～0.43m/s 下，系统共运行大约 1120h。1956 年之后再无该项目的报道。

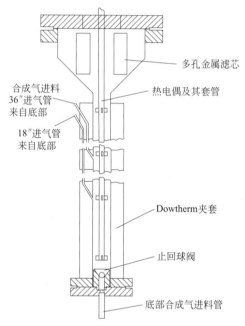

图 8-4　多进料入口流化床反应器示意图

1963 年，美国烟煤研究公司（Bituminous Coal Research Inc.）为了生产煤制天然气而开展 Bi-Gas 项目。该项目开发了一种流化床反应器，直径为 150mm，反应区高 2.5m，内部换热面积约 3m²。反应器包括 2 个进气口，2 个管内热交换管束，进气口是一个带冷却夹套的锥形体，采用导热油为冷却介质。该项目共进行了两次试验，流化床甲烷化系统运行时间累计超过 2200h，操作温度为 430～530℃，操作压力为 69～87bar（1bar＝10⁵Pa），催化剂进料为 23～27kg，CO 转化率为 70%～95%。催化剂经改进后，CO 转化率提高到 96%～99.2%。

1975～1986 年，德国蒂森煤气公司和卡尔斯鲁厄大学开发了一套流化床甲烷化工艺（Comflux 工艺）进行煤制天然气试验，建立了一套反应器直径为 0.4m 的试验装置，在 1977 年到 1981 年运行了几百小时，操作温度为 300～500℃，压力为 20～60bar。采用 Comflux 工艺的预商业化的装置于 1981 年建成，反应器直径为 1.0m，规模为 2000m³/h SNG，催化剂使用量为 1000～3000kg。在该装置上，通过调整洁净合成气 H_2/CO 的不同计量值，进行了特定规模的试验。但在 20 世纪 80 年代中期因石油价格下跌被迫停止运行。

Comflux 工艺的最大特点是气体转换反应和甲烷化反应同时在流化床反应器中进行。与美国矿务局、Bi-Gas 流化床甲烷化技术相比，Comflux 技术经过了中试和预商业化运行，技术成熟度较高。

中国市政工程华北设计院在 20 世纪 80—90 年代进行了城市煤气流化床甲烷化的研究，建立了内径为 300mm，总高为 3850mm 的试验装置，水煤气经反应后 CO 体积分数从 33%～34% 降低至 3%～6%，CH_4 体积分数从 2%～5% 增加到 28%～32%，热值显著提高。此外，中国科学院过程工程研究所、清华大学、华南理工大学、大唐化工院等正在进行流化床甲烷化技术的研究。

与传统固定床相比，流化床甲烷化反应器虽然具有反应效果好、操作简单且运行成本较低等优点，但也面临着一些问题，特别是工程化放大问题，如催化剂夹带和损耗严重、反应温度不易控制、装置操作压力低、反应器造价高等。随着研究工作的不断深入和半工业化试验装置的建设与运行，上述问题将得到有效解决。从长远看，流化床甲烷化技术具有较好的发展前景。

8.3　无循环甲烷化

甲烷化反应是强放热反应体系，反应放热量大，理论计算，每转化 1% CO 的绝热温升为 74℃，每转化 1% CO_2 的绝热温升为 60℃。如果高温热量不能及时移除，可引起催化剂床层剧烈升温，导致催化剂高温烧结，严重影响甲烷化反应。甲烷化工艺开发过程的关键之一就是如何移走反应热和温度调控手段。

现有的煤制气甲烷化技术通常使用多个气体循环压缩机和热交换器的复杂装置来控制温度，采用的循环气为单个的 5 倍之多，不仅增加了设备投资和操作费用，还大幅度增加了循环压缩机电耗。西南化工设计研究院和中海石油气电集团研发了一种利用焦炉气制备 SNG 或 LNG 无循环气的甲烷化工艺。该工艺省去了循环压缩机，其控温方式是原料气分成若干股分别进入若干个串联的甲烷化主反应器，用副产水蒸气对进入甲烷化反应器的原料气进行稀释，并在每个甲烷化炉中间利用废热锅炉或换热器回收热量，移出反应热。图 8-5 为无循环甲烷化工艺流程示意图。

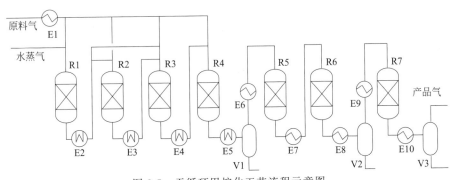

图 8-5　无循环甲烷化工艺流程示意图
E—废热锅炉或换热器；R—反应器；V—气液分离器

神雾集团北京华福工程有限公司开发了一种无循环甲烷化工艺。该工艺通过氢碳比的分级调节，实现了氢碳比的精准控制，将甲烷合成气分为富 H_2 和富 CO 两股，富 H_2 从一级反应器加入，通过控制逐级（通常 3 级）加入的富 CO 气量来控制氢碳比，反应温度控制灵活精确，大大降低了催化剂床层飞温的可能性，使合成系统的总氢碳比更容易调节，产品质量更稳定且易控制。华福无循环甲烷化工艺在中煤龙化公司进行了 $330m^3/h$ 的中试装置，于 2015 年 10 月 24～27 日接受了中国石油和化学工业联合会组织专家对其进行的 72h 现场标定，并完成了 $13 \times 10^8 m^3/a$ SNG 工艺包编制。

无循环工艺省去了循环气压缩机，是一种新型的甲烷化工艺流程，从设计思路上提供了系统的控温体系，防止超温。但是目前无循环甲烷化工艺尚未工业化应用，在负荷调配、温度控制方面可能存在一定的问题与风险。

8.4 加氢气化甲烷化

常规煤制天然气技术（两步法）是在高温（800～1500℃）和一定压力（2～4MPa）条件下，以水蒸气作为气化剂将煤转化为合成气（CO、H_2），合成气再经甲烷化之后得到替代天然气，此工艺过程较成熟，但工艺流程长，投资大，过程热效率较低（仅有 61%）。煤直接加氢气化制替代天然气技术是在一定温度（800～1000℃）和压力（3～10MPa）条件下，将粉煤和氢气同时加入气化炉内，依靠氢气对煤热解阶段释放自由基的稳定作用和气化阶段与半焦中活性的碳的反应得到富含甲烷的气体，同时副产高附加值的 BTX（苯、甲苯、二甲苯）和 PCX（苯酚、甲酚、二甲酚）等液态有机产品。与两步法相比，此工艺流程简单、投资成本低且过程的热效率较高（79.6%）。

美国气体工艺研究所（IGT）在 1964—1980 年采用流化床气化炉开发了煤加氢气化 Hygas 工艺，该工艺中流化床气化炉由 4 段组成：第一段进行煤的干燥，脱出水分；第二段在温度 600～650℃、压力 7MPa 的条件下，使煤快速热解脱挥发分，在该段需要加入水蒸气，其作用是阻止煤中的氧与氢反应生成水，使氧和碳作用生成 CO_x；第三段在温度 920～1000℃、压力 7MPa 的条件下，实现气化反应，主要进行 $C-H_2O$ 反应和 $C-H_2$ 反应，此段中水蒸气的作用是裂解提供大量的氢气，并调节反应温度；第四段是半焦水蒸气气化，提供煤加氢气化所需要的氢气，整个系统碳转化率大于 96%。IGT 首先于 1964—1972 年间在实验室规模的反应装置上对不同变质程度的褐煤、次烟煤、烟煤加氢气化特性进行了系统研究，并在此基础上于 1972—1980 年进行了 75t/d 的中试规模试验。此工艺存在的主要问题是为实现反应器内的流态化，原料粒径分布较宽，导致加氢反应较慢，煤粉在炉内发生黏聚而失流态化及细粉的带出。1975 年，IGT 采用了气流床反应器进行煤加氢气化实验并建成了 50kg/h 中试厂，通过氢气-氧气燃烧控制反应温度，解决了加氢气化反应慢，粉煤在炉内发生黏聚而失流态化的问题。

美国匹兹堡国家能源实验室（PERC）于 1950—1965 年在处理煤量 11.34kg/h 的下落床反应器中进行了煤加氢气化反应的研究。1975 年，美国城市服务公司（Cities Service）在进煤速率 2.27kg/h 的下落床反应器上对次烟煤和褐煤分别进行了加氢气化和加氢裂解试验，同年美国布鲁克海文（Brookhaven）国家实验室也采用下落床反应器对褐煤进行加氢热解试验，其处理煤量为 0.91kg/h。1976 年，Rocketdyn 在美国能源部（DOE）支持下，建立了处理煤量 6t/d 的气流床反应器，对烟煤和次烟煤进行了煤加氢气化研究。1978 年，柏克德公司（Bechtel Corporation）对上述 4 家研究机构的试验数据和反应器设计资料进行收集整理并进行了处理煤量 108t/h 加氢气化工艺的概念设计，加氢气化反应器主要由氢气预热段、喷嘴、加氢气化段、旋风分离段和半焦收集几部分组成。该工艺的优点是在反应器内实现了生成气体与氢气的预热，减少了氢气消耗量，同时降低了气体出口温度，但该工艺并未进行后续的开发。

1978—1983 年，美国洛克威尔（Rockwell）公司在美国能源部（DOE）支持下建成了处理煤量 6t/d 的加氢气化装置，并在该装置上完成了泥煤、次烟煤和烟煤的加氢气化试验。该加氢气化反应器的主要特点是将 Rockwell 公司开发的航天飞机的火箭发动机技术应用到气流床加氢气化的进料喷嘴上，保证了反应物的快速混合和加热，实现了反应温度和反应时间的精确控制。在前期研发的基础上，DOE 支持 Rockwell 公司继续进行 24t/d 的 PDU 装置的研发，并于 1980 年 5 月完成了 PDU 系统的设计，但是当 PDU 装置的建造仅完成 60%时，DOE 停止了对该项目的资助。由于该工艺过程存在投资、运行费用高和效率较低等缺点，1983～1986 年，Rockwell 公司自己出资对该工艺过程进行了改进，开发了 AFHP（Advancement of Flash Hydrogasification Process）工艺，其主要改进是在反应气中加入水蒸气，促进了反应器中半焦与水蒸气的反应，省去了半焦气化制氢过程，简化了流程，降低了投资和运行费用。在此思想指导下，Rockwell 公司于 1984 年 7 月完成了对原有 24t/d PDU 装置的改造，并以 Kenducky 9# 烟煤为原料进行了中试试验，在反应压力为 7.1MPa、反应温度为 930～1100℃条件下，加氢气化过程中的碳转化率为 50%～68%，产品气中甲烷含量高达 70%以上。

1986—1993 年，大阪煤气公司与英国煤气公司联合开发了 BG-OG 带气体循环的煤加氢气化工艺。该工艺中气流床的结构借鉴了英国煤气公司用于轻油气化的气体循环加氢反应器，在气流床内使反应后的部分煤气循环回中心管，煤和氢气反应所释放的热量可用来进一步预热煤和氢气，不需要氧气即可维持反应温度，大大降低了过程的氢耗，提高了热效率。另外，该工艺可以通过改变氢气预热温度调节反应温度和改变产品分布。如温度控制在 900℃以上，用于生成替代天然气；温度控制在 800～900℃，可获得高收率的液态烃，主要是 BTX，用于生产液体燃料和化工原料。大阪煤气公司在日本建成了处理煤量 10kg/h 的反应装置进行粉煤气化；英国煤气公司在英国建成了 200kg/h 煤处理量的加氢气化中试装置，考察带气体循环的气流床加氢气化反应器内气固流动特性及喷嘴的结构，并以英国烟煤、美国强黏结性煤和澳大利亚褐煤为原料，在温度 840～1000℃、压力 4.2～6.2MPa 的条件下进行了试验，结果表明，碳转化率为 39%～55%，因煤种及操作条件而异。低温下液体收率增加，最高可达 15%。1991 年进行了连续操作 231h 的中试试验，碳转化率为 34%～61%。为了进一步获得工艺放大数据，大阪煤气公司于 1993 年完成了相当于热态 50t/d 规模的冷态试验。

日本燃气协会（Japan Gas Association）在新能源产业开发机构（NEDO）的资助下，从 1996 年开始，进行了为期 5 年的煤加氢气化实验研究，开发了 ARCH 先进快速煤加氢气化工艺。该工艺中气流床的结构是在 BG-OG 的带气体循环（MRS）反应器的基础上引入了激冷气，使其能在 3 种模式下进行操作，即最大的 SNG 产率、最大的热效率和最大的 BTX 产率。从商业规模的角度来看，利用 ARCH 工艺联产 SNG 和 BTX 等化学品是最经济、高效和环保的工艺路线。但是由于 2001 年国际上提出了 CO_2 的问题，日本政府内部反对煤转化技术的开发，该工艺研究被迫停止，未能进行进一步的产业化开发。

自高温高压下煤的加氢甲烷化反应被发现以来，煤的加氢甲烷化过程被广泛考察，以生产代用天然气为目的的煤加氢甲烷化技术迅速发展。近一个世纪以来，诸多学者在不同反应条件下及多种系统中，对多种含碳原料的加氢甲烷化反应进行了广泛研究。20世纪70—90年代是加氢甲烷化研究的黄金期，Hygas、Hydrane、BG-OG等几种典型煤加氢甲烷化工艺相继进行至中试阶段。由于当时天然气价格较低，加氢甲烷化技术成果更多地作为储备技术而停滞不前，至今未能实现产业化。

国内新奥公司在加氢气化甲烷化领域开展了大量的工作，并获得863计划项目"煤制天然气新工艺关键技术研究"的支持，依托新奥"煤基低碳能源国家重点实验室"科研平台进行了中试规模实验研究。已完成10t/d投煤量的中试装置的开发，并实现连续稳定运行。自2013年起，完成了9个代表性煤种的评价试验，并于2014年12月通过连续72h长周期实验运行测试；累计完成超过50次中试试验，累计运行近1500h。2015年7月，新奥煤加氢气化通过技术成果鉴定，主要技术指标达到国际领先水平。同时，400t/d煤加氢气化工业示范装置工艺包通过专家评审。2018年12月8日，新奥新能源20万吨稳定轻烃项目加氢气化技术工业示范装置一次投料成功，并生产出合格LNG产品。

8.5 催化气化甲烷化

煤的低温催化气化是一条非常具有魅力的由煤制合成天然气或氢的技术途径，开发和研究低温催化气化工艺，特别是对大量低灰、低硅铝含量、低灰熔融温度的低阶煤更具有战略意义，但未能产业化，主要原因就在于催化剂的失活与损失。据研究报导，由于煤矿物质中黏土矿物的存在，与催化气化所用钾盐催化剂生成硅酸铝钾，使催化剂失活而硅酸铝钾又不溶于水，导致催化剂回收困难，难以循环利用。加上碱性物对金属构件的腐蚀等因素，致使成本过高而缺乏竞争力，最终未能得到推广及工业应用。

从技术上讲，现代煤气化发展的总体方向是越来越逼近高温高压的现有技术极限，以便最大限度地促进气化反应，从而发挥大规模生产效应。但是随气化温度增高，煤气中CO含量增大，这对生产合成气是有利的，但从煤制合成天然气及氢的角度考虑，高温气化未必是最优化的气化方式。煤的低温催化气化在20世纪石油危机时曾是煤化工学者的研究热点，在添加碱、碱土金属等催化剂情况下，煤可在650～750℃迅速发生气化反应，具有气化效率高、设备投资小、无须空分制氧，并可利用外部导热方式进行水蒸气气化等优点。

美国EXXON公司在20世纪80年代初曾建以碳酸钾为催化剂的中试气化装置，被视为有代表性的催化气化工艺。从催化气化技术的专利申请情况看，在1997年达到峰值后有所回落，发展渐趋平缓。近年来美国GPE（Great Point Energy）公司在EXXON公司技术基础上成功地重复1t/d的小试并对部分技术进行完善，开发出由煤低温催化气化生产合成天然气的蓝气Bluegas技术。从技术领域分类情况看，对催化气化的流化床工艺的专利申请较多，而对催化剂方面的专利申请较少，反映出突破后者的技术难度较大，少有革命性的发现与成果。自2006年起国内有关煤催化气化的研究已经在国家自然科学基金及863计划项目内立题进行基础性和探索性跟踪研究。2008年8月，GPE公司的煤催化气化生产合成天然气的蓝气技术进入中国市场，大唐华银电力股份有限公司在内蒙古鄂尔多斯市与鄂尔多斯市政府、伊金霍洛旗政府签订了蓝气示范项目投资合作框架协议，标志着大唐华银鄂尔多斯蓝气示范工程正式进入实质启动阶段。据称，大唐集团将引进世界上最先进的一步法煤制天然气技术——蓝气技术，利用鄂尔多斯丰富的煤炭资源，高效率、大规模生产我国十分紧缺的天然气，大幅提升当地煤炭资源的附加值，推动地方经济快速发展，同时将开拓煤炭清洁利用的新领域。

新奥自主研发的煤催化气化技术于 2008 年立项，先后完成了实验室基础研究和小试研究，验证了煤催化气化工艺的可行性，在此基础上进行了加压流化床煤催化气化技术的工艺放大，已完成处理规模 0.5t/d 和 5t/d 中试装置的建设和试验运行，打通了煤催化气化的整体工艺流程。自 2013 年起，新奥启动煤催化气化千吨级示范项目，现已完成《可行性研究报告》和《千吨级示范项目工艺包》的编制、评审工作，年投煤量 50 万吨的工业装置已在内蒙古达拉特旗开工建设。

催化甲烷化反应器内发生煤气化反应、水煤气变换和甲烷化反应可能有如下两条途径：

① $\qquad$ $2C+2H_2O \longrightarrow 2CO+2H_2 \quad -237kJ/mol$ $\qquad$ (8-1)

$\qquad$ $CO+H_2O \longrightarrow H_2+CO_2 \quad +42.3kJ/mol$ $\qquad$ (8-2)

$\qquad$ $CO+3H_2 \longrightarrow CH_4+H_2O \quad +206kJ/mol$ $\qquad$ (8-3)

总体反应为：$\quad 2C+2H_2O \longrightarrow CH_4+CO_2 \quad +11.3kJ/mol$ $\qquad$ (8-4)

② $\qquad$ $C+H_2O \longrightarrow CO+H_2 \quad -118.5kJ/mol$ $\qquad$ (8-5)

$\qquad$ $CO+H_2O \longrightarrow H_2+CO_2 \quad +42.3kJ/mol$ $\qquad$ (8-6)

$\qquad$ $C+2H_2 \longrightarrow CH_4 \quad +87.5kJ/mol$ $\qquad$ (8-7)

总体反应为：$\quad 2C+2H_2O \longrightarrow CH_4+CO_2 \quad +11.3kJ/mol$ $\qquad$ (8-8)

由上可见，从热量平衡的角度看，700℃时甲烷化的放热量足以补偿煤气化反应的吸热量，理论上讲无须外界供热，过程的热效率大为提高，自热平衡也意味着无须向系统提供氧气、空气，省去空分设备，降低了成本，并降低了产品煤气中的不可燃组分的比，低温气化也使煤灰不易结渣，给操作带来很大的方便。实际操作过程中由于产品气的显热支出与热损失，还有因不完全转化、放热不充分及煤的部分热分解、吸热等，要维持反应在 700℃下进行，必需补充少量的热能，通常借导入循环气和过热蒸汽加以补充。从反应动力学的角度看，由 CO 和 H_2 的甲烷化反应方程不难看出，温度越低甲烷的平衡浓度越高，但是在较低温度下煤气化反应速率就很小，这就需要添加催化剂。通常是在煤中添加钾盐催化剂来同时完成气化反应和甲烷化反应，让其在同一反应器内于相同的温度下进行。添加钾盐催化剂后，反应速率常数与加入活性钾的含量呈线性关系。由于系统同时存在水煤气反应、变换反应和甲烷化反应，在 700℃反应温度下哪些反应是控制步骤对于催化剂的选择非常关键。EXXON 公司曾于 1978 年建成能力为 1t/d 的工艺开发装置，流化床气化炉直径 250mm，高 25m，以碳酸钾为催化剂。表 8-1 和表 8-2 为 Illinois 煤和 Wyodak 煤的试验结果。

表 8-1　Illinois 6# 煤 PDU 催化气化结果

操作参数	目标值	实际值
煤和催化剂进料速率/(kg/h)	60	60
温度/℃	704	693
压力/MPa	3.45	3.45
蒸汽/煤/(kg/kg)	1.7	1.9
床层密度/(kg/m³)	>160	256
碳转化率/%	>85	85~90
蒸汽转化率/%	30~40	35
产物气中 CH_4/%	>25	21
试验期/d	14~21	23

表 8-2　Wyodak 煤 PDU 催化气化结果

操作参数	煤和催化剂加料速率/(kg/h)		
	50	59	79
温度/℃	692	693	694
蒸汽/煤/(kg/kg)	2.1	1.8	1.5
固体停留时间/h	38	27	14
床层密度/(kg/m^3)	480	432	320
夹带焦粉/%	12	16	13
碳转化率/%	92	85	79
蒸汽转化率/%	36	38	33
产物气中 CH$_4$/%	16	19	24

　　煤催化气化遇到的最大挑战是研究开发高效、低成本、低污染、无腐蚀新型催化剂。催化气化过程中部分催化剂与煤灰中的硅、铝反应生成不溶性化合物，主要是硅酸铝钾，而无法循环利用。另外，还存在大量 CO_2 的排放、回收、利用或封存问题，从反应方程中不难看出生产 1 分子甲烷就伴随有 1 分子的 CO_2，必须启动对大型固定 CO_2 排放源的利用和封存研发工作，减少煤转化工艺对环境的影响。煤的催化气化目前尚处于基础研究与探索阶段。

◆ 参考文献 ◆

[1] CHANDEL M，WILLIAMS E. Synthetic natural gas（SNG）：technology，environmental implications，and economics [R]. Duke University，2009：1-20. https：//nicholasinstitute. duke. edu/sites/default/files/publications/natgas-paper. pdf

[2] 毕继诚. 催化气化（一步法）煤制天然气技术开发进展 [C] //第四届煤制合成天然气技术经济研讨会，乌鲁木齐，2013.

[3] 纪志愿，余浩. 一段等温甲烷化技术在焦炉煤气制 LNG 工业化应用 [C] //第三届煤制合成天然气技术经济研讨会，北京，2012.

[4] SUDIRO M，BERTUCCO A. Synthetic Natural Gas（SNG）from Coal and Biomass：a Survey of Existing Process Technologies，Open Issues and Perspectives [M] // POTOCNIK P. Natural Gas. IntechOpen，2010.

[5] 温秋红，姜海凤. 煤制天然气成本与竞争力分析 [J]. 煤炭经济研究，2014（4）：36-40.

[6] 侯建国，高振，王秀林，等. 中国煤制天然气产业的发展现状及建议 [J]. 天然气化工（C1 化学与化工），2015（3）：94-98.

[7] 任哲，韩露，黄立凤. 煤制天然气三废处理现状与发展方向 [J]. 中国高新技术企业，2015（23）：100-101.

[8] 刘加庆，邹海旭. 从美国大平原发展分析国内煤制天然气项目前景 [J]. 现代化工，2014（2）：14-16.

[9] 李军，李建，王良，等. 煤制天然气气化工艺及型煤气化经济性的研究 [J]. 煤炭技术，2014（9）：270-272.

[10] 韩景宽，周淑慧，田瑛，等. 从市场供需看我国煤制天然气发展前景 [J]. 天然气工业，2014（7）：115-122.

[11] 吴枫，张数义. 我国煤制天然气发展思路及问题分析 [J]，现代化工，2010，30（8）：1-3，5.

[12] 潘海宁，严荣松，赵自军. 煤制天然气进入城市燃气领域可行性研究 [J]. 天然气化工（C1 化学与化工），2015（1）：65-70.

[13] 梁睿，童莉，刘志学，等. 煤制天然气与燃煤发电环保利弊分析及建议 [J]. 环境影响评价，2014（6）：5-7.

[14] 童莉，周学双，段飞舟，等. 我国现代煤化工面临的环境问题及对策建议 [J]. 环境保护，2014，42（7）：45-47.

［15］ 李志坚. 发展煤化工是实现煤炭清洁高效利用的重要途径［J］. 化工管理，2013（23）：25-27.

［16］ 我国天然气对外依存度升至 32.2%［N/OL］. 经济参考报，2015-01-19. http：//jjckb. xinhuanet. com/2015-01/19/content_535030. htm.

［17］ SABATIER P，SENDERENS J B. New synthesis of methane［J］. Journal of the Chemical Society，1902，82：333.

［18］ American Gas Association. Substitute Natural Gas from Hydrocarbon Liquids（Oil Gasification）：a Bibliography 1960—1973.［M］. Arlington：AGA，1974.

［19］ LOM W L，WILLIAMS A F. Substitute Natural Gas，Manufacture and Properties［M］. John Wiley & Sons，1976.

［20］ GREEN W C，YANARELLA E J. The Unfulfilled Promise of Synthetic Fuels：Technological Failure，Policy Immobilism，or Commercial Illusion［M］. New York：Greenwood Press，1987.

［21］ 中国城市燃气协会. 中国燃气行业年鉴 2014［M］. 北京：中国建筑工业出版社. 2014：35-45.

［22］ 齐景丽,孔繁荣. 我国焦炉气化工利用现状及前景展望［J］. 天然气化工（C1 化学与化工），2013，38（1）：60-64.